Heike Vogt

Zum Einfluss von Fahrzeug- und Straßenparametern auf die Ausbildung von Straßenunebenheiten

Karlsruher Institut für Technologie
Schriftenreihe des Instituts für Technische Mechanik

Band 19

Eine Übersicht über alle bisher in dieser Schriftenreihe erschienene Bände finden Sie am Ende des Buchs.

Zum Einfluss von Fahrzeug- und Straßenparametern auf die Ausbildung von Straßenunebenheiten

von
Heike Vogt

Dissertation, Karlsruher Institut für Technologie (KIT)
Fakultät für Maschinenbau
Tag der mündlichen Prüfung: 7. Dezember 2012

Impressum

Karlsruher Institut für Technologie (KIT)
KIT Scientific Publishing
Straße am Forum 2
D-76131 Karlsruhe
www.ksp.kit.edu

KIT – Universität des Landes Baden-Württemberg und
nationales Forschungszentrum in der Helmholtz-Gemeinschaft

KIT Scientific Publishing 2013
Print on Demand

ISSN 1614-3914
ISBN 978-3-7315-0023-0

Zum Einfluss von Fahrzeug- und Straßenparametern auf die Ausbildung von Straßenunebenheiten

Zur Erlangung des akademischen Grades

Doktor der Ingenieurwissenschaften

der
Fakultät für Maschinenbau
Karlsruher Institut für Technologie (KIT)

genehmigte
Dissertation

von

Dipl.-Ing. Heike Vogt
aus Friesenheim (Baden)

Tag der mündlichen Prüfung:	7. Dezember 2012
Hauptreferent:	Prof. Dr.-Ing. Wolfgang Seemann
Korreferent:	Prof. Dr.-Ing. habil. Marc Kamlah

Kurzfassung

Erhaltung und Instandsetzung von Straßen verursachen jährlich Kosten in Milliardenhöhe, sodass es ein erstrebenswertes Ziel ist, die Entstehungs- und Entwicklungsmechanismen von Straßenschäden besser zu verstehen. Darüber hinaus vermindern longitudinale Unebenheiten von Straßen als eine wichtige Schädigungsart den Fahrkomfort und die Fahrsicherheit. Die Entwicklung dieser Unebenheit ist in besonderem Maße durch die Wechselwirkung mit dynamischen Lasten von Fahrzeugen geprägt: eine zunehmende Unebenheit ruft höhere dynamische Lasten hervor, welche wiederum die Straße in verstärktem Maße schädigen. Es kann sich folglich ein selbstverstärkender Effekt ergeben.

Das Ziel der vorliegenden Arbeit ist es, dieses Wechselspiel zwischen Straßenunebenheiten und Fahrzeugen im Laufe einer großen Anzahl von Überfahrten zu untersuchen. Das Interesse gilt dabei dem Schwerlastverkehr, dem eine überproportionale Schädigung der Straßen zugeschrieben wird. Um systematisch den Einfluss einzelner Fahrzeug- und Straßenparameter auf die Entwicklung bereits vorhandener Unebenheiten in der Straßenoberfläche zu analysieren, wird ein geeignet abstrahiertes Fahrzeugmodell zur Abbildung der Vertikaldynamik von Lastkraftwagen formuliert sowie ein phänomenologisches Gesetz zur Berechnung der bleibenden Verformung infolge der Lasteinwirkung in Abhängigkeit der Anzahl der Fahrzeugüberfahrten verwendet. Die Veränderung der Spurrinnentiefe und der Unebenheitsamplituden sowie die Verschiebung der Bodenwellen durch die Radaufstandskräfte wird mittels eines inkrementellen Vorgehens auf Basis eines einseitig gekoppelten Ansatzes berechnet: für jede Überfahrt werden die dynamischen Kontaktkräfte und die resultierende bleibende Verformung ermittelt. Auf diese Weise ist es möglich, die Entwicklung der Unebenheitsamplitude einzelner Spektralanteile der Straßenoberfläche zu prognostizieren, ohne aufwändige Zeitintegrationen durchführen zu müssen. Dabei zeigt sich, dass ein in der Anzahl der Belastungen lineares Schädigungsgesetz im Normalfall qualitativ gleichwertige Aussagen wie ein in der Belastungsanzahl nichtlineares Gesetz liefert.

Anhand des gewählten Fahrzeug-Straße-Modells wird der Einfluss grundsätzlicher Parameter des Fahrzeugs und der Straße untersucht, wie etwa der Massenverteilung und der Asymmetrie des Fahrzeugs sowie des Verhältnisses des Radstands zur Anregungswellenlänge. Nichtlinearitäten in der Radaufhängung werden durch geeignete Näherungsmethoden betrachtet. Es zeigt sich, dass geringere Verformungsraten für eine niedrigere Hubfrequenz des Fahrzeugs, eine geringe Nachgiebigkeit der Straße und eine kleinere Nichtlinearität in der Belastung im Schädigungsgesetz erreicht werden. Viskose Dämpfung und Coulombsche Reibung in den Radaufhängungen beeinflussen die Verformung des Straßenoberbaus auf ähnliche Weise: die Verstärkung von langwelligen Unebenheiten wird durch eine Zunahme dieser Dämpfungsarten tendenziell verringert. Doch kann eine stärkere Dämpfung in gewissen Bereichen auch negativ sein, wenn ein Abbau der Unebenheiten reduziert wird. Asymmetrie in den Fahrzeugparametern wirkt sich auf sehr komplexe Weise aus und kann nur in der Gesamtschau aller Parameter und konkreter Frequenzbereiche beurteilt werden.

Danksagung

Die vorliegende Arbeit entstand während meiner Tätigkeit als wissenschaftliche Mitarbeiterin am Institut für Technische Mechanik, Bereich Dynamik/Mechatronik, des Karlsruher Instituts für Technologie (KIT).

Herrn Prof. Dr.-Ing. Wolfgang Seemann danke ich für die Anregung zu dieser Arbeit, deren Betreuung und die Übernahme des Hauptreferats. Die angenehme Zusammenarbeit, seine Unterstützung und Förderung habe ich stets sehr geschätzt.
Daneben danke ich Herrn Prof. Dr.-Ing. habil. Marc Kamlah für die Übernahme des Korreferats, sein Interesse an meiner Arbeit und die daraus resultierenden Anregungen zur Abrundung der Arbeit. Für die freundliche Übernahme des Verfahrensvorsitzes möchte ich mich zudem bei Herrn Prof. Dr.-Ing. Marcus Geimer bedanken.

Besonderer Dank gilt Herrn Prof. Dr.-Ing. Dr. h.c. Jörg Wauer für seine Förderung während meines Studiums und meiner Promotionszeit sowie für seine wissenschaftliche Begleitung und sein Interesse an meiner Arbeit bis hin zu ihrem Abschluss.
Auch bei den Herren Prof. Dr.-Ing. habil. Alexander Fidlin, Prof. Dr.-Ing. Carsten Proppe, Prof. Dr.-Ing. Walter Wedig und Prof. Dr.-Ing. Dr. h.c. Jens Wittenburg möchte ich mich für Anmerkungen zu meiner Arbeit sowie für zahlreiche Vorlesungen während meiner Studienzeit bedanken, die mein Interesse an der Mechanik geweckt haben.

Den Kollegen der Abteilung Dynamik/Mechatronik danke ich sehr für die angenehme und kollegiale Atmosphäre, vielfältige kleine und große Hilfestellungen, interessante Diskussionen und gemeinsame Erlebnisse, die unvergessen bleiben. Es war eine schöne Zeit.
Ganz herzlich möchte ich Hartmut Hetzler für seine Unterstützung und seinen Rückhalt in den letzten Jahren danken.

Besonders dankbar bin ich meinen Eltern für ihr Vertrauen, ihre Fürsorge und ihre Unterstützung auf meinem bisherigen Lebensweg. Vielen Dank für alles!

Karlsruhe, im März 2013
Heike Vogt

Inhaltsverzeichnis

1 Einleitung

1.1 Motivation und Thema der Arbeit

Im Jahr 2011 wurden vom Bundesministerium für Verkehr, Bau und Stadtentwicklung Mittel von rund 2.2 Milliarden Euro für den Erhalt von Bundesfernstraßen bewilligt [238], um Schäden zu beseitigen sowie Straßen in schlechtem Zustand wieder instand zu setzen und vor weiteren Schädigungen zu schützen. Straßenschäden sind daher nicht nur ein individuelles Ärgernis, sondern auch mit erheblichen volkswirtschaftlichen Kosten verbunden. Dabei fallen nicht nur Kosten für Instandsetzungsmaßnahmen an, vielmehr entsteht auch eine Reihe von Folgekosten: beispielsweise können Unebenheiten im Straßenverlauf zu Schädigungen von Fahrzeug und Fracht führen, deren Reparaturen direkt mit Ausgaben verbunden sind. Doch auch Staus infolge von Baustellen verursachen indirekt Kosten, zum Beispiel durch erhöhten Kraftstoffverbrauch mit entsprechenden CO_2-Emissionen oder einfach durch verlorene Zeit. Die jährlichen Kosten für die Volkswirtschaft werden in [176] mit mindestens zwölf Milliarden Euro beziffert. Abgesehen davon reduzieren Straßenschäden die Fahrsicherheit und in einem erheblichen Maße auch den Fahrkomfort – vor allem wenn Bodenwellen vorhanden sind.

Diese Unebenheiten führen zu erhöhten Vertikalbeschleunigungen der Fahrzeuginsassen, was als Maß für den Fahrkomfort gesehen wird, begünstigen aber auch das Ansammeln von Wasser in den Fahrbahnen und folglich Aquaplaning. Des Weiteren entstehen in der Wechselwirkung mit den Fahrzeugen größere dynamische Lasten, welche ihrerseits auf den Straßenoberbau rückwirken, sodass sich ein selbstverstärkender Effekt ergeben kann. Die dynamischen Achslasten beeinflussen dabei nicht nur direkt die Ausbildung und Verstärkung von Unebenheiten, sondern fördern auch die Rissentstehung. Risse wiederum ermöglichen das Eindringen von Wasser in den Straßenoberbau, was in Verbindung mit Frost zu den gefürchteten Schlaglöchern führen kann. Es zeigt sich also, dass einige Schädigungsarten unmittelbar miteinander verbunden sind und eine Reduzierung einer Schädigungsart sich auch positiv auf den gesamten Zustand der Straße auswirken kann.

Die Entstehung von Straßenschäden wird neben Klimaeinflüssen und Fehlern in der Bauweise vor allem dem Schwerlastverkehr zugeschrieben. Die Auswirkung des Personenkraftverkehrs ist wegen der viel geringeren Achslasten hingegen eher als gering zu bewerten. Der Start eines Feldversuchs in Deutschland mit Lang-Lkw, sogenannte Gigaliner, die bis zu 44 t wiegen dürfen, wirft unter diesem Gesichtspunkt interessante, neue Fragen auf [73]. Da in den nächsten Jahren auch weiterhin mit einer Zunahme des Güterverkehrs auf der Straße zu rechnen ist [239], ist es von großer Bedeutung, ein besseres Verständnis für die Wechselwirkung zwischen den Fahrzeugen und der Straße zu gewinnen, um die Entstehungs- und Entwicklungsmechanismen einzelner Straßenschäden zu beleuchten. Ein solcher Erkenntnisgewinn über den Einfluss einzelner Fahrzeug- oder Straßenparameter auf Schäden sollte

die Möglichkeit eröffnen, präventiv – beispielsweise durch Gestaltung straßenfreundlicher Fahrzeuge – eine Reduzierung der Straßenschäden herbeizuführen und die Notwendigkeit, bereits vorhandene Schäden auszubessern, zu reduzieren.
Da Längsunebenheiten durch bleibende Verformungen ein offensichtliches und bedeutendes Schadensmerkmal einer Straße darstellen, das den Fahrkomfort und die Fahrsicherheit beeinträchtigt und in großem Maße durch die dynamischen Achslasten des Schwerlastverkehrs beeinflusst wird, liegt der Schwerpunkt der vorliegenden Arbeit auf dieser Schädigungsart. Das besondere Interesse gilt dabei der Wechselwirkung zwischen Fahrzeug und Straße, wobei insbesondere der Einfluss der dynamischen Achslasten auf die Entwicklung der longitudinalen Unebenheiten untersucht werden soll.

1.2 Stand der Forschung

Der Wechselwirkung zwischen Fahrzeug und Untergrund mit all ihren unterschiedlichen Aspekten gilt schon seit Jahrzehnten das Interesse der Wissenschaft, sodass eine Vielzahl von experimentellen und theoretischen Arbeiten zu diesem Thema entstanden ist. Im Hinblick auf die Fahrzeug-Straße-Interaktion spielt dabei zum einen die Modellierung der Straße mit ihrem Verhalten eine entscheidende Rolle. Zum anderen ist eine hinreichend genaue Abbildung der Fahrzeuge und ihrer Dynamik vonnöten.

Im Folgenden wird zur Orientierung ein Überblick über unterschiedliche Konzepte und wichtige Ansätze zur Modellierung der Wechselwirkung zwischen Fahrzeug und Straße gegeben – ohne Anspruch auf Vollständigkeit, jedoch zur thematischen Einordnung und als inhaltlicher Ausgangspunkt der vorliegenden Arbeit. Der Schwerpunkt liegt hierbei auf verformbaren Straßen, hauptsächlich Asphaltstraßen, bei denen sich Bodenwellen durch bleibende Verformung infolge des Verkehrs ausbilden können. Des Weiteren wird auf einige Aspekte der Fahrzeug-Straße-Interaktion wie die Beurteilung von straßenfreundlichen Fahrzeugen, nichtlineare Elemente in Radaufhängungen oder die Ausbildung von Längsunebenheiten in Straßen besonders eingegangen.

1.2.1 Allgemeines

Arbeiten zur Modellierung von Fahrzeug-Straße-Interaktion lassen sich auf unterschiedlichste Weise kategorisieren. Während sich ein Teil der Arbeiten auf eine möglichst genaue Modellierung des Straßenoberbaus und des zugehörigen Verformungs- und Schädigungsverhaltens des Asphalts konzentriert, wird in anderen Arbeiten Wert auf die Abbildung der Fahrzeugseite gelegt, wobei eher einfache Beanspruchungs- und Verhaltensmodelle für die Straße herangezogen werden. Insbesondere mit solchen Ansätzen ist eine genau Untersuchung des Einflusses unterschiedlicher Fahrzeugparameter auf die Verformung der Straße möglich. Bei einer detaillierten Modellierung des Straßenverhaltens hingegen werden häufig schlicht Lastkollektive als äußere Belastung vorgegeben, die oft nur auf den statischen Radaufstandkräften beruhen, ohne die Fahrzeugdynamik gesondert zu berücksichtigen. Hier steht häufig die Bewertung unterschiedlicher Straßenoberbauten oder Asphaltsorten im Vordergrund.

Ferner lässt sich beispielsweise unterscheiden, ob befestigte oder unbefestigte Straßen oder ob singuläre Abweichungen von einem ebenen Verlauf der Straßenoberfläche wie Schwellen oder kontinuierliche Unebenheiten wie Rauigkeiten oder harmonische Längsunebenheiten betrachtet werden. Auch die Tatsache, ob die Überfahrt ausschließlich eines Fahrzeugs untersucht wird oder Prognosen für die gesamte Lebenszeit einer Straße aufgestellt werden, unterscheidet die unterschiedlichen Ansätze.

In den meisten Arbeiten wird eine einseitig gekoppelte Betrachtungsweise der Interaktion gewählt, indem die Radaufstandskräfte für eine vorgegebene Fußpunktanregung durch die Straßenoberfläche ermittelt werden und erst anschließend die Verformung der Straßenoberfläche bestimmt wird. Diese Herangehensweise ist darin begründet, dass sowohl die Schwingungsamplituden der Radaufhängungen und -reifen wesentlich größer sind als die Verschiebungen der Straßenoberfläche als auch die Wellenausbreitungsgeschwindigkeit der Verformungen in der Straße die Fahrzeuggeschwindigkeiten deutlich übertrifft [34, 35, 86]. Laut [108] ist bei Straßen bis zu einer Fahrgeschwindigkeit von ungefähr 100 km/h eine statische Rechnung im Sinne einer getrennten Betrachtungsweise erlaubt.

In vergleichsweise wenigen Arbeiten wird hingegen die wechselseitige Kopplung zwischen Fahrzeug und Untergrund betrachtet. Einige dieser Arbeiten werden im Folgenden in Abschnitt 1.2.2 und Abschnitt 1.2.3 erwähnt: Metrikine et al. modellieren den Untergrund als Balken auf einem viskoelastischen Halbraum und das Fahrzeug als einen Zweimassenschwinger. Für dieses System werden Stabilitätsuntersuchungen vorgenommen [157]. Eine bleibende Verformung des Untergrunds ist nicht möglich. In [135] wird die Interaktion zwischen einem Fahrzeug und einem Halbraum betrachtet, wobei das Interesse den sich ausbreitenden Wellen im Untergrund gilt. In [244] wird die bleibende Verformung eines viskoelastischen Untergrunds für das vollgekoppelte Problem berechnet, während in [245, 246] ein überfahrendes Fahrzeug auf einer verformbaren Schicht untersucht wird, welche unterschiedliches Materialverhalten aufweisen kann. Ein iteratives Vorgehen ermöglicht hierbei die Berechnung der bleibenden Verformung im Laufe der Überfahrten, wobei für jede einzelne Überfahrt die Verformung vollgekoppelt berechnet wird. Fassbender et al. [72] und Kölsch [132] bedienen sich der Finite Elemente Methode, um die Verformung eines weichen Untergrunds infolge einer Fahrzeugüberfahrt zu ermitteln. Both, Hong und Kurtze [22, 136] sowie Hoffmann [103, 104, 105] untersuchen die Interaktion zwischen einem verformbaren Untergrund und einem Fahrzeugfluss und gehen dabei insbesondere auf die Verstärkung oder Abschwächung von Unebenheitswellen im Untergrund ein.

1.2.2 Fahrzeug-Straße-Interaktion mit verschiedenen Bodenmodellen

Im Folgenden wird eine Zusammenfassung unterschiedlicher Modellierungen und Betrachtungen zur Fahrzeug-Straße-Interaktion gegeben, wobei eine Einteilung hinsichtlich der Modellierung der Straße vorgenommen wurde.

Balken- und Plattenmodelle

Einfache Straßenmodelle bieten die Möglichkeit, überschaubare Gleichungen und Lösungen für das Verhalten des Bodens bestimmen zu können. Die voll gekoppelte Interaktion

mit Fahrzeugmodellen lässt sich mit diesen Modellen wesentlich einfacher verwirklichen. Eine Übersicht über Arbeiten mit derartigen Modellen mit bewegten Lasten findet sich in [20]. Frýba behandelt auf analytische Weise einige der im Folgenden genannten Probleme in [77].

Häufig werden elastisch oder viskoelastisch gebettete Balken betrachtet, die räumlich fixierten Kräften ausgesetzt sind. Diese werden zum Teil wiederholt aufgebracht (siehe zum Beispiel [99]), um den Einfluss von Verkehr zu modellieren.
Der Einfluss bewegter Kräfte auf elastisch oder viskoelastisch gebettete Balken ist auch Gegenstand vieler Arbeiten (siehe unter anderem [4, 37, 38, 74, 122, 139, 148, 215]). Die angegebenen Arbeiten sind zum Teil ohne spezielle Anwendung oder neben der Fahrzeug-Straße-Interaktion auf die Wechselwirkung zwischen Zug und Schienen bezogen.
Auch die Erweiterung auf das dreidimensionale Problem von Platten auf Bettungen ist in vielen Arbeiten zu finden (unter anderem [80, 111, 112, 127, 128]).
Des Weiteren wird die Ankopplung eines Balkens [60, 61, 133] an einen Halbraum oder eine Halbebene [214] oder einer Platte [3, 251] an einen Halbraum anstelle einer Bettung betrachtet. Metrikine et al. führen Stabilitätsuntersuchungen an einem Oszillator auf einem Balken durch, der an einen viskoelastischen Halbraum gekoppelt ist [157].
Besteht der Halbraum aus mehreren Schichten oder wird nichtlineares Verhalten des Halbraums angenommen, ist meist ein Lösungsverfahren mittels FEM (*Finite Elemente Methode*) vonnöten. Nguyen und Duhamel betrachten das Verhalten eines Balkens auf einer nichtlinear elastischen Bettung infolge einer bewegten harmonischen Last mithilfe numerischer Näherung unter Verwendung von FEM [169].

Das vollgekoppelte System mit einem einfachen Fahrzeugmodell wird beispielsweise in [97, 157, 220, 261] untersucht. Muscolino und Palmerie ermitteln für unterschiedliches viskoelastisches Verhalten der Bettung die dynamische Antwort, jedoch für Zug-Schiene-Interaktion [165]. Im gleichen Zusammenhang interessieren sich Wolfert et al. insbesondere für die Stabilität der Schwingungen zweier Oszillatoren auf einem Balken mit viskoelastischer Bettung [255].
Yang et al. [258] und Ahmadian und Jafari-Talookolaei [7] betrachten Oszillatoren auf zwei Platten beziehungsweise Balken, die gebettet sind.
Raue Oberflächen und ihre Wirkung auf Fahrzeug- und Untergrundschwingungen stehen in [12, 143] im Mittelpunkt.

Mit den genannten Modellen können zahlreiche Parameterstudien durchgeführt werden und unter anderem der Einfluss der Fahrgeschwindigkeit, der Materialparameter oder der Art der Belastung ermittelt werden. Unterschiede findet man in den angewendeten Methoden, die je nach Komplexität des Systems analytisch oder numerisch sein können. Anwendung finden zum Beispiel Fourier- oder Laplacetransformation, Faltungsintegral, Einflussfunktionen, Lösungstheorie für gewöhnliche Differentialgleichungen oder FEM. Ferner werden vorgegebene bewegte Kräfte beziehungsweise Kraftdichten, die auch zeitabhängig sein können, oder Fahrzeugmodelle betrachtet.

Den vorgenannten Arbeiten, in denen linear elastisches oder viskoelastisches Verhalten berücksichtigt wird, ist jedoch gemein, dass keine bleibenden Verformungen des Unter-

grunds ermittelt werden. Im Mittelpunkt stehen hingegen entstehende Spannungen und Verschiebungen sowie die Ausbreitung und Abstrahlung von Wellen in dem an einen Balken oder eine Platte angekoppelten Halbraum.
Außerdem werden die genannten Modelle häufig zur Betrachtung der Zug-Schiene-Interaktion herangezogen.

Halbraummodelle

Als Ausgangspunkt der Ermittlung von Spannungen und Verformungen im Straßenoberbau, der als ein Halbraum angenähert ist, kann die Arbeit von Boussinesq [23] gesehen werden. In ihr wird eine geschlossene Lösung für Spannungen und Verschiebungen in einem elastischen isotropen Halbraum hergeleitet, auf den eine Punktlast wirkt.

Es gibt zahlreiche Arbeiten, die sich mit bewegten Lasten auf Halbräumen beschäftigen – sowohl mit als auch ohne Straßenbezug. Zum Beispiel werden die Auswirkungen von Lasten mit konstanter Amplitude [47, 77, 207], von horizontalen und vertikalen Lasten [180], von zeitlich veränderlichen Lasten [120] oder von einfachen Fahrzeugmodellen [135] analysiert. Auch bewegte Lasten auf viskoelastischen Untergründen werden untersucht [114]. Im Mittelpunkt dieser Betrachtungen stehen jedoch die in den Halbräumen auftretenden Spannungen, Verschiebungen und Wellen.
Nicht als Halbraum, jedoch als verformbare, viskoelastische Schicht wird der Straßenoberbau in [244] modelliert, über den ein Fahrzeug, abgebildet durch einen Einmassenschwinger, mit konstanter Geschwindigkeit fährt. Die bleibende Verformung in Abhängigkeit unterschiedlicher Fahrzeugparameter wird für eine Schicht berechnet, welche das rheologische Verhalten einer 3-Element-Flüssigkeit aufweist.

Mehrschichtentheorie

Burmister stellte die Gleichungen für den geschichteten Halbraum mit zwei Schichten [28] und drei Schichten [27] auf und legte somit die Grundlage für die Mehrschichtentheorie, die ursprünglich homogene, isotrope, linear-elastische und seitlich unendlich ausgedehnte Schichten voraussetzt. Während in der Mehrschichtentheorie tatsächlich mit mehreren Schichten gerechnet wird, wird bei der Methode der äquivalenten Dicke (*Method of Equivalent Thickness* MET) hingegen ein geschichtetes System unter Berücksichtigung der Steifigkeiten der einzelnen Schichten in einen Halbraum umgerechnet, der wiederum analytisch behandelt werden kann [173].

Eine Erweiterung der elastischen Mehrschichtentheorie auf viskoelastische Schichten nahm zum Beispiel Ishihara [118] vor: mithilfe des Korrespondenzprinzips (siehe [140]) konnte er für eine nicht-bewegte Last die Spannungen und Verschiebungen in den Schichten bestimmen. Zusammen mit Kimura wurden auch bewegte Lasten betrachtet [119], ebenso von Chou und Larew in [39]. Elliot und Moavenzadeh [66] beschäftigten sich zudem mit sich wiederholenden Lasten und Grundmann et al. unter anderem mit zeitveränderlichen bewegten Lasten auf linear-elastischen Schichten mit der Anwendung Zug-Schiene-Interaktion [92]. Eine bewegte Punktlast auf einem viskoelastischen Schichtmodell wurde beispielsweise von de Barros und Luco untersucht [57].

Eine Vielzahl von Programmen zur Berechnung der Fahrbahnbeanspruchung beruht jedoch auf der linear-elastischen Mehrschichtentheorie. Ein bekanntes Beispiel ist das Rechenprogramm *Bitumen Structure Anaylsis in Road* (BISAR) von Shell, welches Spannungs- und Verformungszustände, hervorgerufen durch eine nicht bewegte Topflast, zur Näherung der Verkehrslast ermittelt [58]. BISAR findet Anwendungen in vielen Arbeiten zur Ermittlung der Spurrinnenbildung oder Bemessung von flexiblen Fahrbahnbefestigungen und wurde dementsprechend weiterentwickelt (siehe zum Beispiel [94, 107, 210]).

Um nun aus den linear elastisch ermittelten Spannungen und Dehnungen bleibende Verformungen zu ermitteln, werden unterschiedliche Verhaltensmodelle, zum Beispiel phänomenologische Beschreibungen, angenommen.
Ein Beispiel für ein solches Programm zur Berechnung der Spurrinnentiefe stellt die *Shell Methode* als Weiterentwicklung von BISAR dar [40].
In dem Programm *Viscoelastic-System* (VESYS) [121], das in seiner Erstversion vom U.S. Department of Transportation der Federal Highway Administration (FHWA) entwickelt wurde, sollten ursprünglich nichtlineare und zeitabhängige Spannungs-Dehnungsbeziehungen eingearbeitet werden, was jedoch verworfen wurde. Neben der Rissbildung und Spurtiefe wird auch die Längsunebenheit in Form der Längsneigungsvarianz über Schadensmodelle ermittelt und Ungleichmäßigkeiten der Baustoffe und in der Bauausführung durch Zufälligkeiten berücksichtigt (siehe [210]). Das Programm wurde mehrfach weiterentwickelt (siehe zum Beispiel [17, 144]), unter anderem wurden Längsunebenheiten infolge vorgegebener Elastizitätsmodulschwankungen berechnet [210] oder Viskoelastizität berücksichtigt. Zuletzt wurde im Jahr 2002 die Version VESYS 5W veröffentlicht.

Nichtlineares Bodenverhalten wird in manchen Methoden näherungsweise mithilfe eines effektiven Elastizitätsmoduls erfasst (beispielsweise [108]) oder durch iteratives Vorgehen berücksichtigt, wie zum Beispiel in [82] oder im Programm KENLAYER. Dieses beruht zwar auch auf der linear elastischen Mehrschichtentheorie, berechnet aber die bleibende Verformung infolge einer oder mehrerer nichtbewegter Topflasten für nichtlineares und viskoelastisches Verhalten [113].
Auch die Berechnung von zeitabhängigen Dehnungen und bleibender Verformung in linear viskoelastischen Schichten infolge einer bewegten Last durch ein rollendes Rad ist möglich, beispielsweise mit dem Verfahren *Visco Elastic Road Analysis Delft* (VEROAD) [106]. Auch dieses basiert auf dem Korrespondenzprinzip [140], nach dem viskoelastische Materialgleichungen nach Transformation beispielsweise in den Laplace- oder Fourierbildbereich von der Struktur her mit dem entsprechenden elastischen Problem korrespondieren. So kann die viskoelastische Lösung aus der elastischen abgeleitet werden [90]. Die vorgestellten Programme und ihre Weiterentwicklungen sowie weitere, hier aufgrund ihrer geringen Bedeutung nicht erwähnte Programme, verfügen über unterschiedliche Funktionen und Möglichkeiten, beispielsweise die jahreszeitliche Änderung des Materialverhaltens, Frequenz- und Temperaturabhängigkeit der Steifigkeitsmoduln, den Einfluss der Fahrgeschwindigkeit und Achskonfiguration oder den Gradienten der Straßenoberfläche durch Faktoren zu berücksichtigen. Die Belastung durch die Fahrzeuge wird teilweise durch Messungen ermittelt, zumindest jedoch in nahezu allen Programmen als äußere Belastung ohne vorherige Berechnung der Achslasten infolge der Straßenanregung vorgegeben. Häufig wird

die Belastung in äquivalente Standardachslasten mithilfe eines Potenzgesetzes umgerechnet und als gegebenes Lastkollektiv über die gesamte Lebenszeit der Straße aufgebracht. Dynamische Lasten werden teilweise durch eine betragsmäßige Erhöhung der Belastung berücksichtigt. Eine Prognose über die Entwicklung der Spurrinnentiefe oder der Ermüdung der Straße über die gesamte Lebensdauer ist unter diesen Voraussetzungen mit manchen Programmen möglich.
Eine ausführliche Zusammenstellung, Erläuterung und Beurteilung von Programmen auf Basis der Mehrschichtentheorie zur Bemessung von Fahrbahnen findet sich in [1] und [117].

Ausgewählte Lebenszeitmodelle mit einfachen Fahrzeugmodellen

Es gibt einige Arbeiten mit mehrschichtigen Straßenmodellen, die sich mit der Entwicklung der Straßenoberfläche und der Straßenschäden im Laufe der Lebensdauer der Straße infolge von dynamischen Lasten beschäftigen. Das Besondere an den im Folgenden genannten Ansätzen ist die Tatsache, dass tatsächlich mit einem Fahrzeugmodell und vorgegebener Fußpunktanregung durch die Straßenoberfläche die Radaufstandskräfte aus numerischen Zeitintegrationen bestimmt werden. Diese werden als äußere Belastung auf das Straßenmodell gegeben und die zugehörigen Spannungs-Dehnungszustände in dem Modell ermittelt. Zum Teil wird auch aus den Kraftverläufen eines bestimmten Referenz-Fahrzeugmodells auf die Kräfte, hervorgerufen durch ein anderes Fahrzeug, geschlossen. Mithilfe von Schadensmodellen und Annahmen über die Anzahl der Fahrzeugarten während eines Zeitinkrements werden die Dehnungen in Schädigungen in Form von Spurrinnenbildung und Ermüdung umgerechnet. Als Zeitinkrement wird beispielsweise ein Monat gewählt und für diesen bestimmte klimatische Bedingungen vorgegeben, die sich auf die Materialparameter der Straße auswirken. Das Straßenmodell besteht wiederum aus mehreren Schichten. In Fahrtrichtung kann es in mehrere Teilstücke unterteilt sein, denen unterschiedliche Eigenschaften zugewiesen werden können. Beispielsweise werden die Schichtdicken oder Materialeigenschaften variiert. Nach einem Zeitinkrementschritt werden die Materialparameter der Straße je nach Schädigung aktualisiert, genauso wie der Verlauf der Straßenoberfläche. Dieser Verlauf ist im nächsten Zeitschritt die neue Fußpunkterregung bei der Ermittlung der Radaufstandskräfte. Diese Methode stellt folglich ein inkrementell-rekursives Verfahren dar, das bis zum Erreichen des Befahrbarkeitsendes ausgeführt wird.
Unter anderem Ullidtz, Collop und Cebon [35, 49, 50, 228, 231, 232] haben derartige Verfahren zur Prognose der Entwicklung des Straßenzustandes unter dynamischen Lasten entwickelt. Aufgrund des aufwändigen numerischen Ansatzes ist der Zeitaufwand mitunter immens. Zudem lassen sich Parametereinflüsse nicht unmittelbar erkennen und nur durch ex post Interpretationen der Rechenergebnisse bestimmen. Im Verfahren *Mathematical Model Of Pavement Performance* (MMOPP) von Ullidtz [231, 232, 228] werden die Schichtmodelle der einzelnen Straßenteilstücke in Halbräume umgerechnet, um die Spannungen und die bleibende Verformung in der Straße ermitteln zu können. Diese Umrechung erfolgt nach einer Transformationsvorschrift von Odemark, sodass wieder eine Lösung nach Boussinesq möglich ist [173, 227].
Collop und Cebon [35, 49, 50] untersuchen mit ihrem Modell *Whole-Life Pavement-Performance Model* (WLPPM) unter anderem die Auswirkung von singulären Störungen

in der Asphaltoberfläche in Form einer Sinushalbwelle, einer dünneren Asphaltstelle in einer an sich ebenen Straßenoberfläche oder einer zufälligen Dickeverteilung der Asphaltfläche bei ebener Straßenoberfläche. Um Einflussfunktionen zu berechnen, welche die Antwort des Straßenmodells auf einen Einheitsimpuls charakterisieren [35], wird eine modifizierte Version von VESYS IIIA verwendet. Die Einflussfunktionen ermöglichen, die Antwort der Straße auf die berechneten dynamischen Kräfte zu bestimmen. Um Belastungen in Form von Fahrzeugflotten für bestimmte Zeiträume vorgeben zu können, werden für Fahrzeugmodelle mit unterschiedlichen Parametern die Radaufstandskräfte bei vorgegebener Straßenanregung ermittelt.
Das Verfahren von D'Apuzzo et al. [55] ist den Verfahren von Ullidtz, Collop und Cebon ähnlich. Die Entwicklung der Straßenoberfläche wird über Jahre berechnet unter Einbezug von Temperatur-, Klima- und Materialveränderungen. Für 16 unterschiedliche Fahrzeugtypen werden Normalkraftverläufe berechnet und für die vorgegebene Verkehrsbelastung verwendet. Nach drei Monaten wird der Verlauf der Straßenoberfläche aktualisiert. Neben der Entwicklung der Spurrinnentiefe und Rauigkeit der Oberfläche wird auch das Fortschreiten der Schädigung durch Ermüdung beobachtet.

Die Entwicklung der Rauigkeit der Straße kann mit diesen Methoden in Abhängigkeit unter anderem von Radkonfigurationen, Zusammensetzung des Verkehrs oder klimatischen Einflüssen prognostiziert werden, wenn auch die Straßenoberfläche nicht nach jeder Überfahrt aktualisiert wird. Insgesamt wird herausgefunden, dass über die Jahre die Rauigkeit und als Folge das Verhältnis zwischen dynamischer und statischer Last, die Spurrinnentiefe und die Anzahl der Risse ansteigt. Besonders interessant sind die Arbeiten von Collop und Cebon, da sie feststellen, dass Unebenheiten mit kurzen Wellenlängen eher abgebaut werden, während die Amplituden von langwelligen Unebenheiten eher zunehmen. Dies führen sie auf die Phasenlage der dynamischen Kontaktkräfte zurück. Zudem weisen sie darauf hin, dass sich die Eigenschwingungen des Fahrzeugs in den Untergrund einprägen.

Darüber hinaus wurde in [243, 245] ein Fahrzeug-Straße-Interaktionsmodell vorgestellt, das die wechselseitige Kopplung berücksichtigt und es ermöglicht, die Entwicklung der Straßenverformung im Laufe mehrerer Überfahrten zu berechnen. Der Untergrund wurde hierbei als verformbare Schicht modelliert, die unterschiedliches Materialverhalten zur Abbildung von bleibender Verformung aufweisen kann. Das Fahrzeug ist als Ein- oder Zweifreiheitsgradmodell modelliert, welches sich mit konstanter Geschwindigkeit bewegt. Die simultane Berechnung der Straßenverformung und der Fahrzeugdynamik bestätigt dabei qualitativ die Ergebnisse aus einem Fahrzeug-Straße-Modell mit einseitiger Kopplung [246].
Das einseitig gekoppelte Modell wird außer in [246] in [242, 243] betrachtet und der Einfluss unterschiedlicher Fahrzeugparameter und Nichtlinearitäten in der Radaufhängung auf die Entwicklung von Unebenheiten in der Straßenoberfläche auf analytische oder semianalytische Weise untersucht. Dabei wird wie in den in diesem Abschnitt genannten Arbeiten ein inkrementelles Verfahren gewählt.

Die Bedeutung solch inkrementeller Verfahren für die Bemessung von Straßen wurde durch das EU Forschungsprojekt „Development of New Bituminous Pavement Design Method“ COST 333 [1] hervorgehoben.

Straßenmodellierung mittels der Finite Elemente Methode

Eine noch genauere Modellierung des Straßenverhaltens unter Berücksichtigung unterschiedlichster Einflussfaktoren, wie etwa dem Klima, ist mithilfe der Finite Elemente Methode in Verbindung mit detaillierten Materialmodellen möglich. Unterschiedliche Geometrien des Straßenoberbaus, variable Schichtdicken, räumlich verteilte Materialparameter oder Diskontinuitäten lassen sich mit FEM verwirklichen [1]. Insbesondere die genaue Darstellung des Materialverhaltens beispielsweise mithilfe der Kontinuumsmechanik nimmt eine entscheidende Rolle ein. Diese vielfältigen Möglichkeiten der Modellierung sind jedoch häufig mit einem hohen Aufwand und einer langen Rechenzeit verbunden und daher für Betrachtungen des Gesamtsystems über lange Zeiträume wenig geeignet.
Im Folgenden wird ein kurzer Überblick über einige Arbeiten gegeben, welche sich der Finite Elemente Methoden zur Betrachtung von verformbaren Untergründen bedienen.

Bereits Perumpral et al. berechnen in [182, 183] für die Interaktion zwischen einem Traktorreifen und Boden den Spannungs-Dehnungszustand im Boden mittels FEM. Dabei wird zum einen für einen nicht bewegten Reifen nichtlineares Bodenverhalten berücksichtigt und zum anderen für einen bewegten Reifen linear elastisches.
Während Desai und Siriwardane [206] zwar ohne Straßenbezug die Wirkung einer konstanten, nicht bewegten Last auf ein Mehrschichtsystem mit unterschiedlichen Materialgesetzen betrachten, konzentriert sich Uddin auf die dynamische Antwort einer Straße auf ein Fallgewichtsgerät, insbesondere auch bei Diskontinuitäten im Material [226].
Van und Maitournam [236] und Zaghloul und White [260] mit Bezug auf Straßenbefestigungen und Kirkner et al. [129] ermitteln den Einfluss bewegter Lasten. Zyklische Belastungen werden in den Arbeiten von Allou et al. [10] und Kettil et al. [123] aufgebracht, auch für ungebundene Schichten.
Ungebundene Tragschichten stehen beispielsweise auch bei Gerlach et al. [82] und Werkmeister [250] im Vordergrund, während sich andere [75, 79, 110] besonders mit dem Einfluss unterschiedlicher Faktoren, wie zum Beispiel Temperatur und Fahrgeschwindigkeit, beschäftigen. Kim et al. [126] und Al-Qadi [8] gehen auf die Wirkung unterschiedlicher Achskonfigurationen ein.

Während in den meisten Arbeiten vorgegebene Oberflächenkraftdichten als äußere Last auf den Untergrund wirken, modellieren Nesnas und Nunn [168] auch den Reifen. Fassbender et al. [72] und Kölsch [132] gehen noch weiter und betrachten ein Viertel- und Halbfahrzeugmodell auf verformbaren, wenn auch weichem Untergrund. Untersucht wird die Fahrzeugdynamik, angeregt durch die Unebenheiten im Boden.

Bartolomaeus [16] befasst sich mit der Entwicklung von Fahrbahnunebenheiten aus Homogenitätsschwankungen bei Asphaltbetonstraßen, wobei statistische Schwankungen im geometrischen Aufbau und Schwankungen im Materialverhalten betrachtet werden. Obwohl ein linear elastisches Materialmodell verwendet wird, muss sich angesichts dieser Schwankungen der Finite Elemente Analyse mittels ANSYS bedient werden, um den Spannungs-Dehnungszustand im Straßenmodell berechnen zu können. Hierbei werden als äußere Belastung dynamische Radlasten als ortsfeste statische Last aufgebracht, die zuvor mithilfe eines einfachen Fahrzeugmodells und den gegebenen Längsunebenheiten

bestimmt werden. Pro Jahr werden diese dynamische Achslasten einmal ermittelt, die Veränderung der Fahrbahnoberfläche innerhalb eines Jahres wird mittels eines phänomenologischen Schadensmodells für vorgegebene Verkehrsmodelle, in denen beispielsweise eine stochastische Verteilung der Achslastfolgen in Achslastklassen erfolgt ist, sowie Temperaturganglinien berechnet. Die Iteration über mehrere Jahre liefert das Langzeitverhalten von Quer- und Längsunebenheiten, die im Laufe der Jahre zunehmen. Die Auswirkung einzelner Fahrzeugparameter auf diese Entwicklung wird nicht untersucht.

Neben Programmen auf Basis der Mehrschichtentheorie werden in [117] auch FEM-Programme zur Bemessung von Fahrbahnen vorgestellt und bewertet.
Das Programm AXIDIN (beschrieben in [117]) berechnet Spannungen, Dehnungen und Verschiebungen in einem achsensymmetrischen Körper bestehend aus horizontalen Schichten mit konstanter Dicke und homogenem, isotropem, linear-elastischem Material. Zylindrische gleichverteilte Einzellasten können sowohl statisch als auch dynamisch mittels einer Zeitfunktion aufgebracht werden. Mithilfe von Material- und Dämpfungsparametern lässt sich das dynamische Verhalten des Körpers bestimmen. Bleibende Verformungen werden nicht ermittelt.
Ebenfalls ein achsensymmetrisches Programm ist MICHPAVE [98], das jedoch die Betrachtung von nichtlinearem Materialverhalten erlaubt sowie die Wahl zwischen ungebundenen und bindigen Schichten oder Asphaltschichten ermöglicht. Hauptaugenmerk liegt auf der Berechnung des Spannungs-Dehnungszustandes infolge von Einzellasten mittels FEM. Ein empirisches Schadensmodell kann zur Bestimmung der Spurrinnentiefe aus dem Spannungs-Dehnungszustand benutzt werden.
Ein nicht speziell auf Straßenbemessung ausgelegtes dreidimensionales FEM-Programm stellt SYSTUS dar [117]. Es bietet vielfältige Möglichkeiten, unter anderem für unterschiedliche Materialgesetze, Lastverteilungen, Geometrien oder inhomogene Schichten Spannungen und Dehnungen zu berechnen. Zudem kann eine Modalanalyse der modellierten Straße durchgeführt werden. Die Leistungsstärke von SYSTUS bedingt jedoch eine hohe Rechenzeit.
Auch das dreidimensionale Programm CAPA-3D [196] ermöglicht die Implementierung von komplizierten Geometrien, nichtlinearen Materialien und beliebigen statischen und dynamischen Lasten. Zusätzlich können viskoplastische Verformungen zum Beispiel infolge zyklischer Lasten berechnet werden. Das Programm wurde kontinuierlich weiterentwickelt und findet in zahlreichen Gebieten Anwendung.

Zusammenfassend lässt sich sagen, dass die unterschiedlichen Programme oder Methoden zur Bemessung von Straßen mittels FEM einige Unterschiede aufweisen. Die Modellierung der Straße, das angenommene und implementierte Materialverhalten oder das gewählte Versagenskriterium, wie zum Beispiel die Drucker-Prager-Fließbedingung oder Versagen nach der Shakedown-Theorie, ist ein Unterscheidungsmerkmal. Des Weiteren folgt die bleibende Verformung teilweise direkt als Ergebnis aus der FEM-Rechnung oder sie wird über ein phänomenologisches Modell berechnet. Einflüsse unterschiedlichster Natur werden untersucht, zum Beispiel die Auswirkung von Temperatur, Fahrgeschwindigkeit oder Achskonfigurationen. Die Last auf die Straße wird manchmal direkt über ein Rad- oder Fahrzeugmodell oder über vorgegebene Kraftdichten aufgebracht, die zudem ortsfest

und zeitlich konstant oder bewegt und zeitabhängig sein können. Ob eine statische oder dynamische Analyse des Straßenverhaltens vorgenommen wird, stellt ebenfalls ein Unterscheidungsmerkmal dar.
Im Wesentlichen wird die Entwicklung der Tiefe der Spurrinnen ermittelt. Wie genau sich die einzelnen Längsunebenheiten mit unterschiedlichen Wellenlängen mit der Anzahl der Überfahrten entwickelt, blieb in den gefundenen Arbeiten außen vor. Zwar wird in [132] die Interaktion zwischen einem längeren Stück eines weichen Untergrunds und einem Fahrzeug für eine Überfahrt betrachtet, jedoch liegt das Augenmerk auf den durch die Unebenheiten im Boden angeregten Fahrzeugbewegungen. Bartolomaeus bestimmt in [16] die Entwicklung von Längsunebenheiten bei unterschiedlichen Lastkollektiven infolge von Homogenitätsschwankungen in Straßen. Er muss sich allerdings auch eines Schadensmodells bedienen und geht nicht auf den Einfluss einzelner Fahrzeugparameter ein.

Diskrete Elemente Methode

Die von [54] eingeführte Diskrete Elemente Methode (DEM) erlaubt die Betrachtung von ungebundener Materie, die aus einzelnen sich gegeneinander bewegenden diskreten Elementen besteht. Auch das Verhalten von Fahrbahnen unter Belastung lässt sich mit dieser Methode berechnen. Ullidtz zeigte, dass sich die mit DEM ermittelten Spannungen und Dehnungen wesentlich von denen unterscheiden, die auf Basis eines kontinuierlichen Materials mittels FEM berechnet werden [229]. Da die Methode jedoch noch aufwändiger als FEM ist, wird sie bisher nur auf einzelne Fahrbahnabschnitte und nicht auf ganze Straßenbereiche angewendet (siehe unter anderem [52, 53, 230]). Beispielsweise elastische, viskoelastische, viskoplastische Kontakte zwischen den einzelnen Teilchen mit oder ohne Reibung können hierbei verwirklicht werden.

Eine ausführliche Übersicht über diverse Programme zur Bemessung von Straßen basierend auf den unterschiedlichen, oben genannten Methoden findet sich zum Beispiel in der Arbeit von Korkiala-Tanttu [134].

1.2.3 Fahrzeug-Straße-Interaktion mit verschiedenen Fahrzeugmodellen

Ziel vieler Arbeiten ist nicht nur die Voraussage, wie sich Straßenschäden im Laufe der Zeit entwickeln werden, sondern auch die Bewertung und gezielte Beeinflussung unterschiedlicher Fahrzeugtypen hinsichtlich ihrer Straßenfreundlichkeit. Untersucht werden hierbei unter anderem verschiedene Achs- und Radkonfigurationen, Achsabstände, Fahrzeugparameter, Radaufhängungen, Feder- und Dämpferverhalten. Meist werden die Radaufstandskräfte ermittelt, und zwar analytisch, numerisch oder experimentell für bestimmte Parameterkombinationen. Die Straßenfreundlichkeit wird anschließend mithilfe von Kennzahlen oder Auswertung von Verhaltensmodellen und Schädigungsmodellen der Straße bewertet. In einigen Arbeiten findet auch eine Optimierung der Parameter hinsichtlich Straßenfreundlichkeit statt. Interessante Übersichten zu diesem Thema liefern [41, 86, 186], welche sich auch mit klassischen Themen der Auslegung für Radaufhängungen wie Fahrverhalten, Ener-

gieeffizienz, Bremsverhalten, Gier- und Überrollstabilität beschäftigen. Sharp und Crolla geben in [200] einen Überblick über die unterschiedlichen Arten von Radaufhängungen.

Bestimmung von Normalkräften

Die Messung von Normalkräften kann auf Fahrzeugseite oder Straßenseite erfolgen. Entsprechend mit Messgeräten ausgestattet können die Testfahrzeuge auf Teststrecken oder öffentlichen Straßen die Radaufstandkräfte aufnehmen. Fahrzeuge können mit einem Straßensimulator auf einem Prüfstand angeregt und die Normalkräfte gemessen werden. Messmatten hingegen, die auf die Straße gelegt werden, ermöglichen, die Kraftverläufe für beliebige Fahrzeuge zu bestimmen [187, 188].
Die Messung von Normalkräften kann aufwändig, kosten- und zeitintensiv sein. Analytisch beziehungsweise numerisch ermittelte Kraftverläufe sind daher anzustreben.
Mittels einfacher Fahrzeugmodelle und einer vorgegebenen Straßenanregung ist die direkte Berechnung der Radaufstandskräfte möglich, die sich je nach Fahrzeugparameter unterscheiden, so zum Beispiel in [31, 32, 42, 100, 153]. Mit den Auswirkungen von Schlaglöchern auf den Normalkraftverlauf beschäftigen sich beispielsweise Pesterev et al. mithilfe analytischer Methoden [184, 185].

Eine Mischung aus Messung und Simulation stellen sogenannte indirekte Methoden dar. Bei diesen Methoden werden zwar Messungen an Fahrzeugen vorgenommen, jedoch wird nicht direkt die Antwort auf die Anregung durch ein Straßenprofil ermittelt. Ziel dieser Methoden ist es, die Normalkraftverläufe für vorgegebene Straßenprofile zu schätzen beziehungsweise rechnerisch zu ermitteln, nachdem an einer Prüfanlage das Verhalten des Fahrzeugs untersucht wurde [35, 186]. Bei Anwendung des Duhamel-Integrals wird die Sprungantwort jeder Achse aufgezeichnet und mit einer vorgegebenen Anregung zur Bestimmung der Radaufstandskräfte gefaltet. Diese Methode funktioniert jedoch nur für lineare Systeme und liefert deswegen schlechtere Ergebnisse als die Parameterschätzmethode, die auch für nichtlineare Systeme verwendet werden kann. Bei dieser Methode werden die Parameter von Minimalfahrzeugmodellen mithilfe der Messungen identifiziert. Anschließend können für jede beliebige Anregung mit dem so gewonnenen Fahrzeugmodell die Normalkräfte simuliert werden [189].
Best und Schlesinger [21] ermitteln die Übertragungsfunktion zur Charakterisierung des zu bewertenden Fahrzeugs und bestimmen so im Frequenzbereich die dynamischen Radaufstandskräfte für beliebige Straßenprofile [21].

Zahlreiche Experimente wurden im Rahmen des Projektes *Dynamic Interaction between Vehicles and Infrastructure Experiment* (DIVINE) der *Organisation for Economic Cooperation and Development* (OECD) durchgeführt [175]. Es wurden sowohl Messungen an Fahrzeugen, an öffentlichen Straßen und Teststrecken vorgenommen als auch Normalkräfte simuliert und Radaufhängungen Straßensimulatoren ausgesetzt. Bewertet wurde die Straßenfreundlichkeit unterschiedlicher Radaufhängungen unter anderem anhand von Kennzahlen, Normalkraftverläufen, Dehnungen, Rauigkeits- und Spurrinnentwicklung. Der Vorteil von Luftaufhängungen gegenüber Stahlaufhängungen hinsichtlich Reduzierung von Straßenschädigungen wurde in zahlreichen Versuchen nachgewiesen.

Unabhängig davon, wie die Straßenfreundlichkeit bewertet wird, steht nicht im Mittelpunkt, wie genau sich die Straßenoberfläche durch die Belastung unterschiedlicher Fahrzeuge verändert. Zwar wird teilweise die Entwicklung der Spurrinnentiefe oder der Rauigkeit der Straße untersucht, welche Bodenwellen sich jedoch genau verstärken oder abschwächen, wird nicht betrachtet.

Verlauf der Radaufstandskräfte

In Messungen und Simulationen fällt bei den Verläufen der Radaufstandkräfte eine räumliche Wiederholbarkeit („spatial repeatability") auf [43, 46, 68, 95, 257]. Dies bedeutet, dass die Normalkraftverläufe entlang eines Straßenstückes selbst für leicht bis mäßig unterschiedliche Fahrzeuge nahezu identisch sind. Dies führt Hahn darauf zurück, dass Lastkraftwagen ähnliches dynamisches Verhalten besitzen, mit ähnlichen Geschwindigkeiten unterwegs sind und zudem die gleiche Fußpunktanregung erfahren [96]. Bedingt durch diese Wiederholbarkeit werden stets dieselben Stellen entlang der Straße durch die Maxima der dynamischen Radaufstandskräfte belastet, was zu einem umso schnelleren Fortschreiten der Schädigung an diesen Stellen führt [35, 51].

Ein weiterer Effekt, der im Verlauf der Normalkräfte sichtbar wird, ist die sogenannte Achsabstandsfilterung („wheelbase filtering“): diese bewirkt, dass sich einzelne im Boden enthaltene Frequenzen besonders stark oder schwach in den dynamischen Radkräften wiederfinden [29, 35, 42, 44, 86, 195]. Entspricht bei einem symmetrischen Halbfahrzeugmodell der Achsabstand gerade der Wellenlänge einer Frequenz im Bodenprofil, so wird die zugehörige Nickbewegung bei symmetrischen Radaufhängungen nicht angeregt. Gleiches trifft für ganzzahlige Vielfache zu. Je nach Fahrgeschwindigkeit liegen die Anregungsfrequenzen näher oder weiter von den Eigenkreisfrequenzen der Fahrzeuge entfernt und werden entsprechend stark angeregt oder nicht.

Bewertung der Straßenfreundlichkeit anhand von Radaufstandskräften

Radaufstandskräfte bieten eine direkte Möglichkeit zur Formulierung von Kriterien zur Bewertung der Straßenfreundlichkeit von Fahrzeugen. Dieser Ansatz basiert in der Regel auf der Annahme einer auf Kraftebene formulierbaren Belastbarkeitsgrenze. Da der Untergrund als solcher im Modell nicht explizit abgebildet wird, können lokale Kriterien im Sinne von Spannung beziehungsweise Dehnung nicht herangezogen werden. Der Begriff der „Schädigung“ bleibt bei dieser Art von Kriterium zumeist undifferenziert. Teilweise wird zudem nicht die gesamte Radaufstandskraft berücksichtigt, sondern nur der statische Anteil einbezogen.
Bei der Beurteilung des Potentials zur Straßenschädigung infolge des statischen Anteils kommt häufig das „Vierte-Potenz-Gesetz“ zum Einsatz [35]. Diese Daumenregel wurde im Rahmen von Straßentests der *American Association of State Highway Officials* (AASHO) in den 70ern entwickelt und postuliert, dass die allgemeine Schädigung einer Straße mit der vierten Potenz der statischen Achslast zunimmt und somit die Befahrbarkeit abnimmt [102]. Mit diesem Gesetz lässt sich die Anzahl der äquivalenten Standardachslasten (*Equivalent Standard/Single Axle Load* (ESAL)) berechnen, welche angibt, wie viele Achsüber-

gänge einer Standardachslast von 80 kN dem Übergang der betrachteten Achslast entsprechen [35]. Als Bezug für die Berechnung des ESAL-Wertes kann auch eine andere Standardlast definiert werden. Ebenso kann bei der Berechnung des ESAL-Wertes die Schädigung verglichen werden, die durch das zu bewertende Fahrzeug im Vergleich zur Schädigung durch die definierte Standardlast hervorgerufen wird [86].
Der dynamische Belastungskoeffizient („dynamic load coefficient“, DLC) hingegen berücksichtigt den dynamischen Anteil der Radaufstandskraft in Form des Effektivwerts des dynamischen Anteils [35, 186, 218]. Unter anderem in [30, 56, 85, 95, 100, 160, 172, 188, 218] wird dieser Koeffizient zur Beurteilung der Straßenschädigung durch unterschiedliche Fahrzeuge beziehungsweise Radaufhängungen verwendet.
Ebenso findet der Straßenbelastungsfaktor („road stress factor“) einer Stelle entlang der Straße Verwendung [96, 160, 218]. Er ist der Erwartungswert der vierten Potenz der momentanen gesamten Radaufstandskraft, die als gaußverteilt angenommen wird und somit eine statistische Auswertung des Vierte-Potenz-Gesetzes [64, 186] darstellt. In einer Erweiterung der ursprünglichen Formulierung kann auch die Radkonfiguration oder der Reifendruck berücksichtigt werden [35]. Mit der Annahme von zufällig verteilten Kräften entlang der Straße ist die Schädigung entlang der Straße nahezu gleich.
Auch das „aggregate force criterion“ dient zur Beurteilung des Schädigungspotentials von Fahrzeugen [35, 186]. Es berücksichtigt für die zu betrachtende Stelle entlang der Straße die Summe aller Radaufstandskräfte, hervorgerufen durch ein Fahrzeug, wobei die einzelnen Anteile noch potenziert werden können. Um unterschiedliche Fahrzeuge miteinander vergleichen zu können, wird häufig eine Normierung beispielsweise mit der Latschfläche durchgeführt.
Des Weiteren werden oft nur die besonders stark belasteten Stellen entlang der Straße betrachtet und zum Beispiel das „95th percentile aggregate force criterion“ ausgewertet. Dieses Kriterium arbeitet mit dem Perzentil und gibt den Wert an, unter dem 95% aller entlang der Straße auftretenden Werte der betrachteten Schädigung liegen. Dies ist insbesondere unter der Annahme sinnvoll, dass nahezu die gleichen Stellen die maximale Belastung erfahren. Anwendung findet dieses Kriterium zum Beispiel in [31, 32, 42, 153, 187, 188].
Neben den genannten Kriterien gibt es natürlich noch weitere zur Bewertung der Straßenfreundlichkeit von Fahrzeugen, die hier keine Erwähnung finden. Weitere Kriterien finden sich beispielsweise in [35].

Eine wichtige Erkenntnis bei der Untersuchung der Straßenschäden infolge der ermittelten Normalkräfte ist die Tatsache, dass der dynamische Anteil der Radaufstandskräfte einen wesentlichen Beitrag zur Entstehung und zum Fortschreiten der Schädigung beiträgt. Dynamische Radkräfte werden durch die Unebenheiten im Straßenprofil angeregt, welche sich durch diese Kräfte verstärken können, was wiederum veränderte dynamische Normalkräfte bei der nächsten Überfahrt hervorruft. Bedingt durch die Bedeutung des dynamischen Anteils der Radaufstandskräfte bei der Entstehung von Straßenschäden sollten diese bei der Bewertung der Straßenfreundlichkeit von Fahrzeugen beachtet werden [33, 35, 86, 153, 159, 175, 186]. Insbesondere wenn man von der räumlichen Wiederholbarkeit der Radaufstandskräfte ausgeht, sind die dynamischen Anteile nicht zu vernachlässigen.

Bewertung der Straßenfreundlichkeit mittels Straßenmodellen

Alternative Ansätze zur Bewertung der Straßenfreundlichkeit arbeiten auf Basis von Modellen der Straße beziehungsweise des Untergrunds. Da solche Ansätze das lokale Verhalten beinhalten, können nunmehr Kriterien auf Basis von Spannung oder Verformung formuliert werden. Eine Differenzierung der Schadensart nach bleibender Verformung oder Bruch infolge Überschreitens der Belastbarkeit ist möglich. Je nach Verhalten kann die Schädigung, zum Beispiel in Form von bleibender Verformung, direkt bestimmt oder aus dem Spannungs-Dehnungszustand mithilfe von Schädigungsmodellen abgeleitet werden. Die Miner-Regel zur Akkumulation der Schädigung kommt hierbei häufig zum Einsatz.
Die Schädigung kann infolge einer Überfahrt oder über einen längeren Zeitraum mit entsprechend vielen Überfahrten berechnet werden. Unter anderem in [85, 86, 172] werden die Schädigungen infolge einzelner Überfahrten von Fahrzeugen mit unterschiedlichen Eigenschaften beurteilt. Die Auswertung unter Einbezug mehrerer Überfahrten und schließlich Jahre ist zum Beispiel mit den genannten Verfahren WLPPM von Cebon und MMOPP von Ullidtz möglich. In Abschnitt 1.2.2 sind zahlreiche Methoden oder Programme genannt, mit denen auf diese Weise der Einfluss unterschiedlicher Fahrzeugparameter oder auch der Fahrgeschwindigkeit direkt ermittelt werden kann.

Zumeist wird die Schädigung direkt bestimmt und für eine Vielzahl von Parameterkombinationen das Minimum dieses Wertes gesucht. Zum Beispiel bestimmen Cole und Cebon für unterschiedliche Fahrzeugmodelle die Parameter derart, dass die Schädigung in den am stärksten betroffenen Stellen entlang der Straße minimiert wird. Eine direkte Optimierung wird nicht durchgeführt, vielmehr wird die normierte 95th percentile aggregate fourth power force für eine Vielzahl von Parameterkombinationen berechnet [44].
Eine tatsächliche Optimierung führt hingegen Sun durch. In [216] ist das Ziel der Optimierung, die Wahrscheinlichkeit zu minimieren, dass der Maximalwert der Normalkräfte in einem Halbfahrzeugmodell auf einer rauen Straße einen bestimmten Wert überschreitet. Auf die Minimierung der Varianz des dynamischen Anteils der Normalkraft eines Viertelfahrzeugs zielt [217] ab.

Experimentelle Bestimmungen des Einflusses unterschiedlicher Fahrzeugparameter auf die Straßenschädigung ist natürlich auch an Überrollprüfständen möglich. Eisenmann und Hilmer [65] untersuchten den Einfluss von Radlasten und Reifeninnendrücke auf die Spurrinnenbildung und führten vergleichende Rechnungen mittels BISAR durch. Simon [205] widmete sich dem Einfluss unterschiedlicher Bereifung der Achsen schwerer Lastkraftwagen auf die Asphaltdeformation. Auch er führte Versuche am Überrollprüfstand und Rechnungen mit BISAR durch.

Aktive Fahrwerke

Semiaktive oder aktive Fahrwerke werden meist mit dem Ziel eines möglichst hohen Fahrkomforts und einer optimalen Straßenhaftung ausgelegt. Hierzu werden die Effektivwerte der vertikalen Fahrzeugbeschleunigung oder der dynamischen Radaufstandskräfte betrachtet. Die Optimierung des Fahrkomforts steht insbesondere bei Personenkraftwagen im Vordergrund, wie unter anderem [19, 36, 87, 146, 200, 223] entnommen werden kann.

Doch auch der Einsatz von semiaktiven oder aktiven Fahrwerken in Lastkraftwagen wird untersucht (siehe zum Beispiel [6, 18, 86, 130, 252, 259]). Während in diesen Arbeiten hauptsächlich der Effektivwert der vertikalen Fahrzeugbeschleunigung oder der dynamischen Radaufstandskräfte als Kriterium herangezogen wird, wird in anderen Arbeiten die Straßenschädigung mittels entsprechender Kennzahlen bestimmt. Valášek et al. [234, 235] bewerten die Straßenschädigung mittels des Straßenbelastungsfaktors, der mit der statischen Kraft normiert ist, und mithilfe des Zeitintegrals über den dynamischen Anteil der Radaufstandskraft. Sie kommen zu dem Ergebnis, dass die Straßenschädigung durch Einsatz semiaktiver Fahrwerke um bis zu 70 Prozent reduziert werden kann. Kitching et al. arbeiten mit dem aggregate force criterion und dem 95 Percentile fourth power criterion, wobei auch der statische Anteil der Radaufstandskräfte berücksichtigt wird [130].

Radaufhängungen mit nichtlinearen Elementen

Radaufhängungen weisen in der Realität natürlich nichtlineares Verhalten auf und werden durch einfache lineare Modelle nur in begrenztem Umfang richtig abgebildet. Deswegen wird teilweise versucht, mit realistischeren Radaufhängungsmodellen und nichtlinearen Beziehungen zur Charakterisierung des Radaufhängungsverhaltens zu arbeiten. Die Notwendigkeit, Nichtlinearitäten in Radaufhängungen zu berücksichtigen, wird unter anderem in [175] hervorgehoben.
Nichtlinearitäten in Oszillatoren, zum Beispiel in Form von Coulombscher Reibung, nichtlinearen Feder- und Dämpferkennlinien, sind schon lange Gegenstand der Forschung (siehe unter anderem [59, 63, 131, 166, 202]).
Die Modellierung von Nichtlinearitäten in Radaufhängungen, zum Beispiel in Stoßdämpfern und Blattfedern, steht im Mittelpunkt unterschiedlicher Arbeiten (zum Beispiel [19, 35, 81, 204, 209, 247]). Die Anzahl der Parameter zur Beschreibung der Kennlinien variiert hierbei stark. Um die sich einstellenden Bewegungen beschreiben zu können, wird häufig eine Art Linearisierung oder Harmonische Balance durchgeführt (zum Beispiel in [67, 81, 247]). Neben semi-analytischen Methoden kommen selbstverständlich auch numerische Verfahren zum Einsatz, um Zeitverläufe der Bewegungen und Radaufstandskräfte simulieren zu können [35, 194, 209].
Hervorzuheben ist die Arbeit von Genta [81], der auf analytische Weise für eine harmonische Fußpunktanregung durch die Straßenoberfläche die Bewegungen einfacher Fahrzeugmodelle mit Coulombscher Reibung und bilinearer Dämpfung bestimmt. Hierbei bedient er sich der Störungsrechnung und der Harmonischen Balance. Neben der Ausbildung von höheren Harmonischen in der Schwingungsantwort wird auch eine Absenkung des Fahrzeugs in negativer vertikaler Richtung infolge von bilinearer Dämpfung festgestellt. Zum letztgenannten Ergebnis kommt auch Wedig [248] für eine raue Straßenoberfläche. Zusätzlich führt er Stabilitätsuntersuchungen durch.
Einige Arbeiten beziehen sich speziell auf die Auswirkung von Nichtlinearitäten in Radaufhängungen von Lastkraftwagen (unter anderem [19, 67, 190, 194]). Um den Einfluss der Nichtlinearitäten zu bestimmen, werden häufig die Normalkraftverläufe, die vertikalen Fahrzeugbeschleunigungen, deren spektrale Dichten oder der dynamische Lastkoeffizient ermittelt. So lassen sich Aussagen bezüglich Fahrkomfort, Straßenfreundlichkeit und -haftung treffen.

1.2.4 Rad-Schiene-Interaktion

Neben der Fahrzeug-Straße-Interaktion ist auch die Rad-Schiene-Interaktion ein technisch bedeutsames Feld, zu dem viele Veröffentlichungen vorliegen. Im Sinne einer einführenden Übersicht soll daher kurz darauf eingegangen werden.
Viele der in Abschnitt 1.2.2 genannten Modelle, insbesondere jene, die aus einem Balken auf einer Bettung oder Halbebene oder -raum bestehen, werden auch zur Untersuchung der Rad-Schiene-Interaktion verwendet. Gute Übersichten über Abnutzung von Schienen, auftretende Schädigungsphänomene und Ursachen liefern Grassie und Kalousek [88, 89] und Sato et al. [193]. Neben plastischer Verformung und Fließen tritt bei Schienen vor allem auch Abrasion als Schädigungsursache auf.
Um die Entstehung von kurzwelligen Riffeln zu verstehen, ist es üblich, die Interaktion zwischen Schädigung und der Rad-Schiene-Dynamik zu berücksichtigen. Die Veränderung der Schienenoberfläche und ihre Rückwirkung auf die Räder werden hierbei mitmodelliert. Mithilfe analytischer Methoden ist es möglich, Aussagen hinsichtlich der Stabilität und Wachstum der Riffel zu treffen (siehe unter anderem [78, 101, 154, 155, 164]).
Neben analytischen Methoden finden selbstverständlich auch Finite Elemente Methoden Anwendung in der Ermittlung der Schädigung von Schienen, insbesondere wenn es um die Modellierung von plastischer Verformung geht (siehe zum Beispiel [249]).

1.2.5 Entwicklung von Längsunebenheiten

Eine Schädigungsart, die sich unmittelbar im Fahrkomfort niederschlägt und folglich von Fahrern als besonders störend empfunden wird, stellt die Ausbildung von Bodenwellen im Straßenoberbau dar. Dynamische Achslasten haben ihre Ursache vor allem in diesen Unebenheiten. Da sie wiederum auf die Straße wirken, kann dies zu einer Verstärkung der Bodenwellen führen.
Schon Braun hat sich in seiner Dissertation [24] mit Fahrbahnunebenheiten beschäftigt. Diese charakterisiert er mithilfe ihrer spektralen Dichte, welche er aus Daten eigener oder fremder Messungen bestimmt. Er hebt die Bedeutung der Fahrbahnlängsunebenheiten als Anregung von vertikalen Fahrzeugschwingungen hervor. Auf analytische Weise ermittelt er die Standardabweichung der Normalkräfte und der Fahrzeugaufbaubeschleunigungen als Maß für Fahrsicherheit und -komfort sowie Straßenschädigung. Braun weist auf relativ ausgeprägte Unebenheitsamplituden in bestimmten Frequenzbändern hin, deren Ursache er in den dynamischen Radlasten der Fahrzeuge, welche mit ähnlicher Achsfrequenz schwingen, sieht („Prägewirkung“). Die zuvor erwähnte räumliche Wiederholbarkeit der Normalkraftverläufe passt zu dieser Beobachtung.

Die Entwicklung der Längsunebenheiten infolge der permanenten Straßenbelastung durch überfahrende Fahrzeuge lässt sich mit einigen der oben genannten Modellen berechnen. Hierbei können die Verformungen nach einer Überfahrt oder die akkumulierte Veränderung der Fahrbahnoberfläche nach mehreren Überfahrten betrachtet werden. Häufig wird jedoch anstelle einer genauen Beschreibung des Straßenverlaufs in horizontaler Richtung ein Kennwert, wie zum Beispiel die Standardabweichung der Unebenheit oder ein Rauigkeitswert, angegeben.

Mit den oben genannten Lebenszeitmodellen MMOPP und WLPPM sowie dem Modell von D'Apuzzo kann die Entwicklung der Spurrinnentiefe und der Längsunebenheiten verfolgt werden, welche neben dem Verlauf der Straßenoberfläche mithilfe eines Rauigkeitswertes charakterisiert wird. Eine Aktualisierung der Straßenoberfläche findet nach mehreren Überfahrten statt.
Straube [210] hat ein Modul in VESYS integriert, das die Berechnung der Längsunebenheitsentwicklung infolge vorgegebener Elastizitätsmodulschwankungen bei vorgegebenen Lastkollektiven in Form von wiederkehrenden Topflasten ermöglicht. Die Rolle der dynamischen Radlasten bei der Entstehung von Längsunebenheiten wird nicht berücksichtigt.
Auch Bartolomaeus [16] beschäftigt sich mit der Entwicklung von Fahrbahnunebenheiten bei Schwankungen im geometrischen Aufbau und im Materialverhalten. Dynamische Radlasten werden mithilfe eines Fahrzeugmodells analytisch ermittelt und durch eine erhöhte Belastung im Vergleich zur Belastung durch die statischen Radaufstandskräfte in der FEM-Rechnung berücksichtigt. Für Lastkollektive wird das Fortschreiten der Unebenheiten über Jahre veranschaulicht, ohne jedoch darauf einzugehen, welche Wellenlängen sich aus welchen Gründen verstärken oder abschwächen.

Interessant ist es natürlich, die durch Unebenheiten bestimmter Wellenlängen in der Straße hervorgerufenen Radaufstandskräfte zu untersuchen. Je nach Phasenverschiebung des räumlichen Normalkraftverlaufs bezüglich der zugehörigen Wellen in der Straße wird die Amplitude dieser Wellen auf Dauer verstärkt oder abgeschwächt [49]. Auch das in Abschnitt 1.2.3 erwähnte Achsabstandsfiltern spielt hierbei eine wichtige Rolle [186].

Mit der Entwicklung von Wellen in verformbaren Untergründen, wie zum Beispiel unbefestigten oder befestigen Straßen, Schienen oder Bremsscheiben, befassen sich auch die im Folgenden genannten Arbeiten auf Basis einfacher Minimalmodelle und phänomenologischer Untergrundmodelle. Interessant sind diese Arbeiten vor allem, da sie auf analytische Weise konkret auf die Verstärkung oder Abschwächung von Wellen im verformbaren Teilsystem eingehen. Auf die verformbaren Teilsysteme wirken Ketten von Oszillatoren.
Both, Hong und Kurtze [22, 136] führen in ihren Arbeiten eine lineare Stabilitätsanalyse für unbefestigte Straßen aus. Auf Basis eines phänomenologischen Modells für das Straßenverhalten wird der Einfluss von Fahrzeug- und Straßenparametern auf das Anwachsen der Straßenunebenheiten untersucht. Insbesondere wird herausgearbeitet, welche Bodenwellen mit zugehöriger Frequenz im Boden besonders verstärkt werden. Betrachtet wird zu diesem Zweck ein Fahrzeugfluss bestehend aus Viertelfahrzeugmodellen in Form von Einmassenschwingern. Im phänomenologischen Straßenmodell wird die Veränderung der Straßenoberfläche durch die Radaufstandskraft [136] sowie in [22] zusätzlich Diffusion berücksichtigt, beispielsweise infolge von Regen oder Wind.
Hoffmann betrachtet ein ähnliches Modell, jedoch ohne Diffusion des Untergrunds. Er untersucht den Einfluss einer nichtkonstanten Horizontalgeschwindigkeit der Oszillatorenkette auf das Stabilitätsverhalten des Untergrunds [103]. Auch Zweimassenschwinger [105] und sich räumlich periodisch ändernde Struktursteifigkeiten der Oszillatorenkette finden Beachtung [104].

1.3 Ziel der Arbeit

Aus der vorangehenden Literaturübersicht wird deutlich, dass dynamische Radkräfte eine wichtige Rolle beim Fortschreiten der Straßenschädigung und insbesondere bei der Entwicklung und Verformung des Straßenprofils einnehmen. Trotz dieser Tatsache finden sie häufig geringere Beachtung als die statischen Achslasten bei der Modellierung der Fahrzeug-Straße-Interaktion oder werden anhand von integralen Kennzahlen nur unzureichend berücksichtigt.
Ziel der vorliegenden Arbeit ist es daher, die dynamische Interaktion zwischen Fahrzeugen und Straße zu modellieren und vor allem die Entwicklung der Straßenunebenheiten zu ermitteln. Geeignete Fahrzeug- und Straßenmodelle sollen derart gewählt werden, dass der Einfluss unterschiedlicher Fahrzeug- und Straßenparameter auf die Unebenheitsentwicklung nachvollziehbar bleibt. Die Veränderung der Straßenoberfläche soll dabei nicht für Lastkollektive, sondern für jede einzelne Belastung mit einem Fahrzeug berechnet werden, sodass ein inkrementelles Verfahren zu wählen ist. Des Weiteren soll systematisch untersucht werden, wie sich die jeweiligen Parameter auf die Entwicklung der einzelnen Spektralanteile auswirken – die vorgenannten Kennziffern, wie zum Beispiel der dynamische Lastkoeffizient, ermöglichen dies kaum.
Um Parameterstudien durchführen zu können, ist die Anwendung von analytischen oder semi-analytischen Methoden zu bevorzugen, die nicht nur weniger zeitaufwändig, sondern auch überschaubarer als numerische Zeitintegrationen sind. Die meisten Untersuchungen, die dynamische Achslasten miteinbeziehen, beruhen jedoch – insbesondere bei Vorliegen von Nichtlinearitäten im Bodenverhalten oder in den Radaufhängungen – auf numerischen Simulationen, sodass Parameterzusammenhänge und -einflüsse zum Teil verborgen bleiben und daher unklar sind.
Wie sich unter anderem Dämpfung, Nichtlinearitäten in der Radaufhängung, Asymmetrien im Fahrzeugaufbau auf die Verstärkung oder Abschwächung in der Straßenoberfläche vorhandener Bodenwelle mit unterschiedlichen Wellenlängen bei verschiedenen Fahrgeschwindigkeiten auswirken, lässt sich anhand analytischer Methoden besser erkennen und soll anhand geeigneter Kriterien bewertet werden.

1.4 Aufbau der Arbeit

Im zweiten Kapitel dieser Arbeit werden Straßenschäden im Allgemeinen näher erläutert: unterschiedliche Arten von Straßenschäden sowie ihre Ursachen werden vorgestellt. Der Schwerpunkt liegt hierbei auf Schäden durch bleibende Verformung, insbesondere Spurrinnenbildung und longitudinale Unebenheiten, die im Wesentlichen bei Asphaltstraßen auftreten. Um das Fortschreiten der bleibenden Verformung in Abhängigkeit der Lasteinwirkung und der Anzahl der Belastungszyklen beschreiben zu können, werden geeignete Gesetze benötigt. Hierzu wird auf die Phänomenologie der bleibenden Verformung eingegangen und sich daraus ableitende Gesetze erläutert. Abschließend liegt in diesem Kapitel das Augenmerk auf der Beschreibung von Längsunebenheiten.
Das dritte Kapitel widmet sich der Fahrzeugmodellierung: der Aufbau eines typischen Lastkraftwagens wird beschrieben, sowie gängige Abmaße, Achslasten und Eigenfrequen-

zen genannt. Da Radaufhängungen die auf die Straße wirkenden dynamischen Achslasten entscheidend beeinflussen, werden diese genauer beschrieben und die Modellierungsmöglichkeiten von linearen und nichtlinearen Anteilen der Radaufhängung erläutert. Insbesondere wird auf nichtlineare Dämpfungsanteile eingegangen. In der vorliegenden Arbeit wird ausschließlich die permanente Verformung infolge von vertikal wirkenden Kräften untersucht. Deswegen genügt es, die Vertikaldynamik der Fahrzeuge abzubilden. Möglichkeiten zur Modellierung der Vertikaldynamik werden erläutert und abschließend ein allgemeines Fahrzeugmodell mit zwei Freiheitsgraden vorgestellt.
Im folgenden Kapitel steht die Entwicklung des Straßenverlaufs im Mittelpunkt. Es wird die in dieser Arbeit verwendete inkrementelle Methode zur Beschreibung der Entwicklung der bleibenden Verformung und insbesondere der longitudinalen Unebenheiten erläutert. Das gewählte phänomenologische Gesetz zur Berechnung der bleibenden Verformung infolge einer Überfahrt wird vorgestellt und Erweiterungen für veränderliche Lasten und eine Näherung des Gesetzes für vergleichsweise kleine dynamische Lasten vorgenommen.
Im fünften Kapitel werden die Bewegungsgleichungen des allgemeinen Fahrzeugmodells hergeleitet und die Kontaktkräfte zwischen Fahrzeug und Straßenoberfläche berechnet. Das im vorigen Kapitel vorgestellte Schädigungsgesetz zur Bestimmung der bleibenden Verformung wird im Zusammenhang mit dem Fahrzeugmodell eingesetzt.
Das anschließende Kapitel betrachtet als Vereinfachung des allgemeinen Fahrzeugmodells ein Einfreiheitsgradmodell. Für dieses wird die vorgestellte Methode zur Beschreibung der Unebenheitsentwicklung angewendet. Zunächst wird ein Straßenverlauf mit einer dominierenden Wegfrequenz betrachtet und der Einfluss unterschiedlicher Parameter eines linearen Fahrzeugmodells auf die Entwicklung der Unebenheit untersucht. Danach wird das Modell um Nichtlinearitäten in der Radaufhängung erweitert und das Fortschreiten der Straßenschädigung mittels einer Näherungsmethode berechnet. Der Einfluss von bilinearer Dämpfung und Coulombscher Reibung auf die Fahrzeugbewegung und die Entwicklung der Unebenheitsamplituden wird dabei untersucht. Als Erweiterung wird die Ausbildung von höheren Harmonischen sowohl in der Fahrzeugschwingung als auch in der Straßenoberfläche infolge der Nichtlinearitäten in der Radaufhängung und im Schädigungsgesetz betrachtet. Hierzu wird zudem die Entwicklung einer multifrequenten Straßenoberfläche analysiert. Am Ende des Kapitels wird die Plausibilität der Ergebnisse überprüft und ein Vergleich mit Ergebnissen aus der Literatur vorgenommen.
Dem allgemeinen Zweifreiheitsgradmodell gilt das Interesse im siebten Kapitel. Unterschiedliche Fahrzeug- und Radaufhängungskonfigurationen werden dabei hinsichtlich ihrer Auswirkung auf die Entwicklung der longitudinalen Unebenheit betrachtet. So wird systematisch der Einfluss von Dämpfung, der Massenverteilung, Asymmetrie in den Federsteifigkeiten, ungleichen Abständen der Radaufhängung zum Schwerpunkt und Nichtlinearitäten in der Radaufhängung untersucht. Die Ergebnisse werden mit den Erkenntnissen aus dem Einfreiheitsgradmodell und der Literatur verglichen und plausibilisiert.
Die Arbeit schließt mit einer Zusammenfassung der wichtigsten Ergebnisse und einem Ausblick.

2 Straßenschäden: Grundlagen und Modellierung

Straßenoberbauten bestehen aus verschiedenen Schichten, die unterschiedliches Materialverhalten aufweisen können. Die bleibende Verformung an der Oberfläche von flexiblen Straßenoberbauten wird sowohl vom Verhalten der Asphaltdeckschichten als auch vom Verhalten der darunter liegenden, ungebundenen, granularen Schichten bestimmt.

Im Folgenden wird ein Überblick über den grundsätzlichen Aufbau von Straßen gegeben. Dabei wird auf die einzelnen Schichten und ihr Verhalten eingegangen. Darüber hinaus werden Schädigungsarten und deren Ursachen vorgestellt – besonderer Wert wird dabei auf die Beschreibung der Entwicklung von bleibender Verformung in flexiblen Straßenoberbauten gelegt. Im Vordergrund stehen einfache Zusammenhänge und die qualitative Einteilung dieser in unterschiedliche Klassen.

2.1 Aufbau von Straßen

Straßen setzen sich aus Oberbau, Unterbau und Untergrund zusammen. Das Planum trennt den Oberbau vom Erdkörper – bestehend aus Unterbau und Untergrund – ab und muss hinreichend tragfähig sein. In Abbildung 2.1 ist exemplarisch der Aufbau einer Asphaltbefestigung dargestellt. Die obersten drei Schichten können beispielsweise jeweils aus Asphaltbeton mit unterschiedlichen Mischgutzusammensetzungen hergestellt sein.

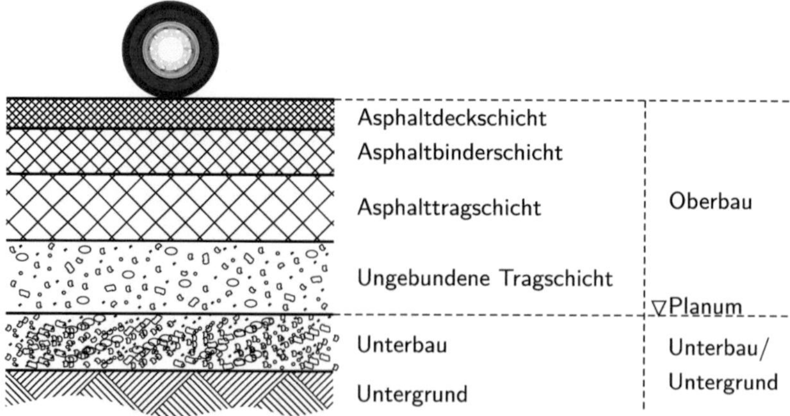

Abbildung 2.1: Typische Straße mit Asphaltbefestigung

Der **Untergrund** ist der natürliche Boden nach Abtrag des Mutterbodens [115]. Je nach Tragfähigkeit und Frostsicherheit des Untergrunds kann die Gestaltung des Straßenoberbaus unterschiedlich ausfallen. Dabei ist zu beachten, dass sich der Lasteintrag durch den Verkehr bis in den Untergrund auswirken kann. Es wird zwischen grobkörnigen und feinkörnigen Böden unterschieden, die auch als nichtbindig und bindig bezeichnet werden [237].
Der **Unterbau** ist im Gegensatz zum Untergrund künstlich angeschüttet und verdichtet, um eine ausreichende Tragfähigkeit für den Oberbau zu gewährleisten. Im Normalfall wird für den Unterbau der örtlich anstehende, zusätzlich verdichtete Boden benutzt. Der Unterbau ist je nach Beschaffenheit des Untergrunds nicht zwingend erforderlich [115].
Um unter Verkehrs- und Umwelteinflüssen dennoch eine ausreichende Tragfähigkeit und Sicherheit bieten zu können, setzt sich der **Straßenoberbau** wiederum aus mehreren Schichten zusammen. In Deutschland werden Straßen gemäß den „Richtlinien für die Standardisierung des Oberbaues von Verkehrsflächen" [2] hinsichtlich Aufbau und Dicke der Schichten bemessen. Berücksichtigt werden hierbei der zu erwartende Verkehr sowie das Klima. Neben der Gewährleistung einer gewissen Lebensdauer soll auch eine kostengünstige Herstellung und Unterhaltung der Straßen möglich sein.
Die oberste Schicht des Oberbaus stellt die **Decke** dar, welche aus einer Deckschicht und einer optionalen Binderschicht besteht. Die **Deckschicht** kann als Asphalt-, Beton- oder Pflasterschicht ausgeführt sein. Von der Art der Deckschicht leitet sich auch die Bezeichnung der Bauweise ab. Asphaltbeton ist heutzutage am gebräuchlichsten. Asphaltdecken bestehen unter anderem aus Asphaltbeton, Splittmastixasphalt, Gussasphalt oder offenporigem Asphalt. Zum einen soll die Deckschicht eine gute Befahrbarkeit hinsichtlich Ebenheit, Griffigkeit, Verformungs- und Verschleißfestigkeit ermöglichen, zum anderen soll sie ein Eindringen von Wasser verhindern. Im Wesentlichen wird über die Deckschicht jedoch die Verkehrsbelastung an die darunter liegenden Schichten weitergegeben und verteilt [115].
Höher belastete Asphaltstraßen sind mit einer Binderschicht versehen. Die **Binderschicht** verbindet die Deckschicht mit der obersten Tragschicht, die unterschiedlich grobe Körnungen besitzen. Eine gute Spannungsaufnahme, insbesondere von Schubspannungen, Verformungs- und Ermüdungsbeständigkeit und ein Ausgleich der Unebenheiten der Tragschicht sind die Anforderungen an die Binderschicht. Asphaltbinderschichten bestehen aus abgestuften Mineralstoffgemischen und Straßenbaubitumen oder polymermodifiziertem Bitumen [211, 237].
Auf die Decke folgen eine unterschiedliche Anzahl an **Tragschichten**, wobei zwischen Tragschichten mit und ohne Bindemittel unterschieden wird. Zu Tragschichten ohne Bindemittel zählen Frostschutz-, Schotter- und Kiestragschicht. Tragschichten mit Bindemitteln werden unterteilt in Tragschichten mit hydraulischen Bindemitteln, wie zum Beispiel die sogenannte Verfestigung (auch zementstabilisierte Tragschichten genannt), hydraulisch gebundene Tragschicht, Betontragschicht, Dränbetontragschicht und Asphalttragschichten [2]. Die durch den Verkehr eingetragenen Belastungen sollen durch die Tragschichten reduziert werden, um eine unzulässige Verformung und Belastung des Planums zu verhindern. Die Tragschichten selbst sollen im Idealfall auch resistent gegen bleibende Verformung sein. Der untersten Tragschicht kommt zudem die Aufgabe zu, Wasser abzuführen. In

entsprechenden Klimazonen dient die unterste Tragschicht als Frostschutzschicht und wird ungebunden ausgeführt. Tragschichten bestehen aus Gesteinskörnungen und bei gebundenen Tragschichten zusätzlich aus einem Bindemittel wie Zement bei hydraulisch gebundenen Schichten oder Bitumen bei Asphalttragschichten [211, 237].

2.2 Straßenschäden

Der Straßenoberbau und -unterbau ist unterschiedlichsten Belastungen wie der Verkehrslast oder Wettereinflüssen ausgesetzt, welche ihre Spuren hinterlassen können.

2.2.1 Risse

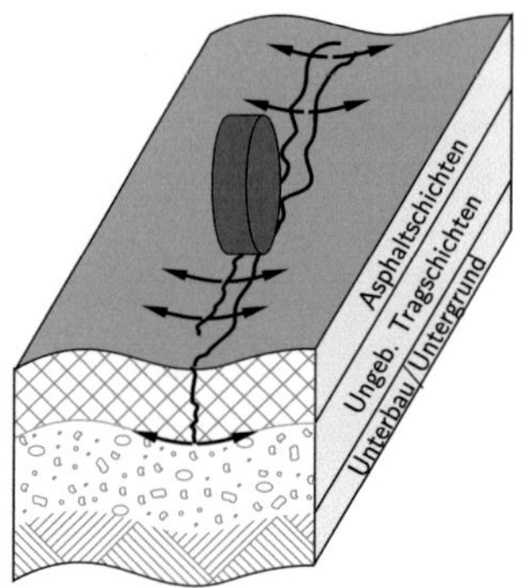

Abbildung 2.2: Entstehung von Rissen

Ein häufig zu beobachtendes Schädigungsphänomen stellen Risse in unterschiedlicher Ausprägung dar. Risse entstehen, wenn die Zugfestigkeit überschritten wird, zum Beispiel durch Ermüdung infolge wiederkehrender Zugbeanspruchungen. Abbildung 2.2 veranschaulicht, wie durch ein überfahrendes Fahrzeug Zugbelastungen und schließlich Risse entstehen können. Entsprechendes Risswachstum kann zum Bruch der Asphalt- oder Betonstraße führen. Neben sogenannten Netzrissen können auch Quer- und Längsrisse auftreten. Netzrisse werden anschaulich Elefantenhaut und im Englischen „Alligator cracks“ genannt (siehe Abbildung 2.3a). Tiefe Temperaturen rufen thermisch induzierte Querrisse hervor (siehe Abbildung 2.3c), während Ermüdungsrisse infolge der Verkehrsbelastung und begünstigt durch tiefe Temperaturen überwiegend längs verlaufen (siehe Abbildung 2.3b). Reflexionsrisse an der Oberfläche spiegeln den Risszustand der Unterlage wider. Sie entstehen zum Beispiel über hydraulisch gebundenen Tragschichten, die nicht gezielt gebrochen wurden, über den Fugen von Betondecken oder auch in Betondecken selbst, wenn die Fugen der Decke nicht über den Fugen der Tragschicht mit hydraulischen Bindemitteln liegen. Auch Fehler bei der Verdichtung von Asphaltstraßen oder bei der Nachbehandlung von Betondecken können Risse entstehen lassen. Risse wirken sich nicht nur negativ auf die Steifigkeit

von Asphaltschichten auch, sie begünstigen auch das Eindringen von Wasser in den Oberbau. Dies kann bei Frost Ausbrüche hervorrufen und im Allgemeinen die Tragfähigkeit von ungebundenen Tragschichten vermindern [211, 237].

(a) Elefantenhaut, „Alligator cracking“

(b) Längsrisse

(c) Thermisch induzierte Querrisse

(d) Reflexionsrisse

Abbildung 2.3: Unterschiedliche Rissarten [179]

2.2.2 Bleibende Verformung

Spurrinnen

Bleibende Verformungen, die in den einzelnen Schichten unterschiedlich stark ausgeprägt sein können, sind in der Straßenoberfläche meistens als Spurrinnen bemerkbar (siehe Abbildung 2.4a). Sowohl Asphaltdeck- und Asphaltbinderschicht als auch mit hydraulischen Bindemitteln gebundene Schichten, ungebundene Tragschichten oder Unterbau und Untergrund können sich bleibend verformen. Spurrinnen können infolge Abriebs der Decke, Nachverdichtung einzelner oder mehrerer Schichten oder viskosen Fließens entstehen. Die Auswirkungen des Abriebs sind eher gering, insbesondere seit des Verbots von Spikereifen. Als Hauptursache bleibender Verformung sind die durch den Verkehr hervorgerufenen Schubspannungen zu sehen. Hohe Temperaturen in den Asphaltschichten begünstigen die Spurrinnenbildung infolge viskosen Fließens, ebenso wie spurfahrender Schwerverkehr oder langandauernde Belastungen. Negativ wirkt sich auch eine verminderte Standfestigkeit des

Asphalts aus. Da Bitumen im Laufe der Zeit und durch die Verkehrsbelastung verhärtet, nimmt die Spurrinnenbildungsrate in den Asphaltschichten ab. Weil auch vertikale Lasten Schubspannungen hervorrufen, führen auch sie zu bleibenden Verformungen. In seltenen Fällen kann Verschleiß auf Betonstraßen zu Spurrinnen führen. Spurrinnen erhöhen die Aquaplaninggefahr und verleiten bei ausgeprägten Formen den Verkehr erst recht zu spurfahrendem Verhalten [211, 237], was den Effekt zusätzlich verstärken kann.

(a) Spurrinnen

(b) Längsunebenheiten

Abbildung 2.4: Bleibende Verformung im Straßenoberbau [70, 179]

Längsunebenheiten

Straßenoberflächen sind rau und enthalten dementsprechend Wellen unterschiedlicher Länge (siehe beispielsweise Abbildung 2.4b). Bei Straßen, bei denen kürzere Wellenlängen dominieren, ist auch die Bezeichnung „Waschbrett-Straßen“ geläufig. Längswellen können als Folge von Inhomogenitäten der Baustoffe entstehen oder während des Baus der Straße initialisiert werden. Längsunebenheiten werden zudem durch Verkehrsbelastung hervorgerufen und beruhen folglich auf dem gleichen Entstehungsmechanismus wie Spurrinnen [237]. Insbesondere die dynamischen Achslasten spielen bei der Weiterentwicklung der wellenförmigen Unebenheiten eine entscheidende Rolle [1, 24, 32, 175]. In [175] wird betont, dass Profiländerungen auf die niederfrequenten Aufbauschwingungen zurückzuführen sind und die höherfrequenten Achsschwingungen von untergeordneter Bedeutung sind. Da die dynamischen Achslasten unter anderem direkt von der Wellenlänge der Unebenheiten und deren Amplituden abhängen, findet eine unmittelbare Wechselwirkung zwischen Straßenwellen und den Kräften statt. Denn die dynamischen Achslasten können zu einer Verstärkung oder Abschwächung der Straßenbelastung führen und vor allem die Amplituden der Unebenheiten verkleinern oder vergrößern. Bei extremen Unebenheitsamplituden kann es in Kombination mit entsprechenden Fahrgeschwindigkeiten gar zu einem Abheben der Fahrzeuge kommen. Auch der Fahrkomfort – zumeist anhand der vertikalen Beschleunigung bewertet – wird durch die Längswellen beeinflusst. Angesichts der Bedeutungslosigkeit von Spurrinnenbildung bei Betonstraßen weisen diese auch keine Unebenheitswellen auf. Lediglich singuläre Unebenheiten über Fugen, Stufen und Versätze sind vorzufinden [211, 237]. In Abschnitt 2.5 wird auf die Beschreibung von Längsunebenheiten näher eingegangen.

2.2.3 Weitere Schädigungsphänomene

Neben Rissen und bleibenden Verformungen gibt es eine Vielzahl weiterer Schädigungsphänomene. Im Folgenden werden ausgewählte Schädigungsarten kurz erläutert (siehe [211, 237]).

Ausgemagerte Deckschichten, Kornverlust

Während ausgemagerte Deckschichten durch Mörtelverlust charakterisiert sind, spricht man bei aus der Deckschicht herausgebrochenen Körnern von Kornverlust. Kornverlust kann eine direkte Folge von Ausmagerungen sein. Als Ursachen für ausgemagerte Deckschichten werden geringe Mörtelmengen, gealtertes Bitumen, ungeeignete Gesteinsarten und schlechte Verdichtung genannt. Ausgemagerte Deckschichten trocknen nach Niederschlägen relativ schlecht.

Schlaglöcher, Ausbrüche

Ausbrüche oder Schlaglöcher liegen vor, wenn Teile der Deckschicht abgelöst sind. Zum einen kann die Verkehrsbelastung zum Ablösen der Deckschicht führen, zum anderen kann gefrierendes Wasser ein Heraussprengen verursachen. Begünstigt wird das Entstehen von Ausbrüchen durch eine schlechte Bindung der Decke an die unter ihr liegende Schicht oder bereits vorliegende Risse.

Offene Nähte und Fugen

Immer dann, wenn eine Asphaltdeckschicht nicht in einem Stück hergestellt wird, sondern eine Verklebung aneinander grenzender Einbaubahnen stattfindet, besteht die Gefahr von offenen Arbeitsnähten. Insbesondere bei tiefen Temperaturen zeigen sich schlechte Verklebungen durch Öffnen der Nähte, sodass Niederschlag in den Straßenoberbau eindringen kann.

Wasserlachen

Wasseransammlungen bilden sich in Unebenheiten. Doch auch eine schlecht ausgeführte Entwässerung kann gestautes Wasser auf der Fahrbahndecke fördern. Eine schlechte Befahrbarkeit und das Eindringen von Wasser können die Folge sein, was wie oben erwähnt insbesondere bei Frost zu Ausbrüchen führen kann.

Geringe Griffigkeit

Die Griffigkeit einer Straßenoberfläche ist ein wichtiges Merkmal und beschreibt die Größe des Reibungswiderstandes zwischen Reifen und Deckschicht. Liegt eine zu geringe Griffigkeit vor, wirkt sich das negativ auf die Fahrsicherheit aus. Abfahren der Gesteinskörner, das Enstehen eines geschlossenen Bindemittelfilms auf Asphaltdecken bei hohen Temperaturen oder eines Schmierfilms aus beispielsweise Wasser und Gummiabrieb sowie eine zu geringe Grobrauigkeit der Deckschicht werden als Ursachen genannt. In Trockenzeiten kommt erschwerend hinzu, dass der Schmierfilm nicht weggespült wird.

Weitere Schäden bei Betonstraßen

Bei Betonstraßen treten zusätzlich unerwünschte Plattenbewegungen und Schäden an den Platten auf. Hierzu zählen vertikale Plattenbewegungen, Abwandern von Platten, Plattenversatz, Eckabbrüche, Kantenschäden, Oberflächenschäden und schadhafte Fugenfüllungen. Ausgelöst werden diese Schäden durch Ausspülungen, schadhafte oder fehlende Dübel und Anker, bleibende Verformung der Unterlage, geringe Betonfestigkeit, fehlerhafte Bauausführung im Allgemeinen sowie die Verkehrsbelastung [211].

2.3 Bleibende Verformung

Die bleibende Verformung, die an der Oberfläche des Straßenoberbaus sichtbar ist, setzt sich aus den Anteilen der bleibenden Verformungen in den unterschiedlichen Schichten zusammen. Je nach Aufbau der Straße trägt eher die Verformung in den Asphaltschichten, den ungebundenen Schichten oder im Unterbau/Untergrund den Hauptteil dazu bei. Interessant ist in diesem Zusammenhang eine Bemerkung von Collins [48]: er bezeichnet Fahrbahnen/Oberbauten als eine der am wenigsten verstandenen Strukturen, mit denen sich Bauingenieure beschäftigen.
Unterschiedliche Verfahren zur Bemessung von Oberbauten konzentrieren sich bei der Berechnung der bleibenden Verformung auf unterschiedliche Schichten. So gibt es Bemessungsprogramme, welche die bleibende Verformung in den Asphaltschichten betrachten und andere, die ihr Augenmerk auf die Tragschichten ohne Bindemittel oder den Untergrund legen. Ausgehend von Arbeiten unter anderem von Barksdale, Brown und Romain [15, 26, 192] gibt es inzwischen viele Ansätze, in denen die bleibende Verformung als Summe der Verformung der einzelnen Schichten bestimmt wird. Im Verfahren *Mechanistic-Empirical Pavement Design Guide* (MEPDG) des *Transportation Research Board* (TRB) zur Bemessung von Straßenoberbauten, das im Rahmen des Programms *National Cooperative Highway Research Program* (NCHRP) entwickelt wurde, ist dies standardmäßig implementiert.
In vielen klassischen Programmen zur Bemessung für Straßenoberbauten wird zur Charakterisierung der bleibenden Verformung des Oberbaus die vertikale elastische Dehnung an der Oberseite des Untergrunds betrachtet. Diese wird mithilfe von materialtheoretischen oder aus Messungen gewonnenen Überlegungen in Zusammenhang mit der bleibenden Verformung an der Oberfläche gesetzt, beziehungsweise mit der Anzahl der Belastungen bis zum Versagen aufgrund bleibender Verformung. Um die Rissgefahr zu bewerten, werden die horizontalen Dehnungen am unteren Ende der gebundenen Schichten betrachtet. In Abbildung 2.5 sind diese Kriterien illustriert. Sie wurden von Dorman und Metcalf [62] eingeführt und beispielsweise in der *Shell Methode* [40] und der *Asphalt Institute Methode* [203] angewendet.
Zahlreiche Untersuchungen und Arbeiten weisen jedoch darauf hin, dass insbesondere die gebundenen, bituminösen Schichten große bleibende Verformungen aufweisen. Dies ist vor allem der Fall, wenn die unteren Schichten ausreichend dimensioniert sind. In COST 333 [1] wird als Ergebnis von Umfragen in unterschiedlichen Ländern Spurrinnenbildung ausgehend von den bituminösen Schichten als Hauptschädigungsmechanismus genannt.

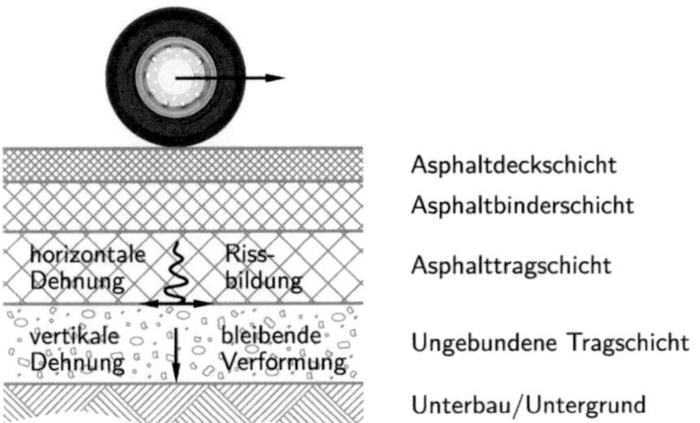

Abbildung 2.5: Betrachtete Dehnungen bei der klassischen Oberbaubemessung

Besonders in neueren Arbeiten wird auch auf die Bedeutung der Tragschichten ohne Bindemittel bei der Bildung von bleibenden Verformungen hingewiesen im Fall von weniger dicken Asphaltpaketen und einem ausreichend tragfähigen Unterbau beziehungsweise Untergrund (zum Beispiel in [93, 250]).

Vereinfachend kann man davon ausgehen, dass die bleibende Verformung, die an der Oberfläche vorzufinden ist, hauptsächlich durch eine Schichtart geprägt wird. In Abbildung 2.6 ist dargestellt, wie sich die bleibende Verformung an der Oberfläche ergibt, wenn diese ausschließlich in dem Unterbau/Untergrund, den ungebundenen Tragschichten oder in den Asphaltschichten auftritt und sich die darüber liegenden Schichten anpassen. Zur Vereinfachung der Darstellung sind die einzelnen Asphaltschichten sowie mögliche mehrere ungebundene Tragschichten zusammengefasst.

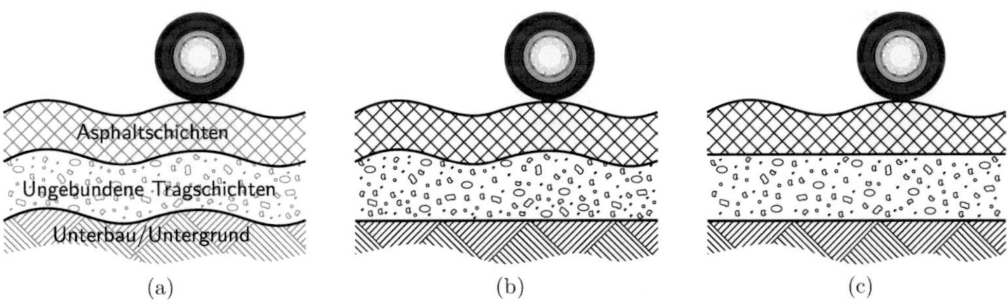

Abbildung 2.6: Bleibende Verformung ausgehend von (a): Unterbau/Untergrund, (b): Ungebundene Tragschichten, (c): Asphaltschichten

Insbesondere mit modernen Verfahren beziehungsweise Ansätzen der Materialtheorie lässt sich das Verhalten der Materialien in den einzelnen Schichten recht genau modellieren (siehe Abschnitt 2.4). Doch für die praktische Oberbaubemessung und Betrachtung der Wechselwirkung zwischen Verkehr und Straßenoberfläche ist man nach wie vor auf kompakte,

überschaubare Zusammenhänge für die bleibende Verformung als Funktion der Belastung und der Anzahl der Lastzyklen angewiesen. Im Folgenden werden verschiedene Ansätze dargestellt.

2.4 Modellierung der bleibenden Verformung

Asphaltschichten bestehen aus Bitumen und Gesteinskörnung und vereinen deren Verhaltensweisen. Gesteinskörnungen und Korngerüste weisen eher ein elastisch-plastisches Verhalten auf, während sich Bitumen als viskoelastisch mit temperatur- und belastungsabhängigen Eigenschaften beschreiben lässt. Bei niedrigen Temperaturen und kurzen Belastungszeiten verhält sich Asphalt nahezu linear viskoelastisch, jedoch treten bei hohen Temperaturen und langen Belastungsdauern die nichtlinear viskoelastischen, viskoplastischen Anteile in den Vordergrund. Die bleibende Verformung in Asphaltschichten wird durch die plastischen und viskosen Eigenschaften geprägt.

Ungebundene Tragschichten bestehen aus Gesteinskörnungen und der Untergrund aus grobkörnigen, nichtbindigen oder feinkörnigen, bindigen Böden. Das Verhalten der Tragschichten sowie des Untergrunds beziehungsweise des Unterbaus kann als elasto-plastisch beschrieben werden, wobei die Eigenschaften spannungsabhängig sind. Temperatur- und Zeitabhängigkeit spielen bei diesen Schichten eine vernachlässigbare Rolle [177, 237].

Die exakte Beschreibung des Verhaltens der einzelnen Schichten ist insbesondere aufgrund des komplizierten Aufbaus und der vielen Inhaltsstoffe sehr anspruchsvoll. Exakte Materialmodelle zur Beschreibung einzelner Komponenten des Aufbaus sind Gegenstand der Forschung und beziehen sich vorwiegend auf die bituminöse Asphaltschicht.
Der körnige Aufbau der ungebundenen Schicht macht die Modellierung zusätzlich schwierig: hier wird klassischerweise auf DEM-Verfahren zurückgegriffen, wobei sich insbesondere in den letzten Jahren Homogenisierungsansätze etablieren, welche auch eine Behandlung mithilfe der FEM erlauben (Literaturstellen siehe Abschnitt 1.2.2).
Nichtsdestotrotz sind derart detaillierte Modelle mit enormem Aufwand verbunden und daher im Rahmen von Gesamtsimulationen bei der Fahrzeug-Straße-Interaktion noch nicht einsetzbar.
Im Folgenden werden Ansätze beschrieben, die im Rahmen von Gesamtsystemsimulationen über viele Überfahrten und lange Zeiträume eingesetzt werden können.

2.4.1 Lineares Verhalten: rheologische Modelle und Faltungsintegral

Rheologische Modelle

Unter gewissen Umständen – beispielsweise bei kurzen Belastungszeiten – lässt sich Asphalt annähernd als linear viskoelastisch beschreiben und mit einfachen rheologischen Modellen modellieren. Verwendet wird dann beispielsweise der Burgerskörper. In Abbildung 2.7 ist der Aufbau eines Burgersmodells aus Hookeschen und Newtonschen Körpern dargestellt mit den Elastizitätsmoduln E_1, E_2 und den Viskositäten η_1, η_2.

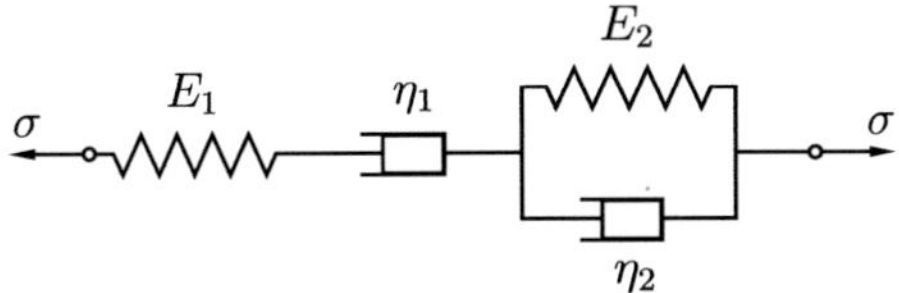

Abbildung 2.7: Burgersmodell

Eine Übersicht über rheologische Modelle, die zur Modellierung von Asphalt verwendet werden, findet sich in [1].

Faltungsintegral

Mithilfe des Faltungsintegrals lässt sich die Antwort eines linearen Systems auf eine beliebige Anregung berechnen. Cebon nutzt in [35] das Faltungsintegral, um die bleibende Verformung einer Straße mit linear viskoelastischem Verhalten bei Belastung mit einer bewegten Kraft zu berechnen.
Bewegt sich eine Kraft $F(\tau)$ mit konstanter Geschwindigkeit v auf einer Straße mit isotropem, linearen Verhalten, so lässt sich die Antwort $z(x,t)$ der Straßenoberfläche über

$$z(x,t) = \int_{-\infty}^{\infty} h(x - v\tau, t - \tau) F(\tau) \mathrm{d}\tau \tag{2.1}$$

berechnen, wobei $h(\tau > t) = 0$ gilt. Die Kraft beginnt ihre Bewegung entlang der x-Achse bei $x = 0$ und nimmt zum Zeitpunkt τ den Wert $F(\tau)$ an. Mit $h(x,t)$ wird die Antwort der Straße an der Stelle x auf einen Einheitsimpuls bezeichnet, der zum Zeitpunkt $t = 0$ bei $x = 0$ wirkt. Dieses ebene Problem ist in Abbildung 2.8 dargestellt.

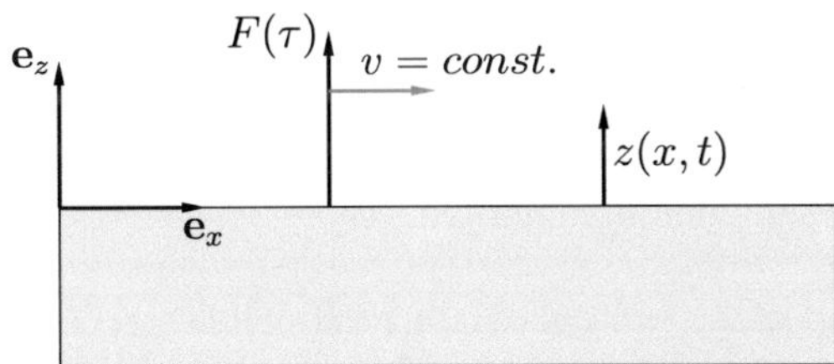

Abbildung 2.8: Bewegte Kraft auf einem linearen System

Mit der Substitution

$$\theta = \frac{x}{v} - \tau \tag{2.2}$$

folgt

$$z(x,t) = \int_{\frac{x}{v}-\infty}^{\frac{x}{v}+\infty} h\left(v\theta, \theta + t - \frac{x}{v}\right) F\left(\frac{x}{v} - \theta\right) \mathrm{d}\theta. \tag{2.3}$$

Geht man davon aus, dass ein Einheitsimpuls im Ursprung nur innerhalb einer gewissen Entfernung x_0 Wirkung zeigt, bedeutet dies

$$h(x,t) = 0, \quad |x| > x_0. \tag{2.4}$$

Damit ergibt sich aus Gleichung (2.3)

$$z(x,t) = \int_{-\frac{x_0}{v}}^{\frac{x_0}{v}} h\left(v\theta, \theta + t - \frac{x}{v}\right) F\left(\frac{x}{v} - \theta\right) \mathrm{d}\theta. \tag{2.5}$$

Des Weiteren lässt sich die stationäre Impulsantwort

$$h(x,t) = h_\infty(x), \quad t \to \infty \tag{2.6}$$

einführen, welche sich für genügend große Zeiten einstellt, sodass für die bleibende Verschiebung der Oberfläche der Straße

$$z(x,\infty) = \int_{-\frac{x_0}{v}}^{\frac{x_0}{v}} h_\infty(v\theta)\, F\left(\frac{x}{v} - \theta\right) \mathrm{d}\theta \tag{2.7}$$

folgt. Eine weitere Substitution

$$y = v\theta \tag{2.8}$$

führt schließlich auf

$$z(x,\infty) = \frac{1}{v} \int_{-x_0}^{x_0} h_\infty(y) F\left(\frac{x}{v} - \frac{y}{v}\right) \mathrm{d}y. \tag{2.9}$$

In Gleichung (2.9) wird deutlich, dass die bleibende Verschiebung der Oberfläche umgekehrt proportional zur Geschwindigkeit v ist. Falls die Kraft zusätzlich konstant ist, ergibt sich

$$z(\infty) = \frac{F}{v} \int_{-x_0}^{x_0} h_\infty(y) \mathrm{d}y \tag{2.10}$$

für die bleibende Verformung der Straße. Die Impulsantwort $h_\infty(y)$ lässt sich für beliebiges lineares Verhalten der Straße messen oder berechnen, beispielsweise mithilfe des Programm VESYS unter Anwendung des Korrespondenzprinzips ([140], siehe Abschnitt 1.2.2).

2.4.2 Phänomenologie der bleibenden Verformung

Im Straßenbau spielen Spurbildungstest und Druckschwelltests an Probekörpern aus Asphalt, Gesteinskörnung oder Boden eine wichtige Rolle. Beim Spurbildungstest beispielsweise wird eine Probe des zu untersuchenden Untergrunds durch einen Wälzkörper belastet,

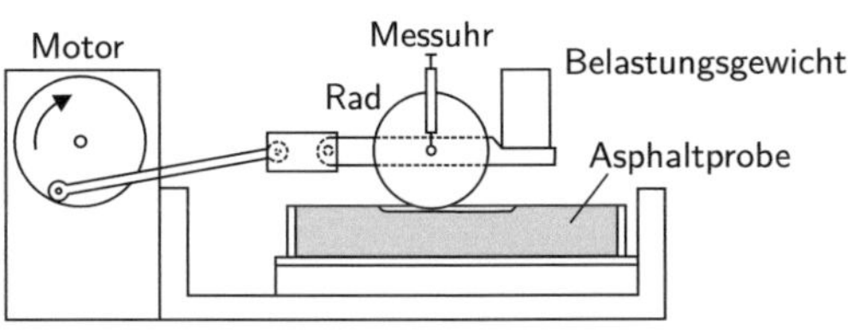

(a) Prinzipieller Aufbau eines Spurbildungstests nach [237]

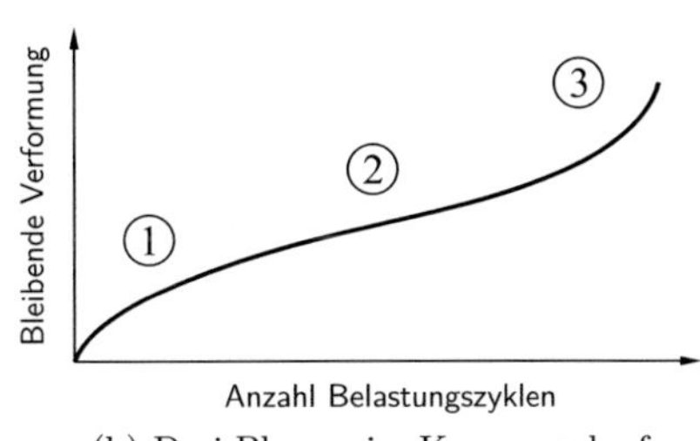

(b) Drei Phasen im Kurvenverlauf

Abbildung 2.9: Spurbildungstest: (a) prinzipieller Aufbau, (b) Ergebnis des Tests

welcher durch ein Belastungsgewicht eine definierte Vertikalkraft auf die Probe ausübt und zyklisch hin- und herrollt (siehe Abbildung 2.9a). Typischerweise stellt sich dabei über der Anzahl Überrollungen eine bleibende Verformung ein, welche durch eine S-förmige Kurve beschrieben wird, wie sie in Abbildung 2.9b dargestellt ist. Hierbei können folgende Bereiche während der Lebensdauer einer Straße unterschieden werden: In Bereich ① bestimmen Konsolidierungs- und Anpassungseffekte die degressive Kennlinie. Hingegen spielen in Bereich ② volumenkonstante Verformungen infolge von Schubspannungen die entscheidende Rolle. Im Querprofil ist dies anhand von seitlichen Aufwölbungen neben der Fahrspur ersichtlich. Im Bereich ③ treten schließlich Auflockerungseffekte mit progressiver Zunahme der bleibenden Verformung auf. In der Praxis ist hiermit nur bei äußerst spurgebundenen Verkehrsbelastung zu rechnen.

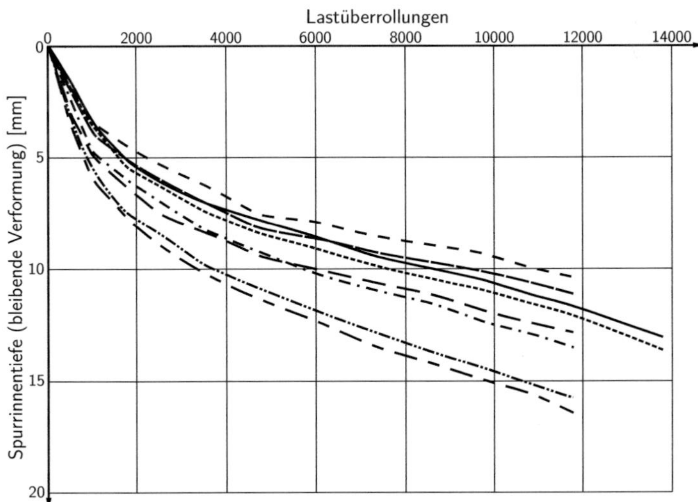

Abbildung 2.10: Mittlere Spurrinnentiefe in Abhängigkeit von der Anzahl der Lastüberrollungen an einem Prüfkörper aus mehreren bituminösen Schichten [65]

Exemplarisch ist in Abbildung 2.10 aus [65] das Ergebnis von Spurbildungsversuchen an Prüfkörpern aus mehreren Asphaltschichten dargestellt, welche die charakteristischen drei Bereiche aufweisen. Solche Kurven ergeben sich nicht nur für Asphaltproben [197, 237, 264], sondern auch für ungebundene Materialien (siehe zum Beispiel [250]) sowie den Boden beziehungsweise den Unterbau/Untergrund [212, 227]. Zur Beschreibung der bleibenden Verformung wurde eine Vielzahl von Gesetzen formuliert: die wichtigsten sind in Abschnitt 2.4.3 dargestellt.

Das Verhalten von Tragschichten ohne Bindemittel wird häufig mittels der Shakedown-Theorie erklärt. Diese wurde von Sharp und Booker [201] zum ersten Mal auf Straßen angewandt und beispielsweise von Werkmeister [250] ausführlich erläutert und weiterentwickelt. Das Konzept der Shakedown-Theorie beruht darauf, dass je nach Belastung und Materialparametern unterschiedliche Verhaltensweisen der Schichten aus Gesteinskörnungen auftreten. Die unterschiedlichen Verhaltensweisen sind in Abbildung 2.11 illustriert. Unterhalb der plastischen Shakedown-Grenze nimmt die Zuwachsrate an bleibender Dehnung stetig ab. Das Verhalten im Bereich zwischen plastischer Shakedown-Grenze und plastischer Kriechgrenze charakterisiert Werkmeister durch die sich anfangs höher einstellende bleibende Verformung. Auch in diesem Bereich zeigen die Kurven laut Werkmeister eine abnehmende bleibende Dehnungsrate, wobei nach einer großen Anzahl an Belastungszyklen ein starkes Ansteigen der Dehnungsrate möglich ist. Theyse [222] hingegen geht nach der anfänglichen Verdichtung von einer konstanten Dehnungsrate in diesem Bereich aus. Wird die plastische Kriechgrenze überschritten, gibt es einen Bereich, in dem die Zuwachsrate relativ schnell wieder zunimmt. Es kommt zu einem sogenannten „inkrementellen Kollaps“. Dieser Bereich der unkontrollierten Zunahme von bleibender Verformung ist in der Praxis durch entsprechende Bemessung der Straßenoberbauten natürlich auszuschließen.
Bei Vergleich von Abbildung 2.11 mit Abbildung 2.9b fällt auf, dass Tragschichten ohne Bindemittel nicht immer den Bereich ③ aufweisen. Die ersten beiden Bereiche finden sich

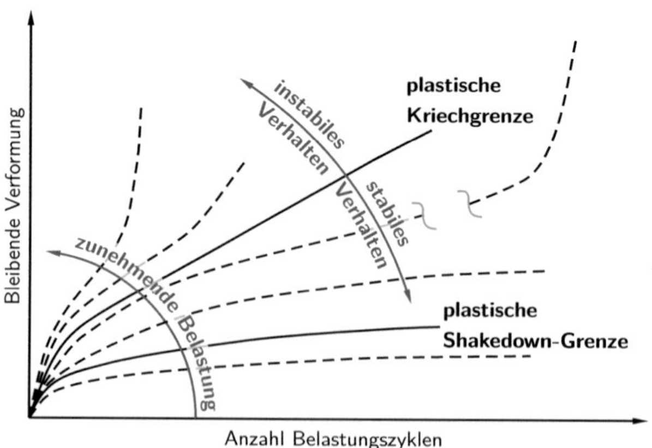

Abbildung 2.11: Unterschiedliches Verhalten ungebundener Gesteinskörnungen gemäß Shakedown-Theorie (Darstellung orientiert an [222] und [250])

jedoch wieder. Die zunächst starke Abnahme der Zuwachsrate ist ebenfalls auf Nachverdichtungseffekte zurückzuführen, die mit Verschiebungen im Korngerüst einhergehen. Im mittleren Bereich treten leichte Schädigungen der Gesteinskörnungen in Form von Abrasion oder Abrieb auf. Im Bereich des unbegrenzten Anwachsen liegt eine zunehmende Zerstörung der Gesteinskörnung vor [177].

2.4.3 Phänomenologische Gesetze

Die Entwicklung der Spurrinnentiefe an der Straßenoberfläche mit der Anzahl der Belastungen, aber auch die der bleibenden Verformung in jeder einzelnen Schicht über der Anzahl der Belastungen folgt unter realen Bedingungen einem charakteristischen degressiven Verlauf. Dies wird auch in [254] hervorgehoben. Da man davon ausgeht, dass Straßenoberbauten so bemessen sind, dass kein unbegrenztes Anwachsen der bleibenden Verformung auftritt, wird die letzte Phase in Abbildung 2.9b meist nicht modelliert. Der Nachverdichtungsbereich wird zudem häufig nicht betrachtet oder durch Extrapolation des mittleren Bereichs beschrieben.

Der Verlauf des mittleren Bereichs der Verformungskurve lässt sich durch unterschiedlich aufgebaute Gesetze annähern, deren Koeffizienten zumeist durch Anpassen an Versuchsergebnisse bestimmt werden. Die sich einstellende mittlere bleibende Dehnung im Probekörper oder der entsprechenden Straßenschicht

$$\varepsilon_p = f(\sigma_P, N) \tag{2.11}$$

hängt vor allem von der äußeren Belastung σ_P und der Anzahl der Belastungzyklen N ab, wobei natürlich noch weitere Einflussfaktoren, wie zum Beispiel Material-, Klima- und Belastungseigenschaften, berücksichtigt werden können. Die Abhängigkeit der bleibenden Verformung von der Anzahl der Belastungszyklen N lässt sich durch unterschiedlich aufgebaute Gesetze annähern. Die wichtigsten Gruppen sind:

Potenzfunktionen

$$\varepsilon_p = a_1 N^{b_1}, \tag{2.12}$$

Exponentialgesetze

$$\varepsilon_p = a_2 \, \mathrm{e}^{\left(-\frac{\rho}{N}\right)^{b_2}}, \tag{2.13}$$

Logarithmische Gesetze

$$\varepsilon_p = a_3 + b_3 \log N, \tag{2.14}$$

Sättigungsgesetze

$$\varepsilon_p = a_4 \left(1 - N^{-b_4}\right) \tag{2.15}$$

oder

$$\varepsilon_p = a_5(1 - \mathrm{e}^{-b_5 N}). \tag{2.16}$$

Die Koeffizienten $\rho, a_i, b_i, i = 1, ..., 5$ sind positiv und werden meist aus Versuchen, aber auch aus materialtheoretischen Überlegungen bestimmt. Da die verschiedenen Schichten ähnliche Ergebnisse im Spurbildungstest zeigen, können die Gesetze mit entsprechenden Parametern für einzelne Schichten oder auch den gesamten Straßenaufbau verwendet werden, wie Tabelle 2.1 zu entnehmen ist. Die Tabelle gibt eine Übersicht über Arbeiten, welche die genannten Gesetze zur Modellierung der bleibenden Verformung in unterschiedlichen Schichten verwenden. Oft werden die gleichen Gesetze sowohl für Asphaltschichten als auch für ungebundene Schichten und den Untergrund angewandt. Lediglich die Koeffizienten werden dann anders gewählt. Die obige Darstellung der Gesetze ist allgemein gehalten und nimmt in den genannten Arbeiten zum Teil eine leicht abweichende Form an. Außerdem ist teilweise nicht die bleibende Dehnung, sondern die bleibende Verschiebung oder Dehnungsrate modelliert.
Für Asphalt geben Sousa et al. [208] und für Gesteinskörnungen Lekarp und Dawson [141] ausführliche Überblicke über die Modellierung von bleibender Verformung.

Selbstverständlich gibt es auch Mischformen der oben genannten Gesetzestypen, wie zum Beispiel für Gesteinskörnungen das von Wolff und Visser aufgestellte Gesetz [256] oder jenes von Pérez und Gallego [181]. An der Shakedown-Theorie orientierte Ansätze finden sich unter anderem in [116, 171, 221, 250]. Hier werden unterschiedliche Gesetze verwendet abhängig davon, ob ein stabiles oder instabiles Verhalten zu erwarten ist.

Unter der Annahme, dass die bleibende Verformung hauptsächlich in einer Schichtart hervorgerufen wird, können Gesetze, die eigentlich das Verformungsverhalten in einer Schichtart beschreiben, auch für die Beschreibung der Gesamtverschiebung an der Oberfläche verwendet werden.
Darüber hinaus gibt es Gesetze, welche eine direkte Abhängigkeit der Entwicklung der Spurrinnentiefe an der Oberfläche von der Belastungsanzahl N angeben. Sie weisen wiederum die gleiche Form auf wie die oben genannten Gesetze. So beschreiben beispielsweise Thompson und Naumann die Entwicklung der Spurrinnentiefe RD pro Belastungszyklus, das heißt die Spurbildungsrate RR („rutting rate“) mit

$$RR = \frac{RD}{N} = \frac{A}{N^B}, \tag{2.17}$$

wobei die Parameter A, B aus Experimenten ermittelt werden [224]. Auch Hürtgen [109] stellt eine Gleichung für die Spurrinnentiefe an der Oberfläche aus experimentellen Ergebnissen auf, und zwar infolge bleibender Verformung in der Asphaltschicht und den ungebundenen Tragschichten. Basierend auf der Dehnung an der Oberseite des Unterbaus geben Zhang et al. Gesetze für die Entwicklung der Spurrinnentiefe an [262, 263].

	Asphaltschichten	**Ungebundene Schichten**	**Untergrund / Unterbau**
Polynomgesetze	Eisenmann, Hilmer [65]; Hürtgen [109]; Rodriguez [191] ; Khedr [125]; Uzan [233]; Lytton et al. [149]; Verstraeten et al. [240]; Fwa [79]; MEPDG [167]; Kenis (VESYS) [121]; Francken [76] (für geringe Spannungen); Monismith et al. [162]; Van de Loo [145]; Mahboub, Little [151]; Lai, Anderson [137]; Archilla, Madanat [13]	Verstraeten et al. [240]; Veverka ([241]); Sweere [219]; Khedr [124]; Korkiala-Tantuu [134]; Uzan [233]; Archilla, Madanat [13]; Zhang et al al. [262]	Monismith et al. [163]; Archilla, Madanat [13]; Uzan [233]; Zhang, Macdonald [263]; Zhang et al. [262]
Exponentialgesetze	Tseng, Lytton [225]	Tseng, Lytton [225]	Tseng, Lytton [225]
Logarithmische Gesetze	Eisenmann, Hilmer [65]	Barksdale [15]	Lentz, Baladi [142]; Veverka [241]; Verstraeten et al. [240];
Sättigungsgesetze	Archilla, Madanat [14]	Paute et al. [178]; Gidel et al. [83]; Archilla, Madanat [14]	

Tabelle 2.1: Übersicht über gängige Gesetze in den einzelnen Schichten des Oberbaus

Einfluss der Belastung

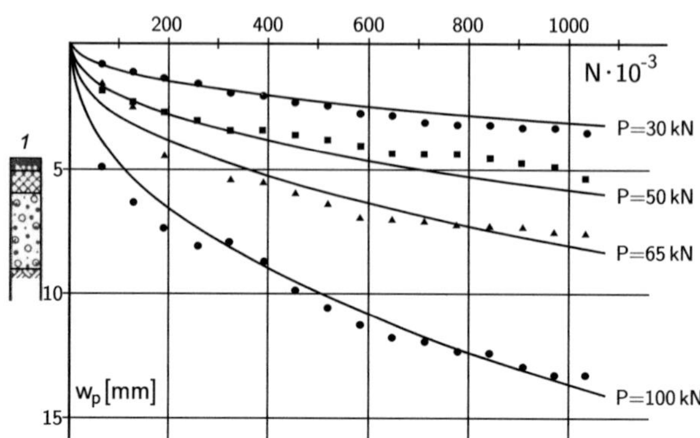

Abbildung 2.12: Lastabhängigkeit der Spurrinnenbildung (aus [109])

Die sich einstellende bleibende Verformung hängt selbstverständlich neben Materialparametern und der Bauweise von äußeren Einflüssen wie der Höhe und Dauer der Belastung oder der Temperatur ab. Diese Faktoren bestimmen die Werte der Koeffizienten $\rho, a_i, b_i, i = 1, ..., 5$. In den in Tabelle 2.1 angegebenen Arbeiten werden Werte für diese Koeffizienten häufig aus Experimenten bestimmt. Doch in einigen Fällen sind direkte Beziehungen für die Abhängigkeit dieser Koeffizienten von einigen Einflussfaktoren gegeben. Von besonderem Interesse ist hierbei die Abhängigkeit der bleibenden Verformung von der Höhe der Belastung, da diese durch die Radlasten gegeben ist.

Ausgehend von Dauerbelastungsversuchen hat Hürtgen für den Fall, dass die Spurrinnenbildung hauptsächlich in den Asphaltschichten auftritt, die Entwicklung der Spurrinnentiefe über

$$w_p(N) = aN^k \tag{2.18}$$

mithilfe eines Potenzgesetzes ausgedrückt, wobei der Einsenkungsfaktor a durch die Materialeigenschaften, wozu er auch die Temperatur zählt, die Bauweise und die Last P bestimmt wird [109]. Den Einfluss der Last drückt er mithilfe des Potenzgesetzes

$$w_p(N) = b\left(\frac{P}{P_S}\right)^r N^k \tag{2.19}$$

aus. Hierin bezeichnet P_S eine beliebige Bezugslast und der Faktor b hängt nur noch von der Bauweise und den Materialeigenschaften ab. Die Parameter b, r und k werden wiederum durch Regression bestimmt. Abbildung 2.12 zeigt Ausgleichskurven entsprechend Gleichung (2.19) für Messwerte aus Dauerbelastungsversuchen mit unterschiedlichen Belastungen. Gleichung (2.19) lässt sich auch als

$$w_p(N) = b\left[\left(\frac{P}{P_S}\right)^\alpha N\right]^k, \quad \alpha = \frac{r}{k} \tag{2.20}$$

darstellen. Mit $\alpha = 4$ erhält man das bekannte Vierte-Potenz-Gesetz der AASHO (siehe Abschnitt 1.2.3). Beispiele für Werte von r, k und α sind für eine Standardbezugslast $P_S = 44\,\mathrm{kN}$ und $b = 9.16 \cdot 10^{-3}\,\mathrm{mm}$ in Tabelle 2.2 für unterschiedliche Bauweisen gegeben. Im Allgemeinen gilt für normale Asphaltverformungen infolge von Kriechen $0.3 < k < 0.7$ [109].

Bauweise	r	k	α
1	1.23 ± 0.06	0.456 ± 0.036	2.7
2	1.95 ± 0.22	0.41 ± 0.07	4.9
3	1.86 ± 0.59	0.51 ± 0.15	3.6
4	1.27 ± 0.25	0.68 ± 0.11	1.9

Tabelle 2.2: Potenzen r, k und α aus Dauerbelastungsversuchen mit verschiedenen Lasten (aus [109])

Einen ähnlichen Zusammenhang für die Spurrinnentiefe

$$RD = AN^{\alpha} \left(\frac{\sigma_z}{\sigma'}\right)^{\beta} \tag{2.21}$$

an der Oberfläche einer relativ dünnen Asphaltdecke stellen Zhang et al. auf [262], wobei σ_z die vertikale Spannung an der Oberseite des Unterbaus und σ' eine Bezugsspannung bezeichnet. Dieser Bezugsdruck wird mit 0.1 MPa angegeben. A, α und β wurden aus Versuchen zu $A = 1.22 \cdot 10^{-1}\,\mathrm{mm}, \alpha = 0.428, \beta = 2.502$ ermittelt.

In manch anderen der in Tabelle 2.1 genannten Arbeiten ist keine direkte Spannungsabhängigkeit der Koeffizienten gegeben. Um dennoch den Einfluss der Belastung auf die bleibende Verformung zu berücksichtigen, kommt manchmal das Konzept der äquivalenten Standardlast zum Einsatz (siehe Abschnitt 1.2.3). Die Anzahl N_{ESAL} an äquivalenten Standardachslasten ESAL lässt sich über

$$N_{ESAL} = \left(\frac{P}{P_{ESAL}}\right)^{v} \tag{2.22}$$

bestimmen, wobei P_{ESAL} einer Standardachslast entspricht. Der Koeffizient v kann unterschiedliche Werte annehmen, zum Beispiel abhängig von der betrachteten Straßenbefestigung und im Allgemeinen abhängig von der zu untersuchenden Schädigungsart. Gleichung (2.22) bedeutet nichts anderes, als dass N_{ESAL} Belastungen mit der Standardachslast P_{ESAL} vonnöten sind, um die gleiche Schädigung hervorzurufen wie eine einmalige Belastung mit der Last P. Geht man davon aus, dass Gleichung (2.12) die bleibende Verformung bei Belastung mit der Standardachslast P_{ESAL} liefert, so folgt mit Gleichung (2.22) für die Belastung mit der Kraft P für die bleibende Verformung

$$\varepsilon_p = a_1 \left[N \left(\frac{P}{P_{ESAL}}\right)^{v}\right]^{b_1} . \tag{2.23}$$

Diese Gleichung entspricht wiederum der Form nach Gleichung (2.20). Auf diese Weise tragen beispielsweise Archilla und Madanat [13, 14] und Rodriguez et al. [191] dem Einfluss unterschiedlicher Achslasten Rechnung.

Einen Sonderfall der Potenzgesetze stellen jene mit $b_1 = 1$ dar, denn die Rate der bleibenden Verformung ist unabhängig von der Anzahl der Belastungen. Die Zunahme der bleibenden Verformung ist bei gleichbleibenden Parametern folglich konstant.
Ein derartiges Gesetz für die bleibende viskoplastische Verformungsrate für Asphaltbeton formulieren Mahboub und Little in [151] mit

$$\frac{\varepsilon_{vp}}{N} = a\sigma^b, \tag{2.24}$$

wobei a, b aus Experimenten bestimmt werden und σ der Amplitude einer Wechselspannung entspricht. Der Parameter b wurde in mehreren Versuchen unabhängig von der Asphaltzusammensetzung zu 1.61 ermittelt.
Auch Ullidtz [227] stellt ein zur Anzahl der Belastungen N proportionales Gesetz für die Entwicklung der bleibenden Verformung in ungebundenen Schichten und im Untergrund auf, um den Bereich ② in Abbildung 2.9b zu beschreiben. Dieses Verhalten wird in dem Programm MMOPP verwendet. Häufig tritt in den Gesetzen zur Beschreibung der bleibenden Verformung auch die elastische oder reversible Dehnung auf. Bei Versuchen mit Monolasten wird diese Dehnung gemessen und stellt eine weitere Konstante in den Gesetzen dar. Die elastische Dehnung ist natürlich von der Belastung abhängig, wobei diese Abhängigkeit in den oben genannten Gesetzen selten explizit gegeben ist. Abhängig vom verwendeten Materialgesetz bei der Berechnung der reversiblen Dehnung ergibt sich eine lineare oder nichtlineare Abhängigkeit der bleibenden Verformung von der Belastung. Beispiele für Gesetze, in denen die reversible Dehnung explizit auftaucht, finden sich bei Veverka [241], im Programm VESYS [121] oder bei Zhang et al. [262, 263].

Veränderliche Belastungen

Die in Abschnitt 2.4.3 angegebenen Gesetze gelten für Monolasten, das heißt für während sämtlicher Belastungszyklen gleichbleibende Lasten. Monismith et al. stellen in [163] zwei Ansätze vor, um sich ändernde Lasten zu berücksichtigen, und zwar die sogenannte Zeitverfestigung und die sogenannte Dehnungsverfestigung.
Dem Modell der *Zeitverfestigung* liegt die Annahme zugrunde, dass das weitere Verhalten durch die bisherige Belastungszeit, hier also die bisherige Belastungsanzahl, bestimmt wird. In Abbildung 2.13a ist die bleibende Dehnung über der Anzahl der Belastungszyklen dargestellt. Die grauen Kurven beschreiben die bleibende Dehnung für Monolasten σ_1 und σ_2. Findet nach N_1 Zyklen eine Spannungsänderung von σ_1 zu σ_2 statt, folgt nach dem Konzept der Zeitverfestigung ein Verlauf der bleibenden Dehnung entlang der Kurve $A-B-C$. Der Abschnitt $B-C$ entspricht dabei dem parallel zur ε_p-Achse in Punkt B verschobenen Abschnitt $B' - C'$. Die Änderung der bleibenden Dehnung pro Belastungzyklus N nach N_1 Belastungen in Punkt B

$$\left.\frac{\mathrm{d}\varepsilon_p}{\mathrm{d}N}\right|_B = \frac{\mathrm{d}\varepsilon_p}{\mathrm{d}N}(\sigma_2, N_1) \tag{2.25}$$

lässt sich nach Erhöhung der Spannung auf σ_2 folglich aus der Rate der bleibenden Dehnung im Punkt B' bestimmen.

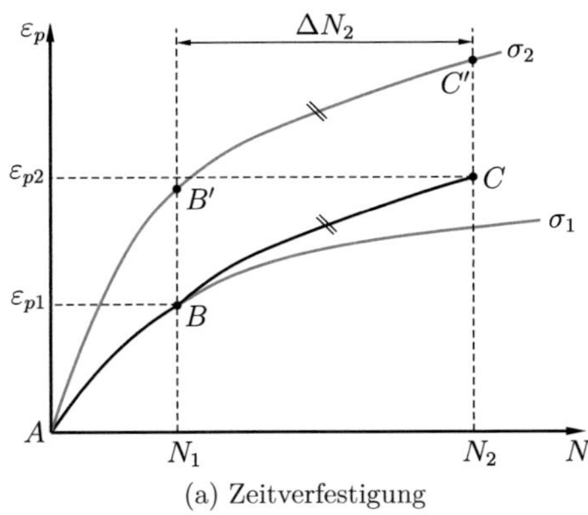

(a) Zeitverfestigung

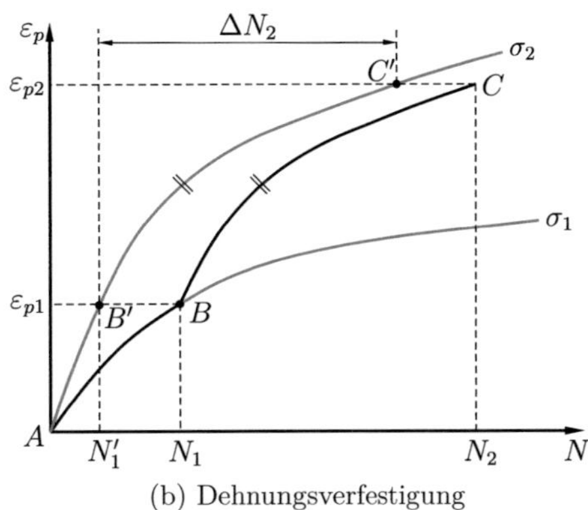

(b) Dehnungsverfestigung

Abbildung 2.13: Auswirkung einer Spannungsänderung bei unterschiedlichen Verfestigungsmodellen

Gemäß der *Dehnungsverfestigung* ist die bisherige bleibende Dehnung entscheidend für das weitere Verhalten. Nach N_1 Belastungen mit der Spannung σ_1 liegt die bleibende Dehnung ε_{p1} vor (siehe Abbildung 2.13b), welche den Materialzustand charakterisiert. Nach der Spannungserhöhung auf σ_2 gilt für die Dehnungsrate folglich

$$\left.\frac{\mathrm{d}\varepsilon_p}{\mathrm{d}N}\right|_B = \frac{\mathrm{d}\varepsilon_p}{\mathrm{d}N}(\sigma_2, \varepsilon_{p1}) = \frac{\mathrm{d}\varepsilon_{p1}}{\mathrm{d}N}(\sigma_2, N_1'). \tag{2.26}$$

Der Verlauf der bleibenden Dehnung erfolgt wiederum entlang der Kurve $A-B-C$, wobei sich der Bereich $B-C$ durch eine Parallelverschiebung entlang der N-Achse der Kurve $B'-C'$ in den Punkt B ergibt.

Zwar scheint die Dehnungsverfestigung das reale Verhalten besser anzunähern, doch bei kleinen Spannungsänderungen ist der Unterschied zur Zeitverfestigung gering, sodass sich die Anwendung der einfacheren Zeitverfestigung anbietet (wie zum Beispiel in [9, 227]).

Geschwindigkeitsabhängigkeit

Wie oben erwähnt, weist Asphalt eine Temperatur- und Frequenzabhängigkeit auf, welche bei Gesteinskörnungen eher vernachlässigbar ist. Der komplexe Elastizitätsmodul von Asphalt ist temperatur- und frequenzabhängig, wobei er mit steigender Temperatur abnimmt und mit größer werdender Frequenz bei harmonischer Beanspruchung zunimmt. Nach Hürtgen [108] besteht hierbei eine sogenannte „Temperatur-Frequenz-Äquivalenz", welche darin besteht, dass der absolute Elastizitätsmodul

$$|E(f_1, T_1)| = |E(f_2, T_2)| \tag{2.27}$$

bei unterschiedlichen Kombinationen aus Temperatur T und Frequenz f den gleichen Wert annehmen kann. Aus der Kurve für den absoluten Elastizitätsmodul, gemessen bei einer bestimmten Referenztemperatur T_R, lässt sich mithilfe einer Temperaturfunktion α_T die

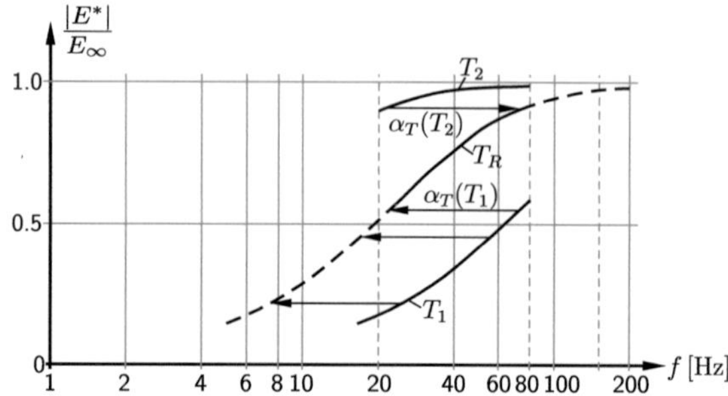

Abbildung 2.14: Temperatur-Frequenz-Äquivalenz aus [108]

Kurve für den absoluten Elastizitätsmodul bei einer anderen Temperatur ermitteln. Dies ist in Abbildung 2.14 für den mit dem Glasmodul E_∞, den man für $\omega \to \infty$ erhält, normierten absoluten Elastizitätsmodul dargestellt.

Wird die Belastung einer Straße durch einen überfahrenden Reifen durch einen Spannungsimpuls angenähert, so hängt dessen zeitliche Dauer von der Größe der Radaufstandsfläche und der Fahrgeschwindigkeit ab. Je nach Dauer dieses Belastungsimpulses erfährt der Straßenoberbau eine andere Belastungsrate, von der wiederum die Materialeigenschaften der Asphaltschichten abhängen. In der Literatur wird in diesem Zusammenhang mit der Fahrgeschwindigkeit auch häufig von Frequenzabhängigkeit gesprochen. Diese Frequenz ist jedoch nicht zu verwechseln mit der Frequenz einer harmonisch wirkenden Kraft. Die Belastungsdauer wird lediglich auf eine Frequenz umgerechnet, für die der komplexe Elastizitätsmodul ermittelt werden kann.
Die Belastungsdauer beeinflusst nicht nur die Materialeigenschaften, sondern gibt schlichtweg auch die Zeitdauer der äußeren Belastung einer Stelle der Straßenoberfläche an. Eine längere Belastungsdauer infolge einer niedrigeren Fahrgeschwindigkeit führt auch unter diesem Aspekt zu einer größeren Verformung innerhalb des Straßenoberbaus. Beide Effekte haben zur Folge, dass niedrige Fahrgeschwindigkeiten mit größeren bleibenden Verformungen verbunden sind, was zum Beispiel an Bushaltestellen oder Kreuzungen offensichtlich wird. Die Geschwindigkeitsabhängigkeit der Verformung tritt hauptsächlich bei niedrigeren Geschwindigkeiten und hohen Temperaturen zu Tage. So bezieht sich Hürtgen auf Versuchsergebnisse, bei denen bei einer Temperatur von 20 °C ab einer Fahrgeschwindigkeit von 40 km/h keine wesentliche Änderung der vertikalen Spannung an der Unterseite der bituminösen Schichten mehr eintrat. Auch Agardh verweist auf den geringen Geschwindigkeitseinfluss auf die Verformung bei schnell befahrenen Straßen [5].
Die Geschwindigkeit beeinflusst natürlich nicht nur das Verformungsverhalten der Straße und die Belastungsdauer, sondern auch die Anregungsfrequenz für die Fahrzeugschwingungen. Je nach Fahrgeschwindigkeit stellen sich folglich unterschiedliche Verläufe der dynamischen Radaufstandkräfte ein, welche wiederum zu einer veränderten Belastung der Straße führen. Das Verformungsverhalten und die dynamischen Normalkräfte werden beide gleichzeitig von der Fahrgeschwindigkeit beeinflusst, sodass eine Kombination der beiden Effekte auftritt.

2.5 Beschreibung von Längsunebenheiten

Nach Velske bezeichnet die Rauheit die geometrische Feingestalt der Oberfläche einer Verkehrsfläche. Die Abstände der Profilspitzen sowie die Tiefe des Profils charakterisieren die Rauheit [237]. Die Rauheit wird je nach vorliegender Wellenlänge in unterschiedliche Bereiche unterteilt, wie Tabelle 2.3 zu entnehmen ist.

	Wellenlängenbereich	Wirkung
Mikrorauheit	$\lambda < 0.5\,\mathrm{mm}$	Haftreibung
Makrorauheit	$\lambda = 0.5$ bis $50\,\mathrm{mm}$	Dränage, Sprühfahnen, Rollgeräusche
Megarauheit	$\lambda = 50$ bis $500\,\mathrm{mm}$	Rollgeräusche, Rollwiderstand
Unebenheit	$\lambda = 500\,\mathrm{mm}$ bis $50\,\mathrm{m}$	Rollwiderstand, Fahrzeugschwingungen
Längsprofil	$\lambda > 50\,\mathrm{m}$	Gradiente

Tabelle 2.3: Unterscheidung der Rauheitsbereiche (aus [237])

Unebenheiten im Längsprofil können bereits während der Herstellung der Straßenbefestigung entstehen oder durch dynamische Radlasten verstärkt oder verursacht werden. Ihnen gilt in der vorliegenden Arbeit das Interesse, da sie im Wesentlichen zur Fußpunktanregung der Fahrzeugschwingungen beitragen.
Die Straßenoberfläche weist im Allgemeinen eine unregelmäßige Unebenheit auf, die sich mittels der spektralen Dichte Φ beschreiben lässt. Für einen gleichmäßig regellosen Vorgang $h(t)$ lässt sich die spektrale Dichte

$$\Phi(\omega) = \lim_{T \to \infty} \frac{1}{T} |\mathcal{H}(\omega)|^2 \tag{2.28}$$

mithilfe des komplexen Amplitudenspektrums

$$\mathcal{H}(\omega) \frac{1}{\sqrt{2\pi}} \int_{-T}^{T} h_T(t)\, \mathrm{e}^{-j\omega t}\, \mathrm{d}t \tag{2.29}$$

berechnen (siehe [24]). Es gilt

$$h_T(t) = \frac{1}{\sqrt{2\pi}} \int_{-\infty}^{\infty} \mathcal{H}(\omega) e^{j\omega t} \mathrm{d}\omega. \tag{2.30}$$

Gleichmäßig regellos bedeutet, dass alle dem Mittelungsbereich entnommenen Abschnitte untereinander gleiche Mittelwerte ergeben [24]. Der Ersatzvorgang $h_T(t)$ entspricht im Bereich $|t| < T$ dem zeitlich unbegrenzten Vorgang $h(t)$ (siehe Abbildung 2.15a).

Die Straßenoberfläche lässt sich als Funktion des Weges x beschreiben, der über die Geschwindigkeit mit der Zeit zusammenhängt: $x = vt$. Die unregelmäßige Straßenoberfläche kann man sich aus harmonischen Einzelwellen der Form

$$h(x) = \hat{h} \cos(\Omega x + \varphi) \tag{2.31}$$

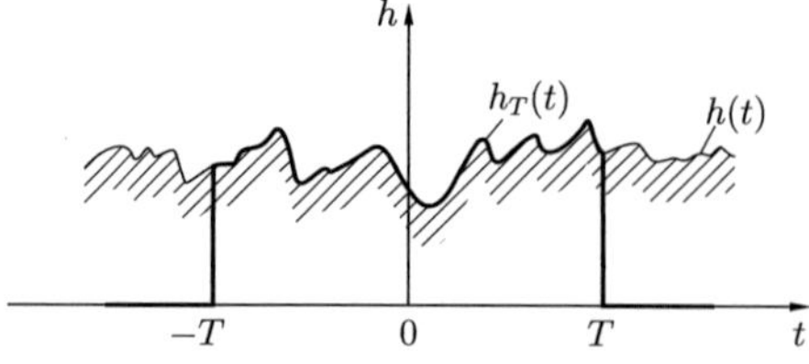

(a) Zeitlich begrenzter regelloser Vorgang $h_T(t)$

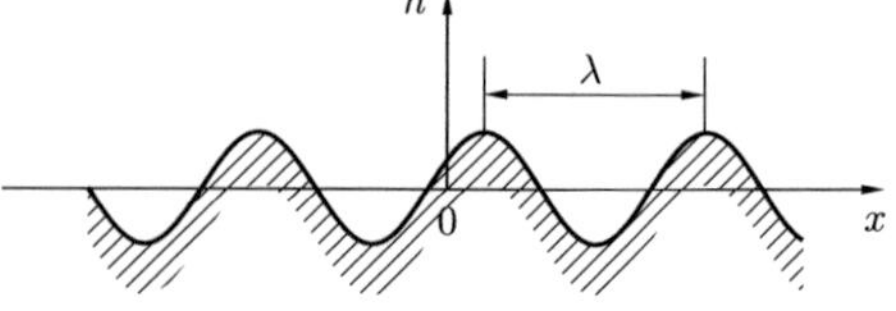

(b) Harmonische Unebenheitsfunktion

Abbildung 2.15: Unebenheit der Straßenoberfläche

zusammengesetzt vorstellen, wobei $\hat{h}$ der Amplitude, Ω der Wegkreisfrequenz und φ der Phasenlage entspricht. Eine solche einzelne Welle ist in Abbildung 2.15b dargestellt. Die Wegkreisfrequenz

$$\Omega = \frac{2\pi}{\lambda} \tag{2.32}$$

lässt sich hierbei aus der Wellenlänge λ der betrachteten Einzelwelle bestimmen. Die Wegkreisfrequenz entspricht der Kreiswellenzahl bei Wellenausbreitungsvorgängen (siehe [198]). Die Zeitkreisfrequenz ω, welche für die Anregung der Fahrzeugschwingungen entscheidend ist, ist über

$$\omega = v\Omega = v\frac{2\pi}{\lambda} \tag{2.33}$$

mit der Wellenlänge λ und der Fahrgeschwindigkeit v verbunden. Ausgehend vom Verlauf der Straßenoberfläche, welcher als Funktion des Weges x gegeben ist, erhält man aus Messungen die spektrale Dichte als Funktion der Wellenlänge λ oder der Wegkreisfrequenz Ω und folglich eine geschwindigkeitsunabhängige Darstellung. Die Beziehung

$$\Phi(\omega) = \frac{1}{v}\Phi(\Omega) \tag{2.34}$$

verknüpft die wegkreisfrequenzabhängige spektrale Dichte $\Phi(\Omega)$ und die zeitkreisfrequenzabhängige spektrale Dichte $\Phi(\omega)$. Hierbei wird $\Phi(\omega)$ in cm^2s und $\Phi(\Omega)$ in cm^3 angegeben. Braun [24] hat zahlreiche Messungen von spektralen Dichten zusammengetragen. Aus Messungen ermittelte spektrale Dichten zeigt Abbildung 2.16 aus Brauns Arbeit für unterschiedliche Straßentypen als Funktion der Wegkreisfrequenz Ω in doppellogarithmischer Darstellung. Während kurze Wellenlängen kleine spektrale Dichten aufweisen, nehmen die Spektraldichten der langen Wellenlängen große Werte an. Die Verläufe lassen sich prinzipiell durch Geraden annähern und werden von Braun durch

$$\Phi(\Omega) = \Phi(\Omega_0)\left[\frac{\Omega}{\Omega_0}\right]^{-w} \tag{2.35}$$

beschrieben. Die Welligkeit w bestimmt die Steigung der Näherungsgeraden und folglich das Verhältnis der Spektraldichten unterschiedlicher Wellenlängen. Bei hohen Werten

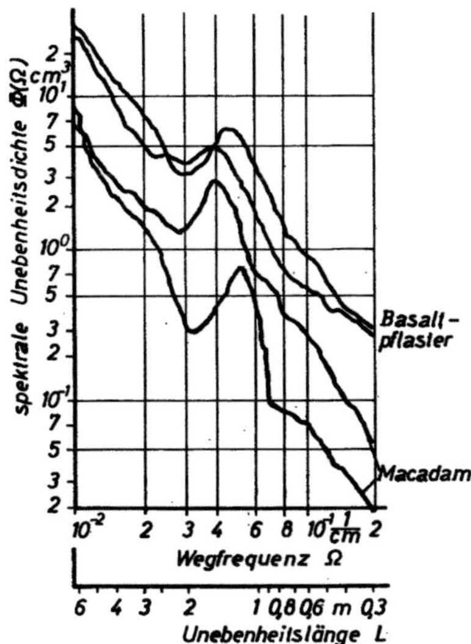

Abbildung 2.16: Spektrale Unebenheitsdichte für unterschiedliche Straßentypen und Prägewirkung der dynamischen Radlasten (aus [24])

von w dominieren dementsprechend vor allem lange Wellen. Der Wert der Welligkeit liegt nach Braun hauptsächlich im Bereich $1.7 \leq w \leq 2.3$. Die Größe $\Phi(\Omega_0)$ ist die spektrale Dichte bei der Bezugsfrequenz Ω_0 und wird als Unebenheitsmaß bezeichnet. Mit steigendem Wert dieser Dichte nimmt insgesamt die Unebenheit der Straßenoberfläche zu.
Die Spektraldichten in Abbildung 2.16 weisen jedoch auch deutliche Abweichungen von dem angenäherten linearen Verlauf in doppellogarithmischer Darstellung auf. Hier treten bestimmte Wellenlängen verstärkt auf, was Braun der Prägewirkung der dynamischen Radlasten zuschreibt. Fahrzeuge werden durch die Unebenheiten in der Straßenoberfläche zu Schwingungen angeregt. Besitzen die Fahrzeuge eine ähnliche Charakteristik und Fahrgeschwindigkeit, werden sich ähnliche Verläufe der dynamischen Radlasten ausbilden und auf die Straße rückwirken. Diese räumliche Wiederholbarkeit der Radlasten wurde durch Messungen bestätigt (siehe Abschnitt 1.2.3). Insbesondere beim Schwerlastverkehr auf Autobahnen kann von diesen Voraussetzungen ausgegangen werden. Folglich werden angesichts ähnlicher Achseigenfrequenzen der Fahrzeuge und des homogenen Verkehrs die gleichen Stellen entlang der Straße immer wieder von neuem ähnlich belastet. Dies führt zu einer Verformung der Straße und einer charakteristischen Musterbildung, welche wiederum als Fußpunktanregung auf die folgenden Fahrzeuge rückwirkt und zu dynamischen Zusatzlasten führt. Es bildet sich ein selbstverstärkender Vorgang aus, den Braun als „Selbstzerstörung einer unebenen Straße“ bezeichnet. Braun führt Anhebungen im Spektrum für Wellenlängen $\lambda < 4\,\mathrm{m}$ auf diesen Mechanismus zurück. Solche Überhöhungen in der spektralen Dichte treten natürlich auch bei Pflaster- oder Betondecken auf, welche in der Bauweise begründet Periodizitäten aufweisen. Unebenheiten mit Wellenlängen kleiner als $0.15\,\mathrm{m}$ spielen für die Anregung von dynamischen Achslasten eine zu vernachlässigende

Rolle, zum einen wegen ihrer geringen Intensität und zum anderen wegen ihrer Wellenlänge unterhalb der Latschlänge.

Geht man davon aus, dass eine Einzelwelle in der Straßenoberfläche besonders dominant und andere Unebenheiten vernachlässigbar sind, lässt sich die Straßenoberfläche vollständig durch Gleichung (2.31) beschreiben. Es liegt dann eine sogenannte Wellenfahrbahn vor. Periodische Oberflächenverläufe lassen sich mithilfe von Fourierreihen

$$h(x) = h_0 + \sum_{k=1}^{K} \hat{h}_k \cos(k\Omega x + \varphi_k) \tag{2.36}$$

als Summe von harmonischen Funktionen darstellen. Sie können zur Charakterisierung von Betonstraßen oder verformbaren Straßen mit einigen wenigen dominierenden Wellenlängen benutzt werden.

Neben den bisher beschriebenen kontinuierlichen Unebenheiten können auch diskontinuierliche Unebenheiten in Form von Einzelhindernissen wie Schlaglöcher, Bahnübergänge oder Übergänge an Brücken oder Flickstellen auftreten. Eine einzelne Schwelle, wie sie in Abbildung 2.17 dargestellt ist, lässt sich beispielsweise mithilfe einer Cosinuswelle modellieren,

$$h(x) = \begin{cases} 0 & \text{für} \quad x \leq 0 \,\text{und}\, x \geq \lambda \\ \hat{h}\,(1 - \cos\Omega x) & \text{für} \quad 0 \leq x \leq \lambda \end{cases} , \tag{2.37}$$

wobei $2\hat{h}$ der Höhe des Einzelhindernisses und λ der Wellenlänge entspricht.

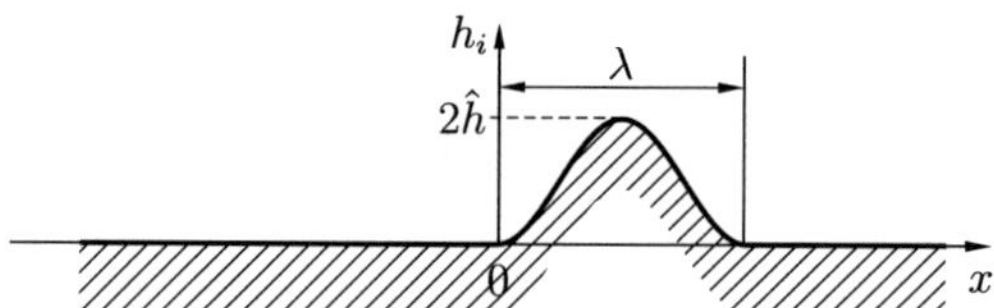

Abbildung 2.17: Einzelhindernis

Wie aus Tabelle 2.3 ersichtlich, liegen die für die Anregung von Fahrzeugschwingungen relevanten Wellenlängen im Bereich zwischen 500 mm und 50 m. Ludescher [147] nennt als maximalen Höhenunterschied von Unebenheiten bei guten Straßen typischerweise 10 bis 20 mm, wobei größere Werte eher langen Wellen zuzuordnen sind. Velske gibt in [237] als üblicherweise geltenden Grenzwert für die Unebenheit 4 mm bei einer Bezugslänge von 4 m an. Eine gemittelte Unebenheitsamplitude lässt sich aus der spektralen Dichte ermitteln: orientiert an der Arbeit von Braun [24] bestimmt beispielsweise Mitschke in [161] aus der spektralen Dichte eine gemittelte Unebenheitsamplitude $\hat{h}_{Terz}$.

3 Fahrzeugmodellierung

Im Folgenden wird auf die Modellierung der Vertikaldynamik von Lastkraftwagen (Lkw) eingegangen, welche für die Ausbildung von Längsunebenheiten durch die dynamischen Radlasten entscheidend ist. Die Modellierung kann beliebig genau erfolgen mit der Folge einer entsprechend hohen Anzahl an Freiheitsgraden. Mit der Anzahl der Freiheitsgrade steigt jedoch auch die Anzahl der zu bestimmenden Parameter. Liegt der Schwerpunkt hingegen auf der Abbildung bestimmter Phänomene, bieten sich einfachere Modelle an, welche nicht nur besser zu handhaben sind, sondern auch einen Blick auf die Zusammenhänge und Einflüsse einzelner Parameter ermöglichen.
Ein Fahrzeug, wie es in Abbildung 3.1 dargestellt ist, kann prinzipiell folgende Starrkörperbewegungen ausführen:

- Längsbewegung in x-Richtung
- Schiebebewegung in y-Richtung
- Hubbewegung in z-Richtung
- Drehbewegung um die x-Achse (Wanken)
- Drehbwegung um die y-Achse (Nicken)
- Drehbewegung um die z-Achse (Gieren).

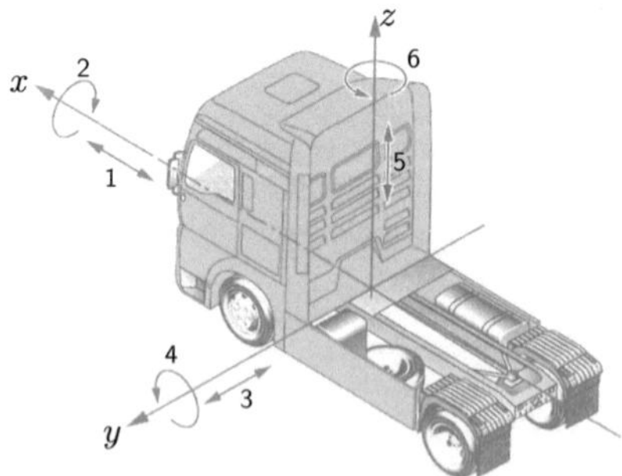

Abbildung 3.1: Fahrzeugbewegungen in Richtung beziehungsweise um unterschiedliche Koordinatenachsen (aus [69])

Unter der Annahme von gleichgearteten Unebenheiten in der linken und rechten Fahrspur sowie der Symmetrie des Fahrzeugs bezüglich der Längsachse treten keine Wank-, Schiebe- und Gierbewegungen auf. Die Vertikaldynamik des Fahrzeugs umfasst dann lediglich Hub- und Nickschwingungen und der Übergang auf ein ebenes Halbfahrzeugmodell ist möglich.

3.1 Aufbau eines Lastkraftwagens

Bevor ein Modell eines Lastkraftwagens zur Abbildung der Vertikaldynamik und Berechnung der resultierenden Radlasten bestimmt werden kann, wird im Folgenden ein kurzer Überblick über die für die Modellierung wesentlichen Bestandteile eines Lkw gegeben. Bei der Bauart lassen sich Einzelfahrzeuge mit eigenem Aufbau zum Gütertransport, Sattelzugmaschinen mit Sattelauflieger oder Gliederzüge unterscheiden. Da die Interaktion in vertikaler Richtung zwischen dem Lastkraftwagen und dem Anhänger bei Lastzügen recht schwach ist, können diese auch als zwei Einzelfahrzeuge aufgefasst werden.

Offensichtliche Bestandteile eines wie in Abbildung 3.2a dargestellten Lkw sind unter anderem der Aufbau, das Fahrerhaus, Achsen, Reifen und der Rahmen.
Am **Rahmen** (siehe Abbildung 3.2) als zentralem Element eines Lkw sind zahlreiche Elemente wie das Fahrerhaus, der Antriebsstrang, der Aufbau, der Tank, die Karosserie, Nebenaggregate, aber auch mittels der Radaufhängungen die Achsen angebracht. Der Rahmen ist mit dem Ziel eines geringen Eigengewichts als Leiterrahmen ausgeführt und besitzt zwei Längsträger sowie mehrere Querträger. Zur Gewährleistung einer guten Fahrstabilität wird im Fernverkehr eine hohe Verwindungssteifigkeit des Rahmens angestrebt, wohingegen ein verdrehweicher Rahmen mit hoher Verwindungselastizität für das Gelände gefordert wird [69]. Lkw-Rahmen weisen nach [161] Eigenfrequenzen ab 6 Hz auf.

Die Achsen sind über die **Aufhängungen** im Rahmen gelagert, welche das Fahrzeuggewicht an die Achsen und Räder weiterleiten. Die Aufhängungen sollen derart gestaltet sein, dass geringe Radlastschwankungen auftreten und ein stetiger Kontakt der Reifen zur Straßenoberfläche gegeben ist. Den Unebenheiten in der Straße soll zwar gefolgt werden, ohne jedoch starke Stöße und Schwingungen an den Aufbau weiterzugeben, um für Fahrkomfort und die Sicherheit der Ladung zu sorgen. Während eine hohe Steifigkeit Fahrsicherheit gewährleistet, garantiert eine niedrige Steifigkeit geringe Aufbaubeschleunigungen.

Mögliche Vertikal-, Wank- und Nickschwingungen sollen so weit wie möglich gedämpft werden, weshalb **Schwingungsdämpfer** zum Einsatz kommen (siehe Abbildung 3.3b). Schwingungen, verursacht durch singuläre Unebenheiten im Boden, sollen möglichst schnell abklingen und Amplituden bei Resonanzanregung begrenzt werden. Die Dämpfer sind

(a) Lkw Actros von Mercedes-Benz

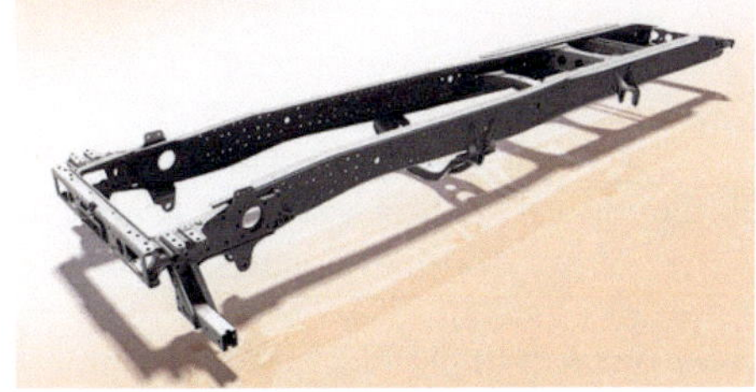

(b) Rahmen eines Actros

Abbildung 3.2: Lkw Actros und zugehöriger Rahmen von Mercedes-Benz [156]

meist als hydraulische Teleskop-Schwingungsdämpfer ausgeführt, in denen eine Kolbenstange in einem ölgefüllten Rohr durch die Relativbewegung zwischen Aufbau und Achse hin- und herbewegt wird. Durch die Bewegung der Kolbenstange wird Öl durch kleine Boden- und Kolbenventile gepresst. Hierdurch entstehen Dämpferkräfte, welche der Relativbewegung zwischen Aufbau und Achse entgegenwirken.
Wankbewegungen des Fahrzeugs um die Längsachse sollen zudem durch Kippstabilisatoren verhindert werden.

Die **Abfederung** der Aufbaubewegung erfolgt bei Lkw hauptsächlich über *Blattfederungen* (siehe Abbildung 3.3a), welche aus geschichteten Stahllamellen bestehen. Die Steifigkeit dieser Biegefedern wird durch den Abstand der Federlager sowie die Anzahl, die Längen und Querschnittsflächen der einzelnen Federblätter bestimmt. Trapez- und Parabelfedern sind derart gestaltet, dass eine nahezu gleiche Spannungsverteilung über die Federlänge gewährleistet ist. Die aufeinander geschichteten Stahllamellen bewegen sich bei Belastung relativ zueinander, wodurch Reibung und folglich eine Eigendämpfung entsteht. Wird die Haftreibung nicht überwunden, entfällt die Federung und Dämpfung durch die Blattfedern und der Aufbau ist der hohen Steifigkeit und geringen Dämpfung der Reifen ausgesetzt. Deswegen kommen häufig zusätzlich Schwingungsdämpfer zum Einsatz, genauso wie bei moderneren Blattfederungen mit geringem Eigendämpfungsvermögen. Progressive Kennlinien der Blattfeder lassen sich durch Vorverformung einzelner Blätter oder durch Zusatzfedern verwirklichen, welche erst bei höherer Belastung an der Kraftübertragung beteiligt sind. Auf diese Weise ergeben sich auch bei unterschiedlichen Beladungen ähnliche Federwege und Eigenfrequenzen. Das Verhalten der Blattfeder wird jedoch als geschwindigkeitsunabhängig angesehen. Blattfedern können Kräfte in alle Richtungen übertragen, sodass sie häufig als einzige Längsführung der Achse dienen. Eine zu hohe Reibung und eine verringerte Dauerhaltbarkeit durch Kerbwirkung sind Nachteile dieser Federungsart [69, 175, 253].
Neben Blattfedern kommen *Luftfedern* in Lastkraftwagen zum Einsatz, in welchen die federnde Wirkung von Luft aufgrund ihrer Kompressibilität ausgenutzt wird (siehe Abbildung 3.3b). Wird das Volumen der in Gummibälgen eingeschlossenen Druckluft durch eine Relativbewegung zwischen Aufbau und Achse verringert, erhöht sich der Druck und die Widerstandskraft. Durch dieses einfache Prinzip weist die Luftfederung eine progres-

(a) Blattfederung

(b) Luftfederung und Stoßdämpfer

Abbildung 3.3: Unterschiedliche Federungen [156]

sive Federkennlinie auf, welche gleichbleibenden Federungskomfort für Fahrer und transportierte Güter unabhängig von der Beladung garantieren soll. Des Weiteren verfügen Luftfederungen über eine Niveauregulierung zur Einstellung einer von der Belastung unabhängigen Wagenhöhe, was weichere Federungen ermöglicht. Die Wagenhöhe kann auch manuell verstellt werden, um beispielsweise den Be- und Entladungsvorgang zu vereinfachen. Zur Sicherheit sind in den Rollbälgen mechanische Notlauffedern eingebaut, falls die Luftfederung ausfallen sollte. Luftfedern werden zusammen mit Schwingungsdämpfern und Wankstabilisatoren eingebaut. [69]

Durch Achsführungselemente und Aufhängungen verbinden die **Achsen** die Räder mit dem Rahmen. Zusammen mit den an ihnen befestigten Komponenten und den Reifen bilden sie ein weiteres schwingungsfähiges System im Lkw. In Nutzfahrzeugen werden hauptsächlich Starrachsen eingesetzt (siehe Abbildung 3.4a), deren Nachteile gegenüber Einzelradaufhängungen wegen der im Vergleich zu Personenkraftwagen geringen Fahrgeschwindigkeiten nicht von Bedeutung sind und für die ihre Robustheit und ihr einfacher Aufbau spricht. Achsen übertragen neben den Vertikalkräften Antriebs-, Brems- und Spurführungskräfte. Um die Last gleichmäßiger zu verteilen und die zulässigen Achslasten nicht zu überschreiten, verfügen schwere Fahrzeuge über Achsgruppen anstelle von Einzelachsen und insgesamt bis zu vier Achsen. Der Achsabstand in den Gruppen von Fahrzeugen beträgt hierbei häufig 1.3 m und nicht mehr als 1.8 m. Mechanische Elemente bei Blattfederungen und ein direktes Verbinden der Luftfederbälge einer Achsgruppe sorgen für den Achsausgleich. [69]

Die **Reifen** und Räder verbinden nicht nur die Achsen mit der Fahrbahn und übertragen so sämtliche Kräfte zwischen Fahrbahn und Fahrzeug, sondern sie stellen ein weiteres Federungs- und Dämpfungselement dar. Sie sind jedoch wesentlich steifer als die Aufhängungen, sodass der gesamte Aufbau häufig als gefederte Masse und die Achsen und Räder als ungefederte Masse bezeichnet werden. Die Dämpfungwirkung ist im Vergleich zu jener der Schwingungsdämpfer eher gering. Neben Einzelreifen werden bei höheren Achslasten – wie etwa bei der Antriebsachse – Zwillingsreifen oder zur Gewichtseinsparung Superbreitreifen verwendet (siehe Abbildung 3.4b).

(a) Hinterachse

(b) Superbreitreifen

Abbildung 3.4: Weitere Komponenten eines Lkw [156]

3.2 Abmaße und Achslasten

Abbildung 3.5: Lang-Lkw im Vergleich zu bisherigen Lkw (aus [73])

In der Richtlinie 96/53/EG der Europäischen Gemeinschaften und in der deutschen Straßenverkehrszulassungsordnung (StVZO) § 34 [213] werden zulässige Abmaße, Achslasten und Gesamtgewichte für Nutzfahrzeuge geregelt. Laut StVZO bezeichnet die Achslast die Gesamtlast, welche von den Rädern einer Achse oder einer Achsgruppe auf die Fahrbahn übertragen wird. Die höchstzulässige Achslast hängt hierbei von der Anzahl der Achsen und den Radständen ab. Das höchstzulässige Gesamtgewicht ist kleiner als die Summe der zulässigen Achslasten. Beispielsweise gilt der maximal zulässige Wert des Gesamtgewichts von 44 t für ein Sattelkraftfahrzeug mit zwei- oder dreiachsigem Sattelanhänger und ISO-Container. Für Fahrzeugkombinationen mit mehr als vier Achsen aber ohne ISO-Anhänger sind bis zu 40 t zugelassen. Das höchste zulässige Gesamtgewicht für ein Einzelfahrzeug wird einem Motorwagen, das heißt einem Lkw mit eigenem Laderaum, mit vier oder mehr Achsen mit 32 t erlaubt. Die maximal zulässige Achslast liegt für eine bestimmte Konfiguration von Dreifachachsen bei einem Wert von 24 t und für angetriebene Einzelachsen bei 11.5 t.

Die maximale Gesamtlastzuglänge von Sattelkraftfahrzeugen ist mit 16.50 m reglementiert, während Lastkraftwagen mit Anhänger 18.75 m lang sein dürfen und Einzelfahrzeuge 12.00 m (außer bei Sattelanhängern). Seit Januar 2012 läuft ein Feldversuch in sieben Bundesländern in Deutschland mit Lang-Lkw, auch bekannt unter den Namen Gigaliner oder EuroCombi, welche bis zu 25.25 m lang sein dürfen (siehe Abbildung 3.5). Während in Deutschland das Gesamtgewicht von 40 beziehungsweise 44 t weiterhin nicht überschritten werden darf, sind in anderen Ländern der Europäischen Union bis zu 60 t erlaubt.

3.3 Eigenfrequenzen

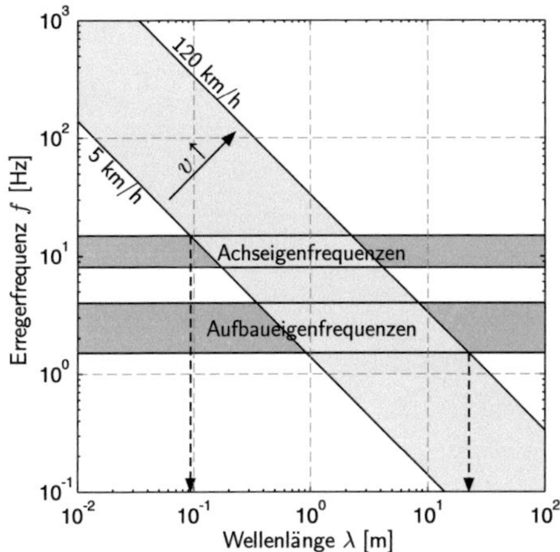

Abbildung 3.6: Relevanter Bereich der Wellenlängen für Anregungen im Resonanzbereich in Abhängigkeit von der Fahrgeschwindigkeit

Nach [35] und [175] weisen die dynamischen Normalkräfte von Schwerlastwagen bedingt durch deren Eigenfrequenzen zwei charakteristische Frequenzbereiche auf:

- 1.5 – 4 Hz: Eigenschwingungen des Aufbaus
- 8 – 15 Hz: Eigenschwingungen der Achsen.

Laut [138] gibt es die Frequenzbereiche

- 1 – 3 Hz: Eigenschwingungen des Aufbaus in vertikaler Richtung
- 6 – 7 Hz: Nickeigenschwingungen des Aufbaus
- 10 Hz: Vertikal- und Nickbewegung der Aufhängung.

Ein Fahrzeug erfährt eine von der Fahrgeschwindigkeit v abhängige Fußpunktanregung mit der Frequenz

$$f = \frac{v}{\lambda}, \tag{3.1}$$

sodass es von der Kombination aus Wellenlänge λ der Unebenheit und der Fahrgeschwindigkeit abhängt, ob eine Anregung im Bereich der Eigenkreisfrequenzen stattfindet. Unebenheiten, deren Wellenlängen in Kombination mit der Fahrgeschwindigkeit zu einer Anregung im Bereich der Eigenfrequenzen führen, verursachen folglich dynamische Normalkräfte mit höheren Amplituden, welche wiederum auf die Straße rückwirken. Mit den Eigenkreisfrequenzen nach [35] und Fahrgeschwindigkeiten zwischen 5 und 120 $\frac{\text{km}}{\text{h}}$ folgt, dass Wellenlängen ungefähr zwischen 0.1 und 22 m je nach Fahrgeschwindigkeit aufgrund der Anregung

im Resonanzbereich (siehe Abbildung 3.6) besonders hohe dynamische Normalkräfte zur Folge haben können. Bei einer Eigenfrequenz von ca. 1 Hz werden in diesem Geschwindigkeitsbereich somit Wellenlängen bis zu ungefähr 33 m relevant.
Wellenlängen unterhalb von ca. 0.3 m können angesichts der Größe der Aufstandsfläche von Reifen als Anregung für dynamische Radlasten unberücksichtigt bleiben: in diesem Zusammenhang wird von Latschfilterung gesprochen. Werden im Verhältnis zur Latschlänge große Wellenlängen als Schwingungsursache betrachtet, lässt sich der Reifen-Fahrbahn-Kontakt als punktförmig modellieren.

3.4 Modellierung der Radaufhängung

Da die Radaufhängungen die wesentliche Elastizität zwischen der Fahrzeugmasse und der Straße bilden, werden die dynamischen Radlasten entscheidend durch die Radaufhängungen und ihre Charakteristik geprägt, sodass ihre Modellierung eine wichtige Rolle spielt. Deswegen müssen sowohl das Federungs- als auch das Dämpfungsverhalten der Aufhängungen geeignet abgebildet werden.

3.4.1 Lineare Modellierung

Geht man von Federn mit linearer Kennlinie und der Federkonstanten c aus, so wirkt eine Federkraft

$$F_F = -cz \tag{3.2}$$

proportional zum Federweg z. Bei linearer Dämpfung ergibt sich eine zur Relativgeschwindigkeit $\dot{z}$ proportionale Dämpferkraft

$$F_D = -d\dot{z} \tag{3.3}$$

mit der Dämpferkonstanten d. Auch wenn die Kraft-Verschiebungs-Diagramme in Abbildung 3.7 von nichtlinearem Verhalten der Federungen und Hysterese zeugen, lassen sich unter Vernachlässigung der dissipativen Effekte die Kennlinien in weiten Bereichen durch lineare Kurven annähern.

3.4.2 Berücksichtigung nichtlinearer Anteile

Coulombsche Reibung

Die insbesondere bei Blattfedern auftretende Reibung – aber auch jene in Schwingungsdämpfern, zum Beispiel zwischen Kolbenstange und Dichtung oder Führung und zwischen Zylinder und Kolben – lässt sich in erster Näherung als Coulombsche Reibung modellieren. Diese führt zu einer Dämpfungskraft

$$F_{CD} = -R\,\mathrm{sgn}(\dot{z}), \tag{3.4}$$

welche im Gleitbereich einen konstanten Betrag aufweist und der Bewegung entgegengerichtet ist (siehe Abbildung 3.8). Die Größe der Reibkraft R kann als proportional zur

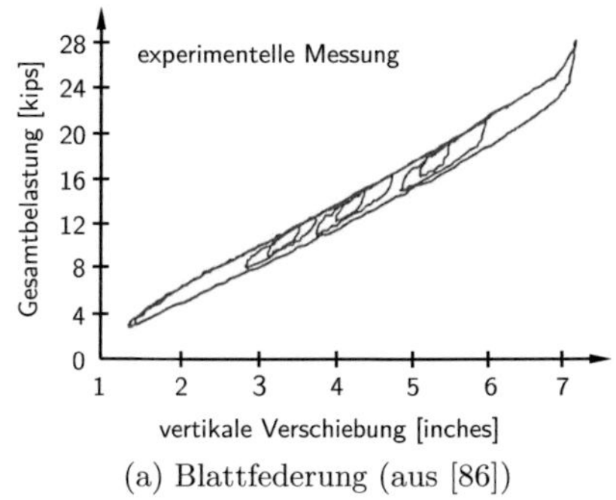

(a) Blattfederung (aus [86])

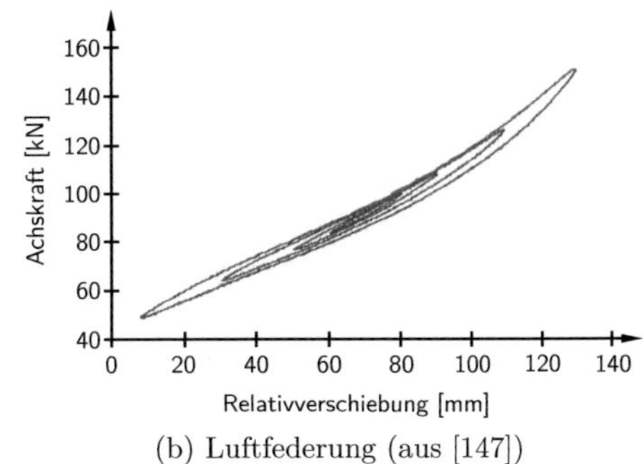

(b) Luftfederung (aus [147])

Abbildung 3.7: Kraft-Verschiebungs-Verhalten der Federungen ($1\,\text{kip} = 1000\,\text{lb} \approx 4448.22\,\text{N}$)

statischen Last und bei Blattfedern proportional zur Blattanzahl angenommen werden [170]. Selbstverständlich gibt es genauere Modelle zur Abbildung beispielsweise des Verhaltens von Blattfedern (siehe zum Beispiel das Modell von Fancher [71]), jedoch stellt bereits die Modellierung mittels einer linearen Kennlinie und der Coulombschen Reibung eine ausreichend genaue erste Näherung dar.

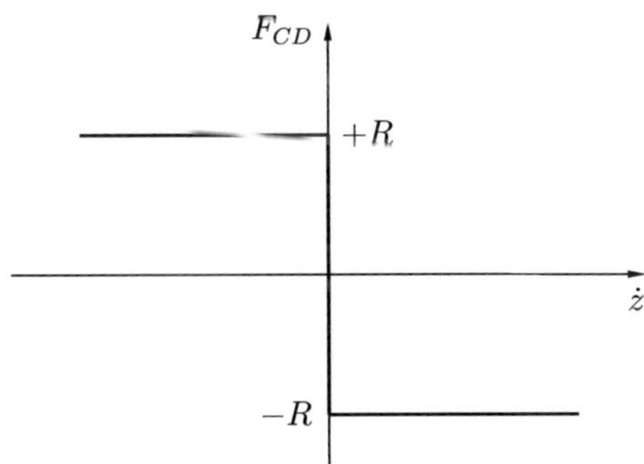

Abbildung 3.8: Coulombsche Reibungsdämpfung

Bilineare Dämpfung

Hydraulische Schwingungsdämpfer weisen ein asymmetrisches Verhalten in der Zug- und Druckstufe auf, wie anhand Abbildung 3.9 deutlich wird. Neben dem gemessenen Kraft-Weg-Verlauf des Dämpfers ist der daraus ermittelte Kraft-Geschwindigkeits-Verlauf dargestellt, der eine niedrigere Steigung im Druckbereich als im Zugbereich aufweist. Diese Asymmetrie ist zum einen bauartbedingt und soll zum anderen laut [11] zu geringeren Aufbaubeschleunigungen beim Überfahren von denjenigen Unebenheiten führen, die ein Einfedern zur Folge haben.

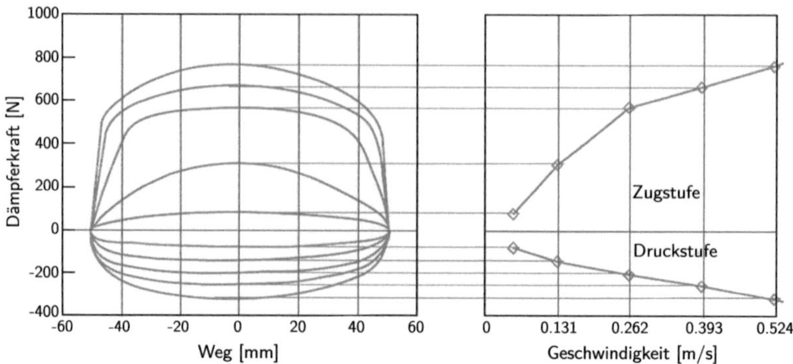

Abbildung 3.9: Kraft-Weg-Verlauf für verschiedene Geschwindigkeiten und Kraft-Geschwindigkeits-Verlauf eines hydraulischen Schwingungsdämpfers (aus [91])

Ein genaueres Modell für einen hydraulischen Schwingungsdämpfer berücksichtigt das unterschiedliche Verhalten im Zug- und Druckbereich. Eine erste Näherung, welches das qualitative Verhalten richtig abbildet, erreicht man mit einer bilinearen Dämpferkennlinie, wie sie in Abbildung 3.10 zu sehen ist. Die Dämpferkraft

$$F_{BD} = -(d\dot{z} + \zeta d|\dot{z}|) \tag{3.5}$$

lässt sich mithilfe der Betragsfunktion ausdrücken als Funktion der Relativgeschwindigkeit $\dot{z}$, der linearen Dämpferkonstanten d und dem dimensionslosen Parameter ζ, welcher den Anteil der nichtlinearen Dämpfung erfasst. Bei Personenkraftwagen kann dieser laut [11] Werte von bis zu $\zeta = 0.5$ annehmen. Für passive Dämpfer muss $|\zeta| < 1$ gelten.

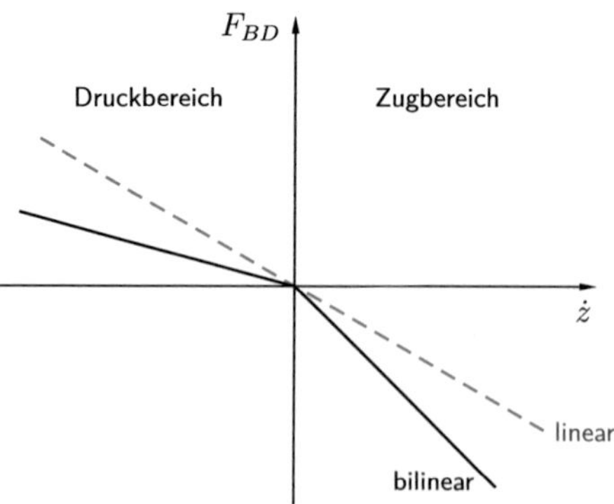

Abbildung 3.10: Bilineare Dämpfung

3.5 Fahrzeugmodelle zur Abbildung der Vertikaldynamik

Werden weder Kurvenfahrt noch Bremsmanöver betrachtet, sind Horizontal- und Seitenkräfte von untergeordneter Bedeutung. Die Fahrbahnunebenheiten verursachen im Wesentlichen Hub- und Nickschwingungen der Fahrzeuge unter der Voraussetzung von Symmetrie des Fahrzeugs bezüglich seiner Längsachse und gleichen Unebenheiten in der linken und rechten Fahrspur. Es werden folglich Fahrzeugmodelle zur Abbildung der Vertikaldynamik benötigt, welche die Berechnung der dynamischen Radlasten ermöglichen und diese hinreichend genau annähern. Zusammen mit den in Abschnitt 2.4 vorgestellten Schädigungsgesetzen lässt sich dann die resultierende bleibende Verformung ermitteln.

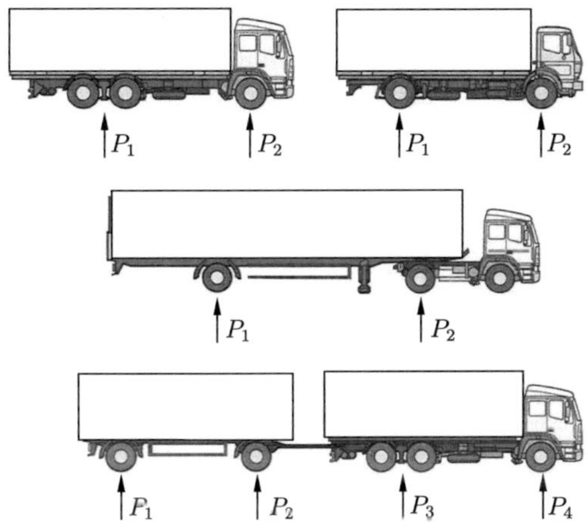

Abbildung 3.11: Kontaktkräfte zwischen unterschiedlichen Fahrzeugmodellen und Straße (Lkw-Darstellung aus [25] entnommen)

Der Kontakt zwischen Lkw und Straße lässt sich in den meisten Fällen mittels zweier Einzelkräfte modellieren (siehe Abbildung 3.11). Bei einem Einzelfahrzeug mit zwei Achsen ist die Gültigkeit dieses Modells offensichtlich und bleibt unter der Annahme eines im Vergleich zu den Wellenlängen im Boden kurzen Abstands der Achsen auch für Fahrzeuge mit Doppelachsen gültig. Bei einem Sattelzug lässt sich diese Modellierung mit der Annahme begründen, dass die Hauptbelastung der Straße durch den Sattelauflieger zustande kommt. Die Wirkung von Gliederfahrzeugen kann durch die Betrachtung zweier Einzelfahrzeuge angenähert werden, da die übertragenen Vertikalkräfte in der Kupplung und somit die Wechselwirkung zwischen beiden Fahrzeugen eher gering ist.
Werden genügend lange Wellenlängen der Unebenheiten betrachtet und somit die Filterwirkung des Reifens berücksichtigt, ist die Modellierung als Punktkontakt möglich. Schwierigkeiten ergeben sich jedoch, wenn bei der Berechnung der Normalkräfte kein starrer Untergrund vorausgesetzt wird, sondern ein verformbarer. Ist die Straße als Halbraum modelliert, treten bei punktförmigen Kontakten unendlich große Spannungen in vertikaler Richtung auf. In solchen Fällen muss eine geeignete Druckverteilung im Kontakt vorgesehen werden.

Ziel der Modellbildung muss es sein, ein möglichst einfaches Modell zu finden, das dennoch die relevanten Eigenschaften und Phänomene abbilden kann. Einzelne Fahrzeugkomponenten werden deswegen häufig zusammengefasst und die Modellierung von Geometrie und Massenverteilung sowie Elastizitäts- und Dämpfungseigenschaften voneinander getrennt. So ist es gängige Praxis, die Massen von Achsen, Reifen und Rädern zu ungefederten Massen zusammenzufassen und das elastische und viskose Verhalten der Reifen mithilfe linearer Feder- und Dämpfermodelle zu beschreiben. Als weitere Masse tritt die sogenannte gefederte Masse auf, welche die Aufbaumasse repräsentiert. Die beiden Massen sind über geeignete Modelle für die Radaufhängungen zu verbinden. Die Körper lassen sich als Starrkörper modellieren unter der Annahme, dass die Eigenschwingungen einen zu vernachlässigenden Einfluss auf die Radlasten haben.
Werden die Achs- und Radmassen vernachlässigt und die Elastizitäts- und Dämpfungseigenschaften zusammengefasst, erhält man ein Modell mit nur einer schwingenden Masse. Hier geht man davon aus, dass die Reifendämpfung im Vergleich zur Dämpfung der Radaufhängung vernachlässigbar und die Steifigkeit des Reifens hingegen sehr hoch ist, sodass vereinfachend lediglich die Radaufhängungen zu modellieren sind. Zudem werden in [175] Profiländerungen in der Straßenoberfläche den niederfrequenten Aufbauschwingungen und nicht den hochfrequenten Achs- und Reifenschwingungen zugeordnet, was die Vernachlässigung der Achsmasse zusätzlich rechtfertigt, wenn das Interesse der Entwicklung von Längsunebenheiten gilt. Auch in [100] wird darauf hingewiesen, dass die dynamische Belastung der Straßenoberfläche auf die niederfrequenten Schwingungsmoden des Fahrzeugs und somit auf die Aufbauschwingungen zurückzuführen sind. Des Weiteren wird in dieser Arbeit festgestellt, dass die dynamischen Lasten durch das Gesamtverhalten des Lkw vorgegeben sind und wenig durch die ungefederte Masse oder der Lastverteilung innerhalb einer Achsgruppe beeinflusst wird. Dadurch ist es folglich möglich, wie oben beschrieben das Verhalten einer Achsgruppe als Gesamtes zu modellieren und zu einer Kontaktkraft zusammenzufassen.

3.5.1 Fahrzeugmodell mit zwei Freiheitsgraden

Ein derartiges Modell zur Abbildung der Vertikaldynamik in Form von Hub- und Nickschwingungen eines Lkw ist in Abbildung 3.12 dargestellt. Wegen der Symmetrie bezüglich der Längsachse und der Annahme von gleichen Unebenheiten in rechter und linker Fahrspur genügt es, ein ebenes Modell des Fahrzeugs zu betrachten. Der Aufbau ist mittels eines Starrkörpers der Masse m und des Massenträgheitsmoments J bezüglich des Schwerpunkts S modelliert. Im Abstand s_v und s_h zum Schwerpunkt befinden sich die Radaufhängungen, deren Verhalten durch Federn und Dämpfer mit im Allgemeinen nichtlinearem Verhalten beschrieben wird (siehe Abschnitt 3.4). Die Rad- und Achsmassen werden vernachlässigt und die Elastizitäts- und Dämpfungseigenschaften der Reifen nicht explizit modelliert. Bezeichnen y_v und y_h die Verschiebungen der Radaufhängungspunkte in vertikaler Richtung aus dem jeweiligen statischen Gleichgewicht $y_{st,v}$, $y_{h,st}$ heraus (siehe Abschnitt 5.1), so erhält man die Federkräfte

$$F_{Fi} = -c_i(y_i - h_i) + F_{stat,i} \tag{3.6}$$

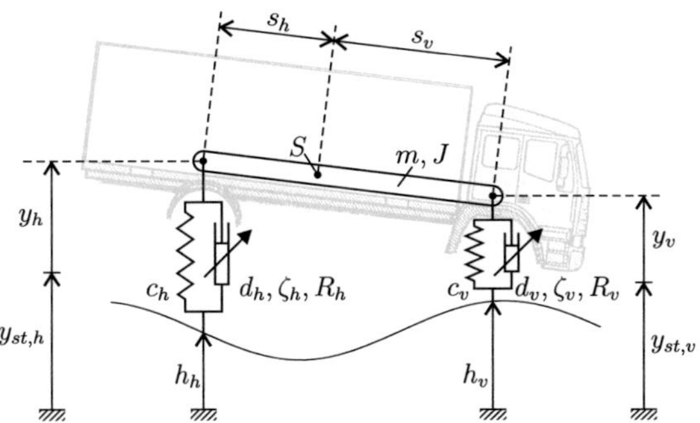

Abbildung 3.12: Fahrzeugmodell mit zwei Freiheitsgraden zur Abbildung von Hub- und Nickbewegungen

und die Dämpferkräfte

$$F_{Di} = -\left(d_i(\dot{y}_i - \dot{h}_i) + \zeta_i d_i|\dot{y}_i - \dot{h}_i|\right) - R_i \operatorname{sgn}(\dot{y}_i - \dot{h}_i) \tag{3.7}$$

für $i = v, h$, wobei h_v und h_h den Verlauf der Straßenoberfläche am vorderen und hinteren Kontaktpunkt beschreiben.

Werden die Nickbewegungen als gering oder unwesentlich angesehen oder die Anregung von Fahrzeugschwingungen durch große Wellenlängen im Boden betrachtet, kann der Übergang zu einem Einfreiheitsgradsystem vollzogen werden, wie es in Abbildung 3.13 dargestellt ist. Anstelle des halben Fahrzeugs kann auch ein Viertelfahrzeugmodell verwendet werden mit entsprechender Anpassung der Masse und der Feder- und Dämpfereigenschaften.

Die Bewegungsgleichungen werden in Kapitel 5 hergeleitet.

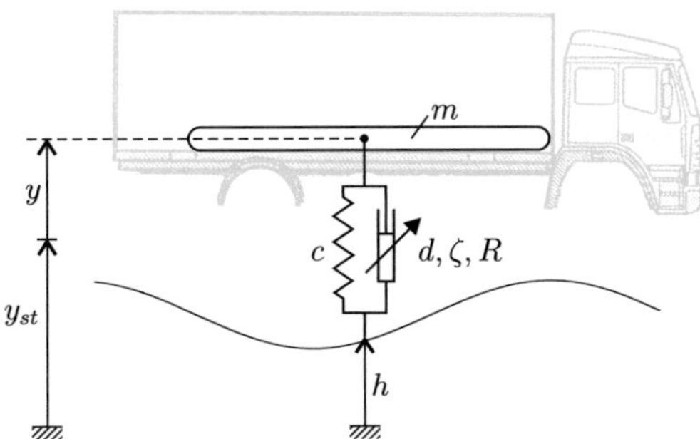

Abbildung 3.13: Fahrzeugmodell mit einem Freiheitsgrad zur Abbildung der Hubbewegung

4 Entwicklung des Straßenverlaufs

Das folgende Kapitel beschäftigt sich mit der Entwicklung des Verlaufs der Straßenoberfläche abhängig von der Anzahl der Belastungen beziehungsweise Fahrzeugüberfahrten. Es wird das in der vorliegenden Arbeit verwendete Schädigungsgesetz zur Ermittlung der bleibenden Verformung vorgestellt und erläutert, wie sich aus den Radaufstandskräften die Verformung der Straße und der resultierende Straßenverlauf berechnen lässt.

4.1 Voraussetzungen und Ablauf

Ein Schädigungsgesetz zur Berechnung der bleibenden Verformung der Straße benötigt als Eingangsgröße neben Parametern, welche beispielsweise das Material, dessen Zustand, das Klima oder die Temperatur charakterisieren, die als Belastung wirkende Kraft. Jede einzelne Kontaktkraft zwischen Fahrzeug und Straße wird in der vorliegenden Arbeit wie bereits erläutert über Punktkontakte modelliert.
Liegen im Vergleich zur Längsausdehnung nur kleine Unebenheiten vor, so ist die Neigung sehr gering ($\alpha = \frac{\partial h}{\partial x} \ll 1$) und es macht näherungsweise keinen Unterschied, ob die Radlast P_v in vertikaler Richtung oder die Kraft P_n in Normalenrichtung für die Berechnung der bleibenden Verformung verwendet wird (siehe Abbildung 4.1).

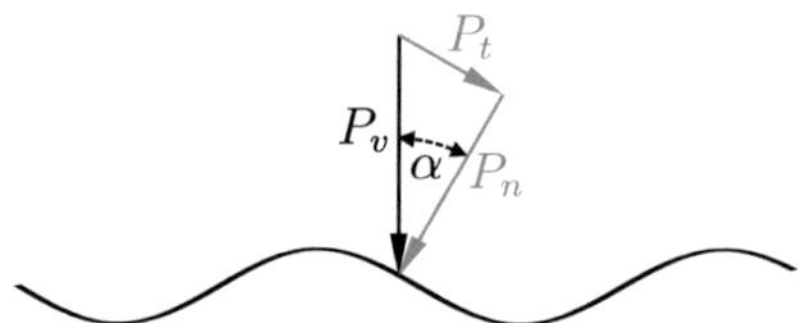

Abbildung 4.1: Anteile der Radlast

Weitere Voraussetzungen für die Berechnung der Entwicklung der Straßenoberfläche sind:

- Sämtliche Temperatur- und Klimaänderungen werden vernachlässigt, sodass keine Anpassung von Parametern an diese Größen stattfindet.
- Bei der Berechnung der Radaufstandskräfte wird eine einseitig gekoppelte Betrachtungsweise der Interaktion gewählt. Der Straßenoberbau wird für die Berechnung der Kontaktkräfte als starr angesehen und folglich der Verlauf der Oberfläche als Fußpunktanregung für die Fahrzeugschwingungen als gegeben betrachtet. Die bleibende Verformung lässt sich mithilfe der auf diese Weise bestimmten Radaufstandskräfte im Anschluss ermitteln. Die kleinen Verschiebungen der Straßenoberfläche sowie die große Wellenausbreitungsgeschwindigkeit der Verformungen in der Straße begründen diese Vorgehensweise (siehe Abschnitt 1.2.1).

- Die Straßenoberfläche nach N Überfahrten ist $h_N(x)$. In diesem Zusammenhang ist zu beachten, dass bei mehrachsigen Modellen mehrere Lastzyklen pro Überfahrt auf die Punkte der Oberfläche einwirken.
- Die in Abschnitt 2.4 vorgestellten Gesetze zur Beschreibung der Entwicklung der Spurrinnenbildung werden auf den gesamten Verlauf der Straßenoberfläche angewendet. Dies bedeutet, dass die bleibende Verformung $\Delta h_N(x)$ entlang der Straße mithilfe eines entsprechenden Schädigungsgesetzes aus dem Verlauf der A_K Radaufstandkräfte $P_{i,N}(x)$ entlang der Straße ermittelt werden kann,

$$\Delta h_N(x) = f(P_{i,N}(x), N), \quad i = 1, \dots, A_K, \tag{4.1}$$

  wobei N die Anzahl der bisherigen Überfahrten bezeichnet und $h_N(x)$ den Verlauf der Straße nach N Überfahrten. Während der $(N+1)$-ten Überfahrt wirken A_K Radaufstandskräfte auf die Straße, von denen jede einzelne eine Verformung verursacht. Die Verformung infolge der $(N+1)$-ten Überfahrt wird zu $\Delta h_N(x)$ zusammengefasst. Auf diese Weise lässt sich die Entwicklung der Längsunebenheiten in Abhängigkeit von der Kontaktkraft und der Anzahl der Belastungen berechnen. Der neue Oberflächenverlauf ist $h_{N+1}(x) = h_N(x) - \Delta h_N$.
- Des Weiteren wird als Ausgangspunkt für die erste Überfahrt beziehungsweise Belastung eine wellenförmige Straße betrachtet, deren Verlauf aus harmonischen Funktionen zusammengesetzt ist. In den meisten Fällen jedoch wird eine Straße mit einer einzigen Wegfrequenz betrachtet, die beispielsweise durch die Prägewirkung der dynamischen Radlasten bestimmt ist (siehe Abschnitt 2.5 und Abbildung 2.16). Bei einem linearen System lässt sich eine Straße mit mehreren Wegfrequenzen durch Superposition behandeln, während bei nichtlinearen Systemen zu anderen Methoden gegriffen und der multifrequente Straßenverlauf alternativ als Gesamtes betrachtet werden kann. Liegt das Interesse jedoch auf der Entwicklung der Unebenheitsamplitude der dominierenden Frequenz, genügt auch im nichtlinearen Fall die Betrachtung eines monofrequenten Straßenverlaufs.
- Wirken während einer Überfahrt eines Fahrzeugs aufgrund der Modellierung mehrere Radaufstandskräfte auf die Straße, wird die Verformung infolge der einzelnen Kräfte nacheinander berechnet. Die Fahrt eines Fahrzeugmodells mit A_K Kontaktkräften stellt folglich eine A_K-malige, nacheinander wirkende Belastung der Straße dar.

Mit den genannten Voraussetzungen ergibt sich der in Abbildung 4.2 dargestellte Ablauf zur Berechnung der Entwicklung der Straßenoberfläche mit der Anzahl der Überfahrten. Ausgangspunkt in dieser Darstellung ist der nach der N-ten Überfahrt vorliegende momentane Straßenverlauf $h_N(x)$, der als Fußpunktanregung auf das überfahrende Fahrzeug wirkt. Unter der Annahme eines starren, gegebenen Straßenverlaufs werden die Radaufstandskräfte ermittelt, welche wiederum auf die Straße wirken. Mithilfe eines Schädigungsgesetzes in der Form von Gleichung (4.1) wird die bleibende Verformung $\Delta h_N(x)$ infolge der Radaufstandskräfte bestimmt.
Die in Abschnitt 2.4.3 vorgestellten Schädigungsgesetze benötigen in der Regel eine positive Kraft und beschreiben, wie die Spurrinnentiefe betragsmäßig in Form eines positiven

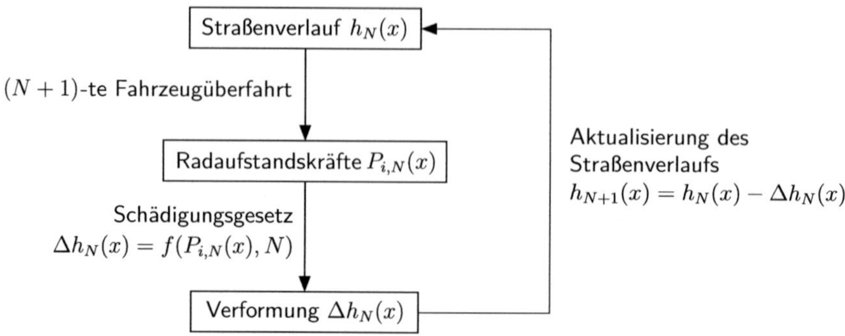

Abbildung 4.2: Ablauf zur Berechnung der bleibenden Verformung und Entwicklung der Straßenoberfläche mit der Anzahl der Belastungen

Zuwachses Δh zunimmt. Mit der in Abschnitt 2.5 eingeführten Definition von $h(x)$ (siehe beispielsweise Abbildung 2.15) bedeutet eine Zunahme der Spurrinnentiefe eine Abnahme der Größe $h(x)$. Wird die Kontaktkraft vom Fahrzeug auf die Straße in negative y-Richtung wirkend angenommen, ist bei Voraussetzung eines permanenten Kontaktes gewährleistet, dass die Kraft positiv ist. Über

$$h_{N+1}(x) = h_N(x) - \Delta h_N(x) \tag{4.2}$$

wird der Straßenverlauf aktualisiert. Der nach einer Überfahrt vollständig aktualisierte Straßenverlauf dient als Fußpunktanregung für die Überfahrt des nächsten Fahrzeugs.

Da jedes einzelne Fahrzeug nur eine sehr kleine Verformung hervorruft, ist eine Vielzahl an Überfahrten und Simulationen notwendig, um die Musterbildung darstellen zu können. Deswegen ist das Ziel, ein schnelles Verfahren möglichst ohne numerische Zeitintegration zu verwenden, welches generelle Aussagen zur Entwicklung der bleibenden Verformung ermöglicht. Wünschenswert ist es zudem, einfache Zusammenhänge und Ausdrücke zu ermitteln, anhand derer die Entwicklung der Straßenschädigung prognostiziert werden kann, ohne dass jede einzelne Überfahrt betrachtet werden muss.

4.2 Auswirkung der Kontaktkräfte auf den Oberflächenverlauf

Der Verlauf der Straßenoberfläche ist als Summe von harmonischen Funktionen modelliert. Wird exemplarisch ein Frequenzanteil der Straße

$$h_N(x) = \hat{h}_N \cos(\Omega x + \varphi_N) \tag{4.3}$$

betrachtet, so verändert sich durch die Wirkung der Kontaktkräfte $P_{i,N}(x)$ bei der $(N+1)$-ten Überfahrt der Verlauf der Straßenoberfläche und folglich im Allgemeinen die

(a) Zunahme der Amplitude (b) Abnahme der Amplitude

Abbildung 4.3: Änderung der Amplitude in Abhängigkeit von der Vergrößerungsfunktion für $\Delta\varphi_N = 0$ (schwarz: vor Belastung, grau: nach Belastung)

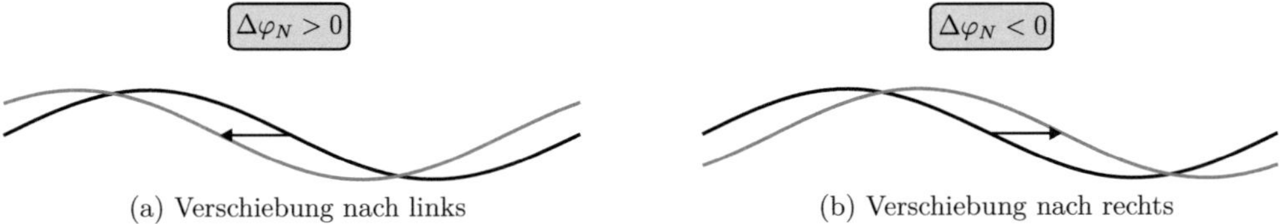

(a) Verschiebung nach links (b) Verschiebung nach rechts

Abbildung 4.4: Verschiebung der Unebenheit in Abhängigkeit von der Phasenverschiebung für $V_{h,N} = 1$ (schwarz: vor Belastung, grau: nach Belastung)

Amplitude und der Phasenwinkel dieses Frequenzanteils. Für diesen Anteil lässt sich die Vergrößerungsfunktion

$$V_{h,N} = \frac{\hat{h}_{N+1}}{\hat{h}_N} \tag{4.4}$$

sowie die Phasenverschiebung

$$\Delta\varphi_N = \varphi_{N+1} - \varphi_N. \tag{4.5}$$

definieren. Für $V_{h,N} > 1$ nimmt die Amplitude des zugehörigen Frequenzanteils infolge der Belastung durch die Fahrzeugüberfahrt zu, während $V_{h,N} < 1$ zu einer Abnahme der Amplitude führt (siehe Abbildung 4.3). Eine positive Phasenverschiebung $\Delta\varphi_N > 0$ zeugt von einer Verschiebung der Unebenheit im Boden nach links, wohingegen eine negative Phasenverschiebung $\Delta\varphi_N < 0$ eine Verschiebung der Wellen im Boden nach rechts und somit in Fahrtrichtung charakterisiert (siehe Abbildung 4.4).

Da eine Verschiebung der Bodenwelle den Fahrkomfort oder die Schädigung der Straße nicht beeinträchtigt, liegt im Folgenden das Augenmerk auf der Veränderung der Unebenheitsamplitude.

4.3 Schädigungsgesetz für bleibende Verformung

Es wird nun die bleibende Verformung auf Grundlage des in Abschnitt 2.4.3 vorgestellten phänomenologischen Gesetzes in Gleichung (2.19) berechnet, welches den charakteristischen Verlauf der Entwicklung der Spurrinnentiefe w_p wiedergibt. Es berücksichtigt direkt

den Einfluss der Belastung und ist deswegen besonders geeignet zur Untersuchung des Einflusses unterschiedlicher Radaufstandskräfte auf die bleibende Verformung einer Straße. Zwischen der Spurrinnentiefe w_p und dem Oberflächenverlauf h besteht hierbei der in Abbildung 4.5 dargestellte Zusammenhang.

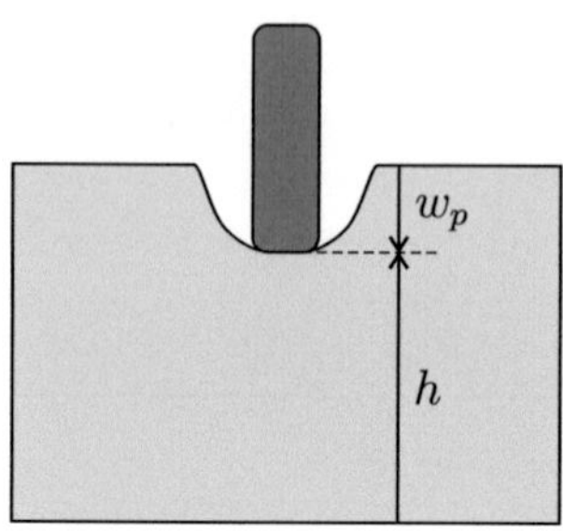

Abbildung 4.5: Spurrinnentiefe w_p und Straßenverlauf h

Bei der Anwendung des phänomenologischen Gesetzes in Gleichung (2.19) ist zu beachten, dass N dort die Anzahl von Überrollungen einer Einzellast im Sinne von Belastungszyklen angibt und somit nicht mit der Anzahl Überfahrten eines mehrachsigen Fahrzeugs gleichzusetzen ist.
Zudem ist hervorzuheben, dass Gleichung (2.19) ursprünglich für konstante Lasten formuliert ist und die Übertragung auf von Überrollung zu Überrollung variierende Lasten mithilfe der Zeitverfestigung noch bewerkstelligt werden muss.
Um im Folgenden die Unterscheidung zwischen Überfahrten eines Fahrzeugs und Anzahl Belastungszyklen zu ermöglichen, soll im Weiteren M für die Anzahl von Belastungszyklen stehen, während N die Anzahl der Fahrzeugüberrollungen charakterisiert. Setzt man also in Gleichung (2.19) M für die Anzahl von Einzellastzyklen, so folgt

$$w_{p,M} = b\left(\frac{P}{P_S}\right)^r M^k \tag{4.6}$$

für die bleibende Verformung an einem Punkt nach M Lastzyklen mit einer konstanten Kraft P. Im Folgenden wird angenommen, dass dieses Gesetz – welches zunächst nur für eine in einem Punkt wirkende Kraft gilt – auf eine ortsabhängige Kraft $P(x)$ in der Form

$$w_{p,M}(x) = b\left(\frac{P(x)}{P_S}\right)^r M^k = \tilde{b}P^r(x)M^k \tag{4.7}$$

mit $\tilde{b} = \frac{b}{P_S^r}$ erweitert werden kann, sodass die bleibende Verformung ebenfalls ortsabhängig wird. Mithilfe dieses Zusammenhangs lässt sich die Entwicklung der longitudinalen Unebenheit entlang einer Straße in Abhängigkeit einer Kraft $P(x)$ berechnen.

Wie in Abschnitt 2.4.3 dargelegt, werden je nach Anwendung auch verschiedene Linearisierungen vorgenommen. Zum einen werden Linearisierungen in M verwendet, das heißt Gesetze, welche durch eine konstante Verformungsrate pro Lastzyklus gekennzeichnet sind

und somit keine Verfestigung der Straße vorsehen. Setzt man $k = 1$, so folgt der in M lineare Zusammenhang

$$w_{p,M}(x) = \tilde{b}P^r(x)\mathcal{F}M. \tag{4.8}$$

Der Faktor $\mathcal{F}$ kann dabei beispielsweise als Steigung des nichtlinearen Gesetzes in einem Arbeitspunkt M_g gewählt werden, um den Zusammenhang in der Nähe dieses Arbeitspunktes möglichst gut zu approximieren. Alternativ kann auch eine über ein Intervall $[M_g, M_h]$ gemittelte Steigung verwendet werden, um das Gesetz über einen längeren Belastungszeitraum der Straße zu approximieren. Die beiden Möglichkeiten sind in Abbildung 4.6 veranschaulicht.

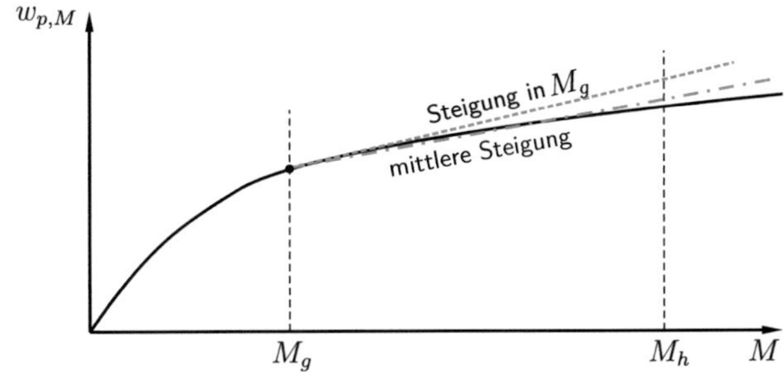

Abbildung 4.6: Annäherung des in M nichtlinearen Schädigungsgesetzes mit unterschiedlichen Steigungen

Zum anderen sind Gesetze vorzufinden, welche eine lineare Abhängigkeit der bleibenden Verformung von der Belastung annehmen (siehe zum Beispiel Gleichung (2.10) gemäß [35] oder die Zusammenhänge im Programm BISAR [58]). Dies entspricht $r = 1$ in Gleichung (4.7) und führt auf

$$w_{p,M}(x) = \tilde{b}P(x)M^k. \tag{4.9}$$

Eine Kombination beider Sonderfälle stellt der sowohl in der Belastung als auch der Anzahl der Zyklen lineare Zusammenhang

$$w_{p,M}(x) = \tilde{b}P(x)\mathcal{F}M \tag{4.10}$$

dar.

Der Geschwindigkeitseinfluss auf die Verformung wird im Folgenden nicht direkt berücksichtigt, da davon ausgegangen wird, dass sich die Geschwindigkeiten von Lastkraftwagen im realen Straßenverkehr nur gering unterscheiden. Allerdings wirkt sich die Fahrgeschwindigkeit durch die von der Geschwindigkeit abhängige Fußpunktanregungsfrequenz auch auf die entstehenden Radaufstandkräfte aus. Dieser Tatsache wird Rechnung getragen.

4.3.1 Inkrementelle Formulierung für veränderliche Lasten

Gleichung (4.7) gilt für Monolasten, die sich während der Belastungsserie von Zyklus zu Zyklus nicht ändern. Da in der vorliegenden Arbeit jedoch Lasten $P(x)$ betrachtet werden, die sich von Überrollung zu Überrollung durch die Verformung der Straße ändern, muss das Gesetz entsprechend angepasst werden (siehe auch Abschnitt 2.4.3). Das Modell der *Zeitverfestigung* kann bei kleinen Belastungsänderungen angewendet werden, was bei Überfahrten ähnlicher Fahrzeuge mit ähnlichen Geschwindigkeiten und nur geringen Änderungen der Fußpunktanregung durch die Verformung gewiss der Fall ist. Zudem wird lediglich die inkrementelle Verformung resultierend jeweils aus einer Belastung berechnet, sodass dieses Vorgehen gerechtfertigt ist.

Liegt nach M_1 Überrollungen die entlang der x-Achse veränderliche Spurrinnentiefe w_{p,M_1} vor und wird die Straßenoberfläche nun einmal mit der Kraft $P_2(x)$ belastet, so ergibt sich danach die neue, entlang der x-Achse veränderliche Spurrinnentiefe

$$w_{p,M_2} = w_{p,M_1} + \Delta w_{p,M_1}. \tag{4.11}$$

Unter Annahme von Zeitverfestigung gilt hierbei

$$\Delta w_{p,M_1}(x) = \tilde{b}P_2^r(x)(M_2^k - M_1^k) = \tilde{b}P_2^r(x)M_1^k\left[\left(1+\frac{1}{M_1}\right)^k - 1\right] \tag{4.12}$$

mit $M_2 = M_1 + 1$ (siehe Abbildung 4.7). Für $M_1 \geq 1$ lässt sich eine Reihenentwicklung

$$\left(1+\frac{1}{M_1}\right)^k = \sum_{n=0}^{\infty}\binom{k}{n}\left(\frac{1}{M_1}\right)^n \tag{4.13}$$

durchführen, welche letztlich bei Berücksichtigung ausschließlich der ersten beiden Glieder für die Verformung

$$\Delta w_{p,M_1}(x) \approx k\tilde{b}P_2^r(x)M_1^{k-1} \tag{4.14}$$

liefert.

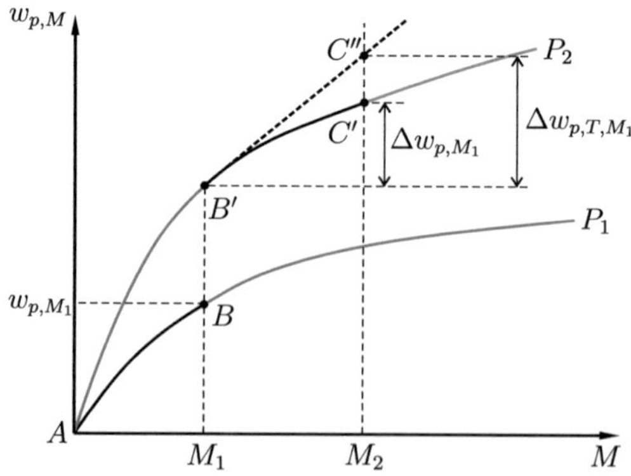

Abbildung 4.7: Verformung infolge der Kraft P_2

Ein anderer Ansatz zur Ermittlung des Zuwachses an bleibender Verformung infolge einer Belastung besteht in der Betrachtung des Gradienten, was natürlich sowohl bei Zeitverfestigung als auch Dehnungsverfestigung möglich ist. Der Gradient der bleibenden Verformung wird beispielsweise in [13] oder in [262] verwendet. Die Berechnung des Verformungszuwachses über den Gradienten stellt eine Entwicklung des tatsächlichen Verlaufs der bleibenden Verformung in eine eingliedrige Taylorreihe dar. Wird die Verformung mithilfe einer eingliedrigen Taylorreihe um den Punkt B' in Abbildung 4.7 angenähert, ergibt sich für die Verformung infolge der Kraft $P_2(x)$

$$\Delta w_{p,T,M_1}(x) = \left.\frac{\partial w_{p,M}(x)}{\partial M}\right|_{M_1} (M_2 - M_1) = k\tilde{b}P_2^r(x)M_1^{k-1} \tag{4.15}$$

mit $M_2 = M_1 + 1$. Dies entspricht wiederum Gleichung (4.14). Unter Berücksichtigung von

$$\Delta h_M(x) = \Delta w_{p,M}(x) \tag{4.16}$$

entsprechend der Definition von Δh_M in Gleichung (4.2) liefern folglich beide Ansätze für den Zuwachs der Verformung der aktuellen Straßenoberfläche $h_M(x)$ durch die Kraft P_M, die zur $(M+1)$-ten Belastung gehört,

$$\Delta h_M(x) = k\tilde{b}P_M^r(x)M^{k-1} = kb\left(\frac{P_M(x)}{P_S}\right)^r M^{k-1}. \tag{4.17}$$

Für den Sonderfall einer linearen Abhängigkeit der Verformung von der Anzahl der Belastungen erhält man für die Verformung infolge einer einmaligen Belastung mit der Kraft $P_M(x)$ sowohl für die Zeitverfestigung als auch aus der Entwicklung in eine Taylorreihe mit dieser Schreibweise

$$\Delta h_M(x) = \mathcal{F}\tilde{b}P_M^r(x) = \mathcal{F}b\left(\frac{P_M(x)}{P_S}\right)^r. \tag{4.18}$$

Im Fall einer zusätzlich linearen Abhängigkeit von der Belastung $P_M(x)$ vereinfacht sich die durch eine Überfahrt hervorgerufene Verformung weiter zu

$$\Delta h_M(x) = \mathcal{F}\tilde{b}P_M(x) = \mathcal{F}b\left(\frac{P_M(x)}{P_S}\right). \tag{4.19}$$

4.3.2 Entwicklung des inkrementellen Schädigungsgesetzes für vergleichsweise kleine dynamische Lasten

Um die Entwicklung der einzelnen Frequenzanteile in der Straßenoberfläche neben der Entwicklung des Konstantanteils beschreiben zu können, wird im Folgenden die Verformung Δh_M infolge einer Belastung mit einer Einzelkraft mithilfe von harmonischen Funktionen und einem Konstantanteil dargestellt werden. Wird die Verformung gemäß Gleichung (4.17) angenommen, muss folglich zunächst $(P_M(x))^r$ durch einen Konstantanteil

und harmonische Funktionen ausgedrückt werden, um den neuen Straßenverlauf ebenfalls als Fourierreihe darstellen zu können. Liegt der dynamische Anteil der Kraft

$$P_M(x) = P_{stat,M} + P_{dyn,M}(x) \tag{4.20}$$

als Fourierreihe

$$P_{dyn,M}(x) = \sum_{n=1}^{Z} [P_{cn,M} \cos(n\Omega x) + P_{sn,M} \sin(n\Omega x)] \tag{4.21}$$

vor, würde ein Schädigungsgesetz, welches eine lineare Abhängigkeit der Verformung von der Belastung wie etwa in Gleichung (4.19) aufweist, auch die Verformung pro Belastung direkt als Funktion von harmonischen Funktionen und einem Konstantanteil liefern. Liegt jedoch ein Verformungsgesetz mit einer nichtlinearen Abhängigkeit wie eben in Gleichung (4.17) vor, sind Umformungen erforderlich.
Ist $P_{dyn,M} \ll P_{stat,M}$, so lässt sich eine ausreichend genaue Approximation durch die I-gliedrige Taylorreihe

$$\begin{aligned}
(P_M(x))^r &= (P_{stat,M})^r \left(1 + \frac{P_{dyn,M}}{P_{stat,M}}\right)^r \\
&\approx (P_{stat,M})^r \left[1 + r\frac{P_{dyn,M}}{P_{stat,M}} + \frac{1}{2}r(r-1)\left(\frac{P_{dyn,M}}{P_{stat,M}}\right)^2 \right. \\
&\qquad \left. + \frac{1}{6}r(r-1)(r-2)\left(\frac{P_{dyn,M}}{P_{stat,M}}\right)^3 + \dots\right] \\
&= (P_{stat,M})^r \sum_{i=0}^{I} \binom{r}{i} \left(\frac{P_{dyn,M}}{P_{stat,M}}\right)^i
\end{aligned} \tag{4.22}$$

angeben. Aus dem inkrementellen Schädigungsgesetz (4.17) folgt mit dieser Näherung für die Verformung

$$\begin{aligned}
\Delta h_M &\approx bkM^{(k-1)} \left(\frac{P_{stat,M}}{P_S}\right)^r \left[1 + r\frac{P_{dyn,M}}{P_{stat,M}} + \frac{1}{2}r(r-1)\left(\frac{P_{dyn,M}}{P_{stat,M}}\right)^2 \right. \\
&\qquad \left. + \frac{1}{6}r(r-1)(r-2)\left(\frac{P_{dyn,M}}{P_{stat,M}}\right)^3 + \dots\right] \\
&= bkM^{(k-1)} \left(\frac{P_{stat,M}}{P_S}\right)^r \sum_{i=0}^{I} \binom{r}{i} \left(\frac{P_{dyn,M}}{P_{stat,M}}\right)^i,
\end{aligned} \tag{4.23}$$

wobei das erste Glied der Verformung aus dem statischen Anteil der Kraft resultiert. Es bleibt zu klären, nach welchem Glied die Taylorreihe abgebrochen werden kann, worauf in Abschnitt 5.1.2 eingegangen wird. Mithilfe trigonometrischer Umformungen lassen sich die Ausdrücke $(P_{dyn,M})^i$ wiederum als Fourierreihe darstellen, sodass die Fourierkoeffizienten des aktuellen Oberflächenverlaufs h_M unmittelbar durch Addition beziehungsweise Subtraktion der Koeffizienten von $\Delta h_M(x)$ modifiziert werden können.

Wird die Entwicklung der Kraft bereits nach dem linearen Glied abgebrochen, ist keine weitere Umformung vonnöten. Die Verformung durch eine Belastung ist dann über

$$\Delta h_M(x) = bkM^{k-1}\left(\frac{P_{stat,M}}{P_S}\right)^r \left[1 + r\left(\frac{P_{dyn,M}}{P_{stat,M}}\right)\right] \tag{4.24}$$

gegeben, wobei sich die Verformung in einen Anteil

$$\Delta h_{0,M} = bkM^{k-1}\left(\frac{P_{stat,M}}{P_S}\right)^r, \tag{4.25}$$

hervorgerufen durch den statischen Anteil der Kraft, der die Änderung des Konstantanteils des Straßenverlaufs beschreibt, und einen Anteil

$$\Delta h_{dyn,M}(x) = bkM^{k-1}\left(\frac{P_{stat,M}}{P_S}\right)^r r\left(\frac{P_{dyn,M}}{P_{stat,M}}\right), \tag{4.26}$$

hervorgerufen durch den dynamischen Anteil der Kraft, aufteilen lässt. Dieser Zusammenhang gilt für $k = 1$ exakt beziehungsweise für $k \neq 1$ und $\frac{P_{dyn,M}}{P_{stat,M}} \ll 1$ näherungsweise.

Für den Sonderfall des in der Anzahl der Belastungen M linearen Schädigungsgesetzes folgt hieraus mit $k = 1$ für die Entwicklung des Konstantanteils der Straßenverformung

$$\Delta h_{0,M} = b\mathcal{F}\left(\frac{P_{stat,M}}{P_S}\right)^r \tag{4.27}$$

und für die Änderung der longitudinalen Unebenheit

$$\Delta h_{dyn,M}(x) = b\mathcal{F}\left(\frac{P_{stat,M}}{P_S}\right)^r r\left(\frac{P_{dyn,M}}{P_{stat,M}}\right). \tag{4.28}$$

4.3.3 Zusammenhang zwischen der Überfahrtenanzahl N eines Fahrzeugs und der Belastungszyklenanzahl M auf einen Punkt der Oberfläche

Bisher wurde der inkrementelle Zuwachs Δh_M infolge einer Belastung mit einer Einzellast nach M vorangegangenen Zyklen betrachtet. Für die weitere Anwendung wird es nun von Interesse sein, den Zuwachs infolge von N Überfahrten eines Fahrzeugs mit A_k Achsen auszudrücken. Allgemein lässt sich zunächst feststellen, dass ein Punkt der Oberfläche nach N Überfahrten eines Fahrzeugs

$$M(N) = NA_k \tag{4.29}$$

Belastungszyklen erfahren hat.

Einachsmodell

Werden die Radaufstandskräfte zu einer Kraft zusammengefasst, so gilt $A_k = 1$ und damit

$$M = N. \tag{4.30}$$

Die zuvor präsentierten Zusammenhänge können somit unverändert für den gesamten Zuwachs nach N Überfahrten eines Fahrzeugs verwendet werden.

Mehrachsmodelle

Während der $(N+1)$-ten Überfahrt eines Mehrachsmodelles, aufgrund derer sich der Straßenverlauf von $h_N(x)$ auf $h_{N+1}(x)$ ändert, wirken nacheinander mehrere Kräfte. Für jede einzelne dieser Kraft lässt sich auf die zuvor beschriebene Art die resultierende Verformung berechnen. Die Gesamtverformung infolge der $(N+1)$-ten Überfahrt setzt sich aus den einzelnen Verformungen Δh_M der A_K Radaufstandskräfte zusammen. Es gilt

$$\Delta h_N(x) = \sum_{M=M_A}^{M_E} \Delta h_M(x) \tag{4.31}$$

mit $M_A = (N-1) \cdot A_K + 1$ und $M_E = N \cdot A_K$.

5 Fahrzeugmodell

Im folgenden Kapitel werden die Bewegungsgleichungen des verwendeten Fahrzeugmodells sowie die Kontaktkräfte zwischen Fahrzeug und Straße für eine Fußpunktanregung hergeleitet. Zudem werden Überlegungen für das betrachtete Fahrzeugmodell angestellt, bis zu welchem Glied das Schädigungsgesetz (4.23) ausgewertet werden muss.

5.1 Bewegungsgleichungen des allgemeinen Fahrzeugmodells

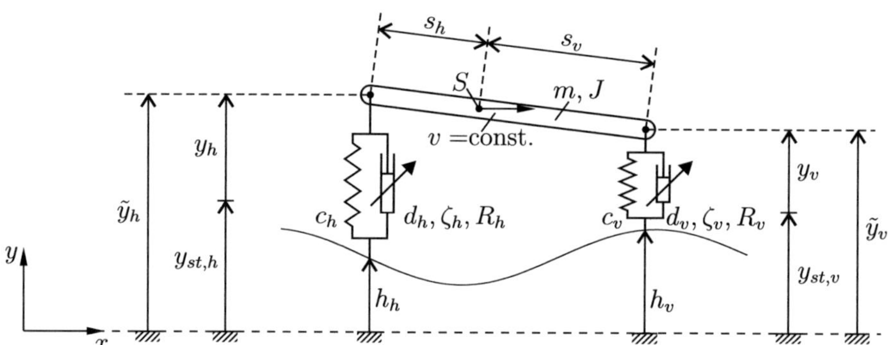

Abbildung 5.1: Zweifreiheitsgradmodell auf wellenförmiger Straße mit konstanter Horizontalgeschwindigkeit

Im Folgenden werden mithilfe der LAGRANGEschen Gleichungen 2. Art die Bewegungsgleichungen des in Abbildung 5.1 dargestellten und in Abschnitt 3.5.1 eingeführten Fahrzeugs hergeleitet, welches im Allgemeinen nichtlineare Dämpferkennlinien (Bilinearitätskonstanten ζ_i, $i = v, h$) und Coulombsche Reibung (Reibkraft R_i, $i = v, h$) in den Radaufhängungen aufweist (siehe Abschnitt 3.4.2). Das Fahrzeug bewegt sich mit konstanter Geschwindigkeit v in horizontaler Richtung auf einer wellenförmigen Straße, deren Oberflächenverlauf durch $h(x)$ beschrieben wird. Zum Zeitpunkt t befindet sich der vordere Kontaktpunkt mit der Straße an der Stelle $x_v = x = vt$ und der hintere Kontaktpunkt an der Stelle $x_h = vt - (s_v + s_h)$. Folglich ist die Fußpunktanregung in den Kontaktpunkten durch

$$h_v(t) = h(x_v) = h(vt), \tag{5.1}$$

$$h_h(t) = h(x_h) = h(vt - (s_v + s_h)) \tag{5.2}$$

bestimmt. Das Fahrzeug erfährt dementsprechend eine von der Fahrgeschwindigkeit und dem Radstand abhängige, zeitversetzte Mehrpunktanregung.

Bei der Anwendung der LAGRANGEschen Gleichungen 2. Art

$$\frac{\mathrm{d}}{\mathrm{d}t}\frac{\partial L}{\partial \dot{q}_i} - \frac{\partial L}{\partial q_i} = Q_i, \quad i = 1, 2, 3, \ldots, n \tag{5.3}$$

werden die kinetische Energie T und die potentielle Energie V des Fahrzeugs für die Lagrange-Funktion $L = T - V$ in Abhängigkeit der n generalisierten Koordinaten q_i, $i = 1, 2, 3, \ldots, n$ benötigt. Entsprechend der Anzahl der Freiheitsgrade ergeben sich n Bewegungsgleichungen. Die generalisierten Kräfte Q_i folgen aus der gesamten am System verrichteten virtuellen Arbeit der potentiallosen Kräfte und Momente $\delta W = \sum_{i=1}^{n} Q_i \delta q_i$, wobei δq_i virtuellen Verrückungen der generalisierten Koordinaten entsprechen. Im Folgenden werden als generalisierte Koordinaten die Verschiebungen der Radaufhängungspunkte $\tilde{y}_v$ und $\tilde{y}_h$ verwendet. Die mit Tilde versehenen Verschiebungen sind bezüglich $y = 0$ angegeben, während die Verschiebungen y_i $(i = v, h)$ im statischen Gleichgewicht beginnen (siehe Abbildung 5.1). Die Verschiebungen $y_{st,i}$ $(i = v, h)$ im statischen Gleichgewicht wurden für $h = 0$ berechnet. Sie spielen für die Berechnung der Kontaktkräfte keine Rolle, sondern sind lediglich für die Darstellung der konkreten Position des Fahrzeugs wichtig. Anstelle von $h = 0$ sind auch andere Bezüge möglich. Es gilt der Zusammenhang

$$\tilde{y}_i = y_{st,i} + y_i, \quad i = v, h. \tag{5.4}$$

Des Weiteren bezeichnet der Winkel $\tilde{\psi}$ die Verdrehung des Fahrzeugs bezuglich der Horizontalen und ℓ_v, ℓ_h die entspannten Längen der Federn. Die kinetische Energie des Systems ist durch

$$T = \frac{1}{2} m \dot{\tilde{y}}^2 + \frac{1}{2} J \dot{\tilde{\psi}}^2 \tag{5.5}$$

gegeben und die potentiellen Energie durch

$$V = mg\tilde{y} + \frac{1}{2} c_v \left(\tilde{y}_v - h_v - \ell_v\right)^2 + \frac{1}{2} c_h \left(\tilde{y}_h - h_h - \ell_h\right)^2. \tag{5.6}$$

Die Schwerpunktverschiebung $\tilde{y}$ und die Verdrehung $\tilde{\psi}$ lassen sich unter der Annahme von kleinen Verschiebungen und Verdrehungen über die Beziehungen

$$\tilde{y} = \frac{s_h \tilde{y}_v + s_v \tilde{y}_h}{s_v + s_h}, \tag{5.7}$$

$$\tilde{\psi} = \frac{\tilde{y}_v - \tilde{y}_h}{s_v + s_h} \tag{5.8}$$

als Funktion der gewählten generalisierten Koordinaten ausdrücken. Mit den generalisierten Kräften

$$Q_v = -d_v(\dot{\tilde{y}}_v - \dot{h}_v) - R_v \operatorname{sgn}(\dot{\tilde{y}}_v - \dot{h}_v) - \zeta_v d_v |\dot{\tilde{y}}_v - \dot{h}_v|, \tag{5.9}$$

$$Q_h = -d_h(\dot{\tilde{y}}_h - \dot{h}_h) - R_h \operatorname{sgn}(\dot{\tilde{y}}_h - \dot{h}_h) - \zeta_h d_h |\dot{\tilde{y}}_h - \dot{h}_h| \tag{5.10}$$

und den Verschiebungen y_v und y_h aus dem statischen Gleichgewicht heraus folgen schließlich die in matrizieller Form dargestellten Bewegungsgleichungen

$$\mathbf{M}\ddot{\mathbf{y}} + \mathbf{D}\dot{\mathbf{y}} + \mathbf{C}\mathbf{y} + \mathbf{Z}\mathbf{D}|\dot{\mathbf{y}} - \dot{\mathbf{h}}| + \mathbf{R}\,\mathrm{sgn}(\dot{\mathbf{y}} - \dot{\mathbf{h}}) = \mathbf{D}\dot{\mathbf{h}} + \mathbf{C}\mathbf{h} \tag{5.11}$$

mit

$$\mathbf{y} = [y_v,\, y_h]^{\mathrm{T}}, \tag{5.12}$$

$$\mathbf{h} = [h_v,\, h_h]^{\mathrm{T}}, \tag{5.13}$$

$$|\dot{\mathbf{y}} - \dot{\mathbf{h}}| = [|\dot{y}_v - \dot{h}_v|,\, |\dot{y}_h - \dot{h}_h|]^{\mathrm{T}}, \tag{5.14}$$

$$\mathrm{sgn}[\dot{\mathbf{y}} - \dot{\mathbf{h}}] = [\mathrm{sgn}(\dot{y}_v - \dot{h}_v),\, \mathrm{sgn}(\dot{y}_h - \dot{h}_h)]^{\mathrm{T}} \tag{5.15}$$

und

$$\mathbf{M} = \frac{1}{(s_v + s_h)^2}\begin{pmatrix} ms_h^2 + J & ms_vs_h - J \\ ms_vs_h - J & ms_v^2 + J \end{pmatrix}, \tag{5.16}$$

$$\mathbf{D} = \begin{pmatrix} d_v & 0 \\ 0 & d_h \end{pmatrix}, \tag{5.17}$$

$$\mathbf{C} = \begin{pmatrix} c_v & 0 \\ 0 & c_h \end{pmatrix}, \tag{5.18}$$

$$\mathbf{Z} = \begin{pmatrix} \zeta_v & 0 \\ 0 & \zeta_h \end{pmatrix}, \tag{5.19}$$

$$\mathbf{R}_C = \begin{pmatrix} R_v & 0 \\ 0 & R_h \end{pmatrix}. \tag{5.20}$$

Es wird im Folgenden $d_i = \beta c_i$ $(i = v, h)$ vorausgesetzt, sodass $\mathbf{D} = \beta\mathbf{C}$ gilt und modale Dämpfung vorliegt. Der Übergang auf eine dimensionslose Schreibweise gelingt durch Einführen der dimensionslosen Zeit

$$\tau = \kappa t \tag{5.21}$$

mit der Kreisfrequenz

$$\kappa = \sqrt{\frac{2c_v}{m}} \tag{5.22}$$

und folgender Parameter:

- Geometrische Asymmetrie
  $\gamma = \frac{s_h}{s_v}$,
- Massenverteilung
  $\mu = \frac{J}{ms_v^2}$,
- Asymmetrie der Federn
  $\xi = \frac{c_h}{c_v}$,

- normierte lineare Dämpfung
  $\hat{\beta} = \kappa\beta$,
- dimensionslose Anregungsfrequenz
  $\eta = \frac{v\Omega}{\kappa}$,
- Verhältnis Radstand zu Wellenlänge
  $\eta\Delta\tau = \Omega(s_v + s_h) = \frac{2\pi(s_v+s_h)}{\lambda}$,
- normierte Reibung vorne
  $r_v = \frac{R_v}{c_v\hat{u}}$,
- normierte Reibung hinten
  $r_h = \frac{R_h}{c_v\hat{u}}$.

Zudem wird im Folgenden die Ableitung nach der dimensionslosen Zeit durch

$$\frac{\mathrm{d}}{\mathrm{d}\tau}(\,) = (\,)' \tag{5.23}$$

dargestellt und eine Normierung der Verschiebungen

$$\frac{(\,)}{\hat{u}} = \underline{(\,)} \tag{5.24}$$

mit einer charakteristischen Referenzamplitude $\hat{u}$ der zu untersuchenden Oberfläche durchgeführt. In der Regel wird man hierzu die maximale Unebenheitsamplitude $\hat{h}$ der vorliegenden Straße wählen. Die Bewegungsgleichungen in dimensionsloser Schreibweise ergeben sich zu

$$\hat{\mathbf{M}}\underline{\mathbf{y}}'' + \hat{\mathbf{C}}(\underline{\mathbf{y}} + \hat{\beta}\underline{\mathbf{y}}') + \hat{\beta}\mathbf{Z}\hat{\mathbf{C}}|\underline{\mathbf{y}}' - \underline{\mathbf{h}}'| + \hat{\mathbf{R}}_C \operatorname{sgn}(\underline{\mathbf{y}}' - \underline{\mathbf{h}}') = \hat{\mathbf{C}}(\underline{\mathbf{h}} + \hat{\beta}\underline{\mathbf{h}}') \tag{5.25}$$

und mit der Substitution

$$\underline{\mathbf{q}} = \underline{\mathbf{y}} - \underline{\mathbf{h}} \tag{5.26}$$

folgt

$$\hat{\mathbf{M}}(\underline{\mathbf{q}}'' + \underline{\mathbf{h}}'') + \hat{\mathbf{C}}(\underline{\mathbf{q}} + \hat{\beta}\underline{\mathbf{q}}') + \hat{\beta}\mathbf{Z}\hat{\mathbf{C}}|\underline{\mathbf{q}}'| + \hat{\mathbf{R}}_C \operatorname{sgn}(\underline{\mathbf{q}}') = \mathbf{0}, \tag{5.27}$$

wobei

$$\hat{\mathbf{M}} = \frac{2}{(\gamma+1)^2}\begin{pmatrix} \gamma^2+\mu & \gamma-\mu \\ \gamma-\mu & 1+\mu \end{pmatrix}, \tag{5.28}$$

$$\hat{\mathbf{C}} = \begin{pmatrix} 1 & 0 \\ 0 & \xi \end{pmatrix}, \tag{5.29}$$

$$\hat{\mathbf{R}}_C = \begin{pmatrix} r_v & 0 \\ 0 & r_h \end{pmatrix} \tag{5.30}$$

gilt.

Die Reibkräfte

$$R_v = \rho_v mg, \tag{5.31}$$
$$R_h = \rho_h mg \tag{5.32}$$

werden ferner mithilfe der Faktoren ρ_v, ρ_h als Vielfaches der Gewichtskraft ausgedrückt. Die Umrechnung von Gleichung (5.26) auf dimensionsbehaftete Größen gelingt mit

$$\mathbf{q} = \hat{u}\underline{\mathbf{q}}. \tag{5.33}$$

5.1.1 Kontaktkräfte

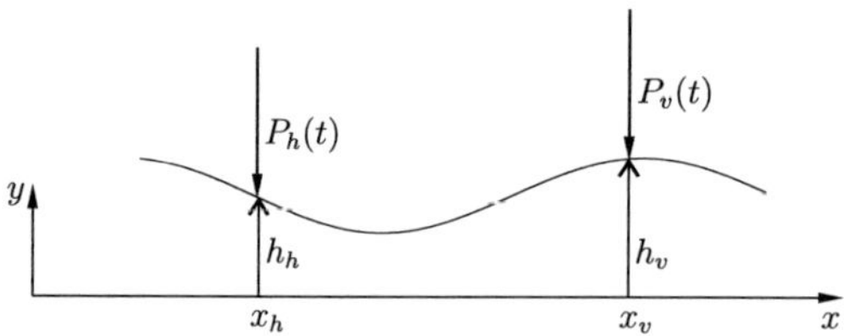

Abbildung 5.2: Kontaktkräfte werden in negative y-Richtung wirkend angenommen

Vorrangiges Interesse gilt der Ermittlung der Kontaktkräfte, die als äußere Belastung auf den Straßenoberbau wirken. Im Folgenden werden die Kräfte vom Fahrzeug auf die Straße in negative y-Richtung wirkend angenommen (siehe Abbildung 5.2). Die Kräfte $P_i = P_{i,stat} + P_{i,dyn}$ $(i = v, h)$ bestehen jeweils aus einem dynamischen und statischen Anteil, wobei für den statischen Anteil

$$P_{v,stat} = \frac{s_h}{s_v + s_h} mg, \tag{5.34}$$
$$P_{h,stat} = \frac{s_v}{s_v + s_h} mg \tag{5.35}$$

gilt. In normierter, dimensionsloser Form ergibt sich für die statischen Anteile

$$p_{v,stat} = \frac{P_{v,stat}}{c_v \hat{u}} = \frac{\gamma}{1+\gamma} \frac{2g}{\kappa^2 \hat{u}} = \Gamma_v \frac{2g}{\kappa^2 \hat{u}}, \tag{5.36}$$
$$p_{h,stat} = \frac{P_{h,stat}}{c_v \hat{u}} = \frac{1}{1+\gamma} \frac{2g}{\kappa^2 \hat{u}} = \Gamma_h \frac{2g}{\kappa^2 \hat{u}}. \tag{5.37}$$

Der normierte, dimensionslose dynamische Anteil der Kräfte kann auf unterschiedliche Weise dargestellt werden:

- über Verschiebungen und Geschwindigkeiten in dimensionsloser Form

$$p_{v,dyn} = \frac{P_{v,dyn}}{c_v \hat{u}} = -[\underline{q}_v + \hat{\beta}\underline{q}_v' + \zeta_v \hat{\beta}|\underline{q}_v'| + r_v \operatorname{sgn}(\underline{q}_v')], \tag{5.38}$$
$$p_{h,dyn} = \frac{P_{h,dyn}}{c_v \hat{u}} = -[\xi \underline{q}_h + \xi\hat{\beta}\underline{q}_h' + \xi\zeta_h \hat{\beta}|\underline{q}_h'| + r_h \operatorname{sgn}(\underline{q}_h')], \tag{5.39}$$

- über Beschleunigungen in dimensionsloser Form

$$p_{v,dyn} = \frac{P_v}{c_v \hat{u}} = 2\frac{\gamma^2+\mu}{(1+\gamma)^2}\underline{y}_v'' + 2\frac{\gamma-\mu}{(1+\gamma)^2}\underline{y}_h'', \tag{5.40}$$

$$p_{h,dyn} = \frac{P_h}{c_v \hat{u}} = 2\frac{\gamma-\mu}{(1+\gamma)^2}\underline{y}_v'' + 2\frac{1+\mu}{(1+\gamma)^2}\underline{y}_h''. \tag{5.41}$$

5.1.2 Anwendung des Schädigungsgesetzes

In Abschnitt 4.3.2 blieb die Frage offen, bis zu welchem Glied der Taylorreihe das Schädigungsgesetz in Form der Gleichung (4.23) auszuwerten ist. Um diese Frage näher zu beleuchten, wird das Fahrzeugmodell mit einer linearen Radaufhängung betrachtet und die resultierenden Kontaktkräfte in das Schädigungsgesetz eingesetzt.

Im Folgenden wird davon ausgegangen, dass die Straßenoberfläche neben einem Konstantanteil h_0 eine dominante, dimensionslose Wegfrequenz η_1 der Größenordnung ε aufweist sowie weitere Spektralanteile von geringerer Ordnung, sodass sich die Darstellung

$$\underline{\mathbf{h}} = \underline{\mathbf{h}}_0 + \varepsilon\underline{\mathbf{h}}_1(\eta_1) + \varepsilon^2\underline{\mathbf{h}}_2(\eta_2) + \mathcal{O}(\varepsilon^3) \tag{5.42}$$

für den normierten Straßenverlauf in dimensionsloser Form ergibt. Der Normierungsparameter $\hat{u}$ ist dabei so zu wählen, dass die normierten Amplituden $\underline{q}_i$ von der Größenordnung $\mathcal{O}(1)$ sind. Wird Resonanz ausgeschlossen, so lässt sich der Ansatz

$$\underline{\mathbf{q}} = \underline{\mathbf{y}} - \underline{\mathbf{h}} = \underline{\mathbf{q}}_0 + \varepsilon\underline{\mathbf{q}}_1 + \varepsilon^2\underline{\mathbf{q}}_2 + \mathcal{O}(\varepsilon^3) \tag{5.43}$$

formulieren. Einsetzen in den linearen Anteil des Differentialgleichungssystems (5.27) führt über einen Koeffizientenvergleich zu

$$\varepsilon^0: \quad \hat{\mathbf{C}}\underline{\mathbf{q}}_0 = 0, \tag{5.44}$$

$$\varepsilon^1: \quad \hat{\mathbf{M}}\underline{\mathbf{q}}_1'' + \beta\hat{\mathbf{C}}\underline{\mathbf{q}}_1' + \hat{\mathbf{C}}\underline{\mathbf{q}}_1 = -\hat{\mathbf{M}}\underline{\mathbf{h}}_1'', \tag{5.45}$$

$$\varepsilon^2: \quad \hat{\mathbf{M}}\underline{\mathbf{q}}_2'' + \beta\hat{\mathbf{C}}\underline{\mathbf{q}}_2' + \hat{\mathbf{C}}\underline{\mathbf{q}}_2 = -\hat{\mathbf{M}}\underline{\mathbf{h}}_2''. \tag{5.46}$$

Aus Gleichung (5.44) folgt, dass für das lineare Differentialgleichungssystem der Konstantanteil $\underline{\mathbf{q}}_0$ verschwindet. Des Weiteren ergeben die Störungsgleichungen der ersten und zweiten Ordnung

$$\underline{\mathbf{q}}_1 = f_1(\eta_1), \tag{5.47}$$

$$\underline{\mathbf{q}}_2 = f_2(\eta_2). \tag{5.48}$$

Mithilfe des Ansatzes (5.43) lassen sich die dynamischen Anteile der normierten Kontaktkräfte gemäß Gleichung (5.38) und Gleichung (5.39) zu

$$p_{v,dyn,M} = -\left[\underline{q}_{0,v} + \varepsilon\underline{q}_{1,v} + \varepsilon^2\underline{q}_{2,v} + \mathcal{O}(\varepsilon^3)\right], \tag{5.49}$$

$$p_{h,dyn,M} = -\xi\left[\underline{q}_{0,h} + \varepsilon\underline{q}_{1,h} + \varepsilon^2\underline{q}_{2,h} + \mathcal{O}(\varepsilon^3)\right] \tag{5.50}$$

berechnen. Die dynamischen Anteile der nicht-normierten Kräfte lauten entsprechend

$$P_{v,dyn,M} = -c_v\hat{u}\left[\underline{q}_{0,v} + \varepsilon \underline{q}_{1,v} + \varepsilon^2 \underline{q}_{2,v} + \mathcal{O}(\varepsilon^3)\right], \tag{5.51}$$

$$P_{h,dyn,M} = -c_v\xi\hat{u}\left[\underline{q}_{0,h} + \varepsilon \underline{q}_{1,h} + \varepsilon^2 \underline{q}_{2,h} + \mathcal{O}(\varepsilon^3)\right]. \tag{5.52}$$

Wegen $c_v \gg 1$ sind die einzelnen Spektralanteile der Kräfte von größerer Ordnung in ε als die entsprechenden Anteile im Straßenverlauf. Dies entspricht der Tatsache, dass kleine Straßenamplituden betragsmäßig größere Schwankungen zur Folge haben können.

Diese Kräfte in das Schädigungsgesetz (4.23) eingesetzt, liefert für die Verformung aufgrund der vorderen Radaufstandskraft

$$\Delta h_{v,M} = bkM_v^{(k-1)}\left(\frac{P_{v,stat}}{P_S}\right)^r \sum_{i=0}^{I} \begin{pmatrix} r \\ i \end{pmatrix} \left(\frac{-\left[\varepsilon(\underline{q}_{1,v} + \hat{\beta}\underline{q}'_{1,v}) + \varepsilon^2(\underline{q}_{2,v} + \hat{\beta}\underline{q}'_{2,v})\right]}{\Gamma^v \frac{2g}{\kappa^2\hat{u}}}\right)^i \tag{5.53}$$

mit der Anzahl Überrollungen $M_v = 2N - 1$ und für die Verformung aufgrund der hinteren Aufstandskraft

$$\Delta h_{h,M} = bkM_h^{(k-1)}\left(\frac{P_{h,stat}}{P_S}\right)^r \sum_{i=0}^{I} \begin{pmatrix} r \\ i \end{pmatrix} \left(\frac{-\xi\left[\varepsilon(\underline{q}_{1,h} + \hat{\beta}\underline{q}'_{1,h}) + \varepsilon^2(\underline{q}_{2,h} + \hat{\beta}\underline{q}'_{2,h})\right]}{\Gamma^h \frac{2g}{\kappa^2\hat{u}}}\right)^i \tag{5.54}$$

mit $M_h = 2N$. Sowohl der Faktor $\frac{\kappa^2\hat{u}}{2g\Gamma^v}$ in Gleichung (5.53) als auch der Faktor $\frac{\xi\kappa^2\hat{u}}{2g\Gamma^h}$ in Gleichung (5.54) müssen entsprechend gering sein, da der dynamische Anteil der Kontaktkräfte kleiner als der statische Anteil ist. Mit $b = 9.16 \cdot 10^{-6}\,\mathrm{m}$, $P_S = 44\,\mathrm{kN}$, $k < 1$, $\left(\frac{P_{stat}}{P_S}\right) \approx 5$ für einen Lkw mit einer Gesamtmasse von 44 t und beispielsweise $r = 1.75$ (siehe Abschnitt 2.4.3) ist der Vorfaktor vor den Summen in den Schädigungsgesetzen ebenfalls sehr klein. Des Weiteren nimmt der Ausdruck $\begin{pmatrix} r \\ i \end{pmatrix}$ mit zunehmenden i ab.

Daraus folgt, dass der Zuwachs durch das i-te Glied in den Gleichungen (5.53) und (5.54) höchstens von der Ordnung $\mathcal{O}(\varepsilon^i)$ ist. Interessiert folglich die Entwicklung eines Spektralanteils, der mit der Ordnung $\mathcal{O}(\varepsilon^i)$ im Straßenverlauf enthalten ist, genügt nach diesen Überlegungen, das Schädigungsgesetz bis zum i-ten Glied auszuwerten.
Zudem ist offensichtlich, dass Spektralanteile in der Straße von der Ordnung $\mathcal{O}(\varepsilon^i)$ durch Spektralanteile höherer Ordnung nicht in gleichem Maße beeinflusst werden. Gilt das Interesse beispielsweise der Entwicklung eines dominierenden Spektralanteils in der Straße, genügt es folglich, das Schädigungsgesetz nach dem linearen Glied, das heißt nach $i = 1$ abzubrechen.

6 Einfreiheitsgradmodell

Sind nur Hubbewegungen von Interesse oder aber die Nickbewegungen beispielsweise aufgrund extrem langer Anregungswellenlängen a priori als untergeordnet anzusehen, so kann bereits ein Einfreiheitsgradmodell ausreichend sein (Abschnitt 3.5.1). Ein solches mit konstanter Geschwindigkeit v in horizontaler Richtung auf einer wellenförmigen Straße fahrendes Fahrzeugmodell ist in Abbildung 6.1 dargestellt und lässt sich als Sonderfall des allgemeinen Zweimassenschwingers (Abbildung 5.1) für $s_v = s_h$, $y_v = y_h$ und $h_v = h_h$ interpretieren.

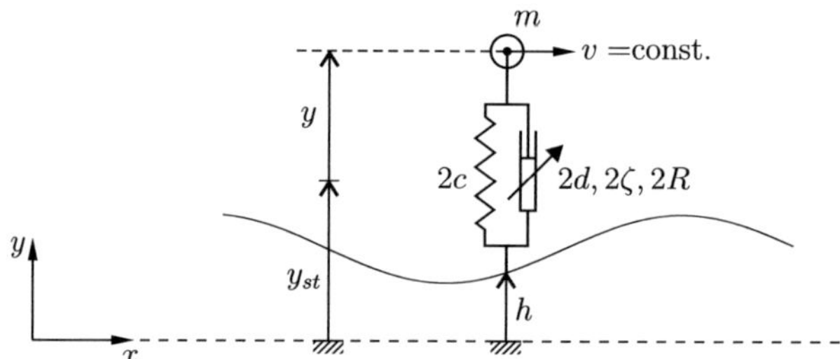

Abbildung 6.1: Einfreiheitsgradmodell auf wellenförmiger Straße

Zunächst wird die Entwicklung eines Straßenverlaufs untersucht, der eine dominierende Wegfrequenz aufweist. Selbst im Falle einer linearen Radaufhängung werden sich zwar auch durch das in der Kraft nichtlineare Schädigungsgesetz höhere Harmonische in der Straße ausbilden: diese wirken jedoch nur in einem vernachlässigbaren Maße auf den dominierenden Spektralanteil zurück und können daher vernachlässigt werden (siehe Abschnitt 5.1.2). Wird dementsprechend das Schädigungsgesetz nur bis zum linearen Glied ausgewertet, kann im Fall von mehreren gleich stark vertretenen Spektralanteilen in der Straße das Problem näherungsweise durch Superposition gelöst werden.

Im Falle einer nichtlinearen Radaufhängung weisen schon die Kontaktkräfte höhere Harmonische auf. Zunächst wird jedoch auch hier die Entwicklung einer dominierenden Unebenheit betrachtet und das Schädigungsgesetz nur bis zum linearen Glied ausgewertet. In Abschnitt 6.4.2 wird zusätzlich die Entwicklung eines Straßenverlaufs mit mehreren Spektralanteilen infolge der Einwirkung der Radaufstandskräfte eines Fahrzeugs mit nichtlinearen Radaufhängungen untersucht.

Es ist offensichtlich, dass für das Einfreiheitsgradmodell die Anzahl N der Überfahrten der Anzahl M der Einzelbelastungen durch die Kontaktkraft entspricht, sodass im Folgenden auf eine Unterscheidung verzichtet und ausschließlich die Anzahl N betrachtet wird (siehe auch Abschnitt 4.3.3).

6.1 Bewegungsgleichung

Für das in Abbildung 6.1 dargestellte Modell gilt die Bewegungsgleichung

$$m\ddot{y} + 2d(\dot{y} - \dot{h}) + 2\zeta d|\dot{y} - \dot{h}| + 2R\,\mathrm{sgn}(\dot{y} - \dot{h}) + 2c(y - h) = 0 \tag{6.1}$$

für die Vertikalkoordinate y aus dem statischen Gleichgewicht heraus (siehe auch Kapitel 5). Die mit $\tau = \kappa t$, $\kappa^2 = \frac{2c}{m}$ entdimensionierte Bewegungsgleichung für die normierte Vertikalkoordinate $\underline{y} = \frac{y}{\hat{u}}$ lautet

$$\underline{y}'' + \hat{\beta}(\underline{y}' - \underline{h}') + \zeta\hat{\beta}|\underline{y}' - \underline{h}'| + r_E\,\mathrm{sgn}(\underline{y}' - \underline{h}') + \underline{y} - \underline{h} = 0. \tag{6.2}$$

Neben der dimensionslosen, zeitlichen Anregungsfrequenz $\eta = \frac{v\Omega}{\kappa}$ treten hierbei als weitere Parameter die normierte lineare Dämpfung $\hat{\beta}$, ζ als dimensionsloses Maß für die bilineare Dämpfung und $r_E = \frac{R}{c\hat{u}}$ für die normierte Coulombsche Reibung auf (siehe Abschnitt 5.1). Mit der Substitution $\underline{q} = \underline{y} - \underline{h}$ folgt schließlich

$$\underline{q}'' + \hat{\beta}\underline{q}' + \zeta\hat{\beta}|\underline{q}'| + r_E\,\mathrm{sgn}(\underline{q}') + \underline{q} = -\underline{h}''. \tag{6.3}$$

Die Radaufstandskraft vom Fahrzeug auf die Straße – in negative y-Richtung wirkend angenommen – lautet

$$P = mg - 2c(y - h) - 2d(\dot{y} - \dot{h}) - 2\zeta d|\dot{y} - \dot{h}| - 2R\,\mathrm{sgn}(\dot{y} - \dot{h}) \tag{6.4}$$

und mit der oben genannten Substitution in dimensionsloser, entdimensionierter Schreibweise

$$p = \frac{P}{c\hat{u}} = \frac{2g}{\kappa^2\hat{u}} - 2\underline{q} - 2\hat{\beta}\underline{q}' - 2\zeta\hat{\beta}|\underline{q}'| - 2r_E\,\mathrm{sgn}(\underline{q}'). \tag{6.5}$$

Die Kontaktkraft kann selbstverständlich auch über die Vertikalbeschleunigung des Massenpunktes ermittelt werden:

$$P = mg + m\ddot{y}. \tag{6.6}$$

In normierter Form folgt hieraus

$$p = \frac{2g}{\kappa^2\hat{u}} + 2\underline{y}'' = \frac{2g}{\kappa^2\hat{u}} + 2(\underline{q}'' + \underline{h}''). \tag{6.7}$$

6.2 Schädigungsgesetz

Die Verformung pro Belastung in der allgemeinen Form (4.23) lässt sich nun auf das Einfreiheitsgradmodell anwenden, bei dem die Anzahl der Belastungen der Anzahl der Überfahrten entspricht. Durch Einführung des Parameters

$$\mathcal{C} = \frac{mg}{P_S} \tag{6.8}$$

folgt für die Verformung pro Überfahrt aus Gleichung (4.23) für die I-gliedrige Näherung

$$\Delta h_N = bkM^{k-1}\mathcal{C}^r \sum_{i=0}^{I} \binom{r}{i} \left(\frac{p_{dyn,M}}{p_{stat}}\right)^i, \tag{6.9}$$

wobei hier die normierten Kraftanteile verwendet wurden. Der Parameter $\mathcal{C}$ stellt hierbei die Gewichtskraft mit dem Modellparameter P_S in Relation, der in [109] mit $P_S = 44\,\mathrm{kN}$ angegeben wird. Werden zusätzlich der Parameter

$$\chi = \frac{b\kappa^2}{2g} = \frac{bc}{mg}, \tag{6.10}$$

der eine Normierung der Verschiebung b mit der doppelten statischen Auslenkung des Einfreiheitsgradmodells darstellt, eingeführt und einige Umformungen vorgenommen, lässt sich die mit $\hat{u}$ normierte Zunahme der Verformung pro Überfahrt wie folgt formulieren:

$$\begin{aligned}
\Delta \underline{h}_N(\tau) = kN^{k-1}\mathcal{C}^r \Bigg[& \frac{b}{\hat{u}} + r\chi p_{dyn,N} + \frac{1}{2}r(r-1)\chi^2 \frac{\hat{u}}{b} \left(p_{dyn,N}\right)^2 \\
& + \frac{1}{6}r(r-1)(r-2)\chi^3 \left(\frac{\hat{u}}{b}\right)^2 \left(p_{dyn,N}\right)^3 \\
& + \frac{1}{24}r(r-1)(r-2)(r-3)\chi^4 \left(\frac{\hat{u}}{b}\right)^3 \left(p_{dyn,N}\right)^4 \\
& + \frac{1}{120}r(r-1)(r-2)(r-3)(r-4)\chi^5 \left(\frac{\hat{u}}{b}\right)^4 \left(p_{dyn,N}\right)^5 + \ldots \Bigg] \\
= kN^{k-1}\mathcal{C}^r & \sum_{i=0}^{I} \binom{r}{i} \left(\frac{\hat{u}}{b}\right)^{i-1} \chi^i \left(p_{dyn,N}\right)^i .
\end{aligned} \tag{6.11}$$

Falls ein in N lineares Schädigungsgesetz verwendet wird, folgt daraus analog zu Gleichung (4.18)

$$\Delta \underline{h}_N(\tau) = \mathcal{F}\mathcal{C}^r \sum_{i=0}^{I} \binom{r}{i} \left(\frac{\hat{u}}{b}\right)^{i-1} \chi^i \left(p_{dyn,N}\right)^i . \tag{6.12}$$

6.2.1 Entwicklung des Straßenverlaufs bei einer dominierenden Wegfrequenz

Im Folgenden wird die Entwicklung einer durch die Wegfrequenz Ω dominierten Oberfläche

$$h_N(x) = h_{0,N} + \hat{h}_N \cos(\Omega x + \varphi_N) \tag{6.13}$$

nach N Überfahrten betrachtet. Mit $\Omega x = \eta\tau$ folgt die Zeitbereichsdarstellung

$$\underline{h}_N(\tau) = \underline{h}_{0,N} + \underline{\hat{h}}_N \cos(\eta\tau + \varphi_N). \tag{6.14}$$

Im Fall einer linearen Radaufhängung weist auch die zugehörige Kontaktkraft ausschließlich diese Frequenz auf, wenn nur Zwangsschwingungen betrachtet werden. Bei einer nichtlinearen Radaufhängung ist hingegen auch mit höheren Harmonischen zu rechnen. Wird jedoch nur der Anteil der Kraft mit dieser Frequenz untersucht, so bietet es sich an, die aus der $(N+1)$-ten Überfahrt resultierende Kraft

$$p_N(x) = \frac{2g}{\kappa^2 \hat{u}} + p_{c,N}\cos(\Omega x + \varphi_N) + p_{s,N}\sin(\Omega x + \varphi_N) \tag{6.15}$$

neben dem statischen Anteil in Teile aufzuspalten, die gleich- beziehungsweise gegenphasig zur Straßenanregung (6.13) sind.

Da das Interesse zunächst ausschließlich der Entwicklung dieses Spektralanteils gilt, kann das Schädigungsgesetz nach dem linearen Anteil abgebrochen werden (siehe Abschnitt 5.1.2.)

In N nichtlineares Schädigungsgesetz

Gemäß dem Schädigungsgesetz (6.11) folgt die Entwicklung des Konstantanteils des Straßenverlaufs – und somit der mittleren Spurrinnentiefe – dem iterativen Zusammenhang

$$h_{0,N+1} = h_{0,N} - kN^{k-1}\mathcal{C}^r b, \tag{6.16}$$

beziehungsweise in normierter Form

$$\underline{h}_{0,N+1} = \underline{h}_{0,N} - kN^{k-1}\mathcal{C}^r \frac{b}{\hat{u}}. \tag{6.17}$$

Entsprechend ergibt sich die Entwicklung der normierten longitudinalen Unebenheiten aus der Abbildung

$$\underline{h}_{dyn,N+1}(x) = \hat{\underline{h}}_N \cos(\Omega x + \varphi_N) - \tilde{\mathcal{C}} kN^{k-1} p_{dyn,N}(x) \tag{6.18}$$

wobei die Abkürzung $\tilde{\mathcal{C}} = \chi \mathcal{C}^r r$ eingeführt wurde. Der Verlauf

$$\underline{h}_{N+1}(x) = \hat{\underline{h}}_{N+1} \cos(\Omega x + \varphi_N + \Delta\varphi_N) \tag{6.19}$$

nach der $(N+1)$-ten Überfahrt kann nun mithilfe der normierten Amplitude

$$\hat{\underline{h}}_{N+1} = \sqrt{\left(\hat{\underline{h}}_N - \tilde{\mathcal{C}} kN^{k-1} p_{c,N}\right)^2 + \left(\tilde{\mathcal{C}} kN^{k-1} p_{s,N}\right)^2} \tag{6.20}$$

und der Phasenverschiebung

$$\Delta\varphi_N = \arctan \frac{\tilde{\mathcal{C}} kN^{k-1} \frac{p_{s,N}}{\hat{\underline{h}}_N}}{1 - \tilde{\mathcal{C}} kN^{k-1} \frac{p_{c,N}}{\hat{\underline{h}}_N}} \tag{6.21}$$

beschrieben werden. Für das Verhältnis der Amplituden nach und vor der $(N+1)$-ten Überfahrt des Fahrzeugs gilt folglich

$$V_{h,N} = \frac{\hat{\underline{h}}_{N+1}}{\hat{\underline{h}}_N} = \sqrt{\left(1 - \tilde{\mathcal{C}} kN^{k-1} \frac{p_{c,N}}{\hat{\underline{h}}_N}\right)^2 + \left(\tilde{\mathcal{C}} kN^{k-1} \frac{p_{s,N}}{\hat{\underline{h}}_N}\right)^2}. \tag{6.22}$$

Für $V_{h,N} > 1$ nimmt die Amplitude der Unebenheit infolge der Krafteinwirkung zu, während sie für $V_{h,N} < 1$ zurückgeht. Die Phasenverschiebung $\Delta\varphi_N$ und das Verhältnis $V_{h,N}$ beschreiben, wie sich die Straßenoberfläche infolge der $(N+1)$-ten Überfahrt vom Zustand N zum Zustand $N+1$ ändert. Für gegebene Parameter lässt sich sukzessive die Entwicklung der Straßenoberfläche in Form der mittleren Spurrinnentiefe und der Amplitude der longitudinalen Unebenheiten bestimmen und prognostizieren.

In N lineares Schädigungsgesetz

Für den Sonderfall eines in der Anzahl der Überfahrten N linearen Schädigungsgesetzes lassen sich diese Ergebnisse vereinfachen. Es wird die Entwicklung der Straße betrachtet, nachdem N_g Fahrzeuge diese bereits belastet und verformt haben. Die Berechnung der normierten Amplitude nach der $(N+1)$-ten Überfahrt vereinfacht sich zu

$$\hat{\underline{h}}_{N+1} = \sqrt{\left(\hat{\underline{h}}_N - \tilde{\mathcal{C}}_{eff} p_{c,N}\right)^2 + \left(\tilde{\mathcal{C}}_{eff} p_{s,N}\right)^2}, \tag{6.23}$$

wobei

$$\tilde{\mathcal{C}}_{eff} = \mathcal{F}\tilde{\mathcal{C}} \tag{6.24}$$

gilt. Hieraus folgt die Vergrößerung der Amplitude

$$V_{h,N} = \frac{\hat{\underline{h}}_{N+1}}{\hat{\underline{h}}_N} = \sqrt{\left(1 - \tilde{\mathcal{C}}_{eff} \frac{p_{c,N}}{\hat{\underline{h}}_N}\right)^2 + \left(\tilde{\mathcal{C}}_{eff} \frac{p_{s,N}}{\hat{\underline{h}}_N}\right)^2} \tag{6.25}$$

und die Phasenverschiebung

$$\Delta\varphi_N = \arctan \frac{\tilde{\mathcal{C}}_{eff} \frac{p_s}{\hat{\underline{h}}_N}}{1 - \tilde{\mathcal{C}}_{eff} \frac{p_c}{\hat{\underline{h}}_N}}. \tag{6.26}$$

Die Entwicklung der Spurrinnentiefe in Form des Konstantanteils lässt sich entsprechend mit

$$\underline{h}_{0,N+1} = \underline{h}_{0,N} - \frac{b_{eff}}{\hat{u}} \mathcal{C}^r \tag{6.27}$$

beschreiben, wobei

$$b_{eff} = \mathcal{F} b \tag{6.28}$$

zu nehmen ist.

6.3 Lineare Radaufhängung

Werden lineare Radaufhängungen betrachtet, vereinfacht sich die Bewegungsgleichung (6.3) in dimensionsloser Darstellung zu

$$\underline{q}'' + \hat{\beta}\underline{q}' + \underline{q} = -\underline{h}'' \tag{6.29}$$

mit dem Lehrschen Dämpfungsmaß

$$D = \frac{\hat{\beta}}{2}. \tag{6.30}$$

Ein schwingungsfähiges System liegt somit für $\hat{\beta} = 0 \dots 2$ vor. Die stationäre Lösung der Differentialgleichung bei gegebener Anregung (6.14) lautet im Zeitbereich

$$\underline{q} = V_{q,N}(\eta)\underline{\hat{h}}_N \cos(\eta\tau + \varphi_N + \Delta\nu_N), \tag{6.31}$$

wobei

$$V_{q,N}(\eta) = \frac{\eta^2}{\sqrt{(1-\eta^2)^2 + (\eta\hat{\beta})^2}} \tag{6.32}$$

und

$$\Delta\nu_N = \arctan\left(\frac{-\eta\hat{\beta}}{1-\eta^2}\right) \tag{6.33}$$

gilt. Mit $\eta = \frac{v\Omega}{\kappa}$ ist ein einfacher Übergang in den Wegbereich möglich. Für den dynamischen Anteil der normierten Kontaktkraft folgt mit Gleichung (6.5)

$$\begin{aligned} p_{dyn,N}(\tau) = & - 2V_{q,N}(\eta)\underline{\hat{h}}_N \cos(\eta\tau + \varphi_N + \Delta\nu_N) \\ & + 2\hat{\beta}\eta V_{q,N}(\eta)\underline{\hat{h}}_N \sin(\eta\tau + \varphi_N + \Delta\nu_N), \end{aligned} \tag{6.34}$$

was sich auch als

$$\begin{aligned} p_{dyn,N}(\tau) = & 2V_{q,N}\underline{\hat{h}}_N \Bigg[\Bigg(- \cos\Delta\nu_N + \hat{\beta}\eta \sin\Delta\nu_N\Bigg) \cos(\eta\tau + \varphi_N) \\ & + \Bigg(\sin\Delta\nu + \hat{\beta}\eta\cos\Delta\nu_N\Bigg) \sin(\eta\tau + \varphi_N)\Bigg] \end{aligned} \tag{6.35}$$

darstellen lässt mit den Zusammenhängen

$$\cos\Delta\nu_N = \frac{1-\eta^2}{\sqrt{(1-\eta^2)^2 + (\eta\hat{\beta})^2}}, \quad \sin\Delta\nu_N = \frac{-\eta\hat{\beta}}{\sqrt{(1-\eta^2)^2 + (\eta\hat{\beta})^2}}. \tag{6.36}$$

Damit folgt aus Gleichung (6.35)

$$\begin{aligned} p_{dyn,N}(\tau) = & - 2V_{q,N}\frac{\hat{h}_N}{\hat{u}} \left[\frac{1-\eta^2+(\eta\hat{\beta})^2}{\sqrt{(1-\eta^2)^2 + (\eta\hat{\beta})^2}} \cos(\eta\tau + \varphi_N)\right. \\ & \left. + \frac{\eta^3\hat{\beta}}{\sqrt{(1-\eta^2)^2 + (\eta\hat{\beta})^2}} \sin(\eta\tau + \varphi_N)\right], \end{aligned} \tag{6.37}$$

beziehungsweise

$$p_{dyn,N}(\tau) = p_{c,N}\cos(\eta\tau + \varphi_N) + p_{s,N}\sin(\eta\tau + \varphi_N) \tag{6.38}$$

mit

$$p_{c,N} = 2V_{q,N}\hat{\underline{h}}_N\left(-\cos\Delta\nu + \hat{\beta}\eta\sin\Delta\nu_N\right) = -\frac{2\eta^2\left(1-\eta^2+(\eta\hat{\beta})^2\right)}{(1-\eta^2)^2+(\eta\hat{\beta})^2}\hat{\underline{h}}_N, \tag{6.39}$$

$$p_{s,N} = 2V_q\hat{\underline{h}}_N\left(\sin\Delta\nu + \hat{\beta}\eta\cos\Delta\nu_N\right) = \frac{-2\hat{\beta}\eta^5}{(1-\eta^2)^2+(\eta\hat{\beta})^2}\hat{\underline{h}}_N. \tag{6.40}$$

Die Vergrößerung der Straßenamplitude (6.22) sowie die Phasenverschiebung (6.21) sind für die betrachtete lineare Radaufhängung natürlich unabhängig von der aktuellen normierten Amplitude $\hat{\underline{h}}_N$. Für die Vergrößerungsfunktion gilt damit

$$V_{h,N} = \sqrt{\left(1-\tilde{C}kN^{k-1}p_c^*\right)^2 + \left(\tilde{C}kN^{k-1}p_s^*\right)^2} \tag{6.41}$$

und für die Phasenverschiebung

$$\Delta\varphi_N = \arctan\frac{\tilde{C}kN^{k-1}p_s^*}{1-\tilde{C}kN^{k-1}p_c^*} \tag{6.42}$$

mit den von der aktuellen Amplitude $\hat{h}_N$ unabhängigen Größen

$$p_c^* = \frac{1}{\hat{\underline{h}}_N}p_{c,N}, \quad p_s^* = \frac{1}{\hat{\underline{h}}_N}p_{s,N}. \tag{6.43}$$

Grundsätzlich können einzelne Spektralanteile sowohl abgeschwächt ($V_{h,N} < 1$) als auch verstärkt werden ($V_{h,N} > 1$). Es bleibt zu klären, ob sich das Verhalten für ein System mit konstanten Parametern über die Dauer der Befahrungen so verändern kann, dass sich Abschwächung zu Verstärkung ändert oder umgekehrt. Ein Wechsel im Verhalten findet statt, wenn $V_{h,N} - 1$ einen Nulldurchgang aufweist. Dieser kann – wenn überhaupt – nur für positive $p_c^* > 0$ auftreten, da für negative p_c^* stets $V_{h,N} > 1$ gilt. Für positive p_c^* tritt der Wechsel im Verformungsverhalten theoretisch an der Stelle

$$N_0 = \left(\frac{2p_c^*}{\tilde{C}k(p_c^{*2}+p_s^{*2})}\right)^{\frac{1}{k-1}} = \left(-\frac{1-\eta^2+(\eta\hat{\beta})^2}{\tilde{C}k\eta^2[1+(\eta\hat{\beta})^2]}\right)^{\frac{1}{k-1}} \tag{6.44}$$

auf. Zudem weist die Ableitung $\frac{\partial}{\partial N}(V_{h,N}-1)$ der Vergrößerungsfunktion nach der Anzahl der Überfahrten eine Nullstelle

$$N_{0,Ableitung} = 2^{-\frac{1}{k-1}}N_0 \tag{6.45}$$

auf, welche wegen $0 < k < 1$ größer als N_0 ist. Die Stelle N_0 stellt folglich keine doppelte Nullstelle dar und es findet tatsächlich ein Wechsel statt.

Für $p_c^* > 0$ lassen sich zwei Fälle unterscheiden, wobei als Ausgangspunkt die Vergrößerung $V_{h,N=1} = \frac{\hat{h}_{N=2}}{\hat{h}_{N=1}}$ der Unebenheitsamplitude durch die zweite Überfahrt betrachtet wird und folglich in Gleichung (6.41) $N = 1$ gesetzt werden muss:

- **Abschwächung** für $N = 1$: $V_{h,N=1} < 1$.
  Hier gilt

$$\frac{2p_c^*}{\tilde{C}k(p_c^{*2} + p_s^{*2})} > 1, \tag{6.46}$$

  sodass $N_0 < 1$ folgt. Dementsprechend erfolgt für $N \geq 1$ kein Wechsel von Abschwächung zu Verstärkung der Unebenheitsamplitude.

- **Verstärkung** für $N = 1$: $V_{h,N=1} > 1$.
  Hier gilt

$$\frac{2p_c^*}{\tilde{C}k(p_c^{*2} + p_s^{*2})} < 1, \tag{6.47}$$

  sodass $N_0 > 1$ folgt. Hier findet also für $N > 1$ tatsächlich ein Wechsel im Verformungsverhalten statt. Während anfänglich bis $N = N_0$ die Amplitude der longitudinalen Unebenheit zunimmt, wird für $N > N_0$ die Unebenheit durch die dynamischen Radlast abgebaut.

Es lässt sich somit festhalten, dass die Welligkeit einer Straßenoberfläche mit einer bestimmten Frequenz weiterhin monoton abnimmt, wenn im ersten Lastzyklus Bedingungen für Abschwächung vorliegen. Liegen hingegen zu Beginn der Befahrung Bedingungen für Verstärkung vor, so kann sich dies während der Lebensdauer der Straße umkehren, sodass die betrachtete Welligkeit abnimmt.

Sonderfall: In N lineares Schädigungsgesetz

Liegt für ein lineares Fahrzeug zudem ein linearer Zusammenhang zwischen der Schädigung und der Anzahl der Überfahrten N vor, vereinfacht sich die Vergrößerungsfunktion aus Gleichung (6.25) für die lineare Radaufhängung zu

$$V_h = \sqrt{\left[1 - \tilde{C}_{eff} p_c^*\right]^2 + \left[\tilde{C}_{eff} p_s^*\right]^2} \quad \text{mit} \quad \tilde{C}_{eff} = \mathcal{F}\tilde{C} \tag{6.48}$$

und die Phasenverschiebung aus Gleichung (6.26) zu

$$\Delta\varphi_N = \arctan \frac{\tilde{C}_{eff} p_s^*}{1 - \tilde{C}_{eff} p_c^*}. \tag{6.49}$$

Diese beiden Größen sind sowohl unabhängig vom aktuellen Zustand der Straße als auch von der Anzahl N der Belastungen in Form von Fahrzeugüberfahrten. Sie ändern sich

folglich für die gesamte Lebenszeit der Straße nicht, sodass die Entwicklung des Straßenverlaufs nicht mehr sukzessive ermittelt werden muss, sondern direkt angegeben werden kann. Ausgehend vom Straßenverlauf

$$h_0(x) = h_{0,0} + \hat{h}_0 \cos(\Omega x + \varphi_0) \tag{6.50}$$

und damit

$$\underline{h}_0(\tau) = \underline{h}_{0,0} + \hat{\underline{h}}_0 \cos(\eta\tau + \varphi_0) \tag{6.51}$$

gilt für die Entwicklung der Amplitude der Unebenheit

$$\hat{\underline{h}}_{\Delta N} = (V_h)^{\Delta N} \hat{\underline{h}}_0 \tag{6.52}$$

und für die Phasenverschiebung infolge der Krafteinwirkung

$$\varphi_{\Delta N} = \varphi_0 + \Delta N \Delta\varphi_N. \tag{6.53}$$

6.3.1 Lineare Radaufhängung ohne Dämpfung

Im Falle einer ungedämpften Radaufhängung, das heißt $\hat{\beta} = 0$, vereinfachen sich die dargestellten Ergebnisse weiter. Der Sinusanteil p_s der Kontaktkraft in Gleichung (6.37) verschwindet, sodass mit der Überfahrt keine Verschiebung $\Delta\varphi_N$ der Unebenheiten mit der Überfahrt durch ein Fahrzeug einhergeht.
Die Vergrößerungsfunktion der Amplitude der Unebenheit nimmt die vereinfachte Form

$$V_{h,N} = 1 - \tilde{C}kN^{k-1}p_c^* = 1 + \tilde{C}kN^{k-1}\frac{2\eta^2}{1-\eta^2} \tag{6.54}$$

an. Im unterkritischen Bereich für $\eta < 1$ ist die Vergrößerungsfunktion größer 1, während sie im überkritischen Bereich für $\eta > 1$ kleiner als 1 ist. Unterhalb der Eigenfrequenz des ungedämpften Fahrzeugmodells findet folglich eine Verstärkung der longitudinalen Unebenheiten statt. Oberhalb der Eigenfrequenz werden sie hingegen abgebaut.
Die Vergrößerungsfunktion $V_{h,N}$ weist im Unterschied zum Verhalten bei einer gedämpften Radaufhängung im Laufe der Überfahrungen keinen Nulldurchgang auf, sodass sich das Verhalten weder von Verstärkung in Abschwächung noch umgekehrt ändert: ist man lediglich am qualitativen Verhalten interessiert, so genügt daher eine einzelne Auswertung von $V_{h,N}$ zu Beginn der Befahrungen. Für quantitative Aussagen hingegen muss die Befahrung durch iterative Abbildung mit $V_{h,N}$ simuliert werden.

Für den Sonderfall des in N linearen Schädigungsgesetzes ist die Vergrößerungsfunktion

$$V_h = 1 - \tilde{C}_{eff}p_c^* = 1 + \tilde{C}_{eff}\frac{2\eta^2}{1-\eta^2} \quad \text{mit} \quad \tilde{C}_{eff} = \mathcal{F}\tilde{C} \tag{6.55}$$

wiederum unabhängig von der Anzahl der Überfahrten, sodass sie nur einmal bestimmt werden muss.

6.3.2 Lineare Radaufhängung mit Dämpfung und in N linearem Schädigungsgesetz

Liegt ein in N lineares Schädigungsgesetz vor, so ergibt sich im Fall von linearen Radaufhängungen eine von N unabhängige Vergrößerungsfunktion der Amplitude. Das Verhältnis zwischen der Unebenheitsamplitude nach und vor einer Überfahrt bleibt folglich gleich. Ebenso ist die Entwicklung des Konstantanteils der Straßenverlaufs unabhängig von der Anzahl der Belastungen.

Entwicklung des Konstantanteils

Die Entwicklung des Konstantanteils wird nach Gleichung (6.27) zum einen durch die Parameter $b_{eff} = \mathcal{F}b$ und r, welche durch das Schädigungsgesetz vorgegeben sind, und zum anderen durch den Parameter $\mathcal{C}$ bestimmt. Dieser setzt nach Gleichung (6.8) die Gewichtskraft des Fahrzeugs und die Bezugslast P_S aus dem Schädigungsgesetz in ein Verhältnis, welche in [109] zu 44 kN bestimmt wurde. Bei jeder Überfahrt erfolgt eine Zunahme der Spurrinnentiefe um

$$\Delta h_0 = b\mathcal{F}\mathcal{C}^r, \tag{6.56}$$

sodass der Konstantanteil betragsmäßig linear abnimmt (siehe Abbildung 6.2). Je größer $\mathcal{C}$ und folglich die Masse des Fahrzeugs, umso stärker nimmt die bleibende Verformung pro Überfahrt betragsmäßig zu. Der Faktor $b\mathcal{F}$, welcher von den Materialeigenschaften und der Bauweise abhängt, ist betragsmäßig proportional zur Zunahme der Verformung. Durch den Faktor r kommt die nichtlineare Abhängigkeit der Schädigung von der Masse des Fahrzeugs zum Ausdruck. Ist $\mathcal{C} > 1$, was für eine Fahrzeugmasse von $m > \frac{P_S}{g} = \frac{44\,\text{kN}}{g}$ und somit für fast alle Lkw zutrifft, so nimmt mit dem Wert von r auch die bleibende Verformung zu. Für $\mathcal{C} < 1$ würde sich das Verhalten umkehren und mit größerem r die bleibende Verformung geringer ausfallen.

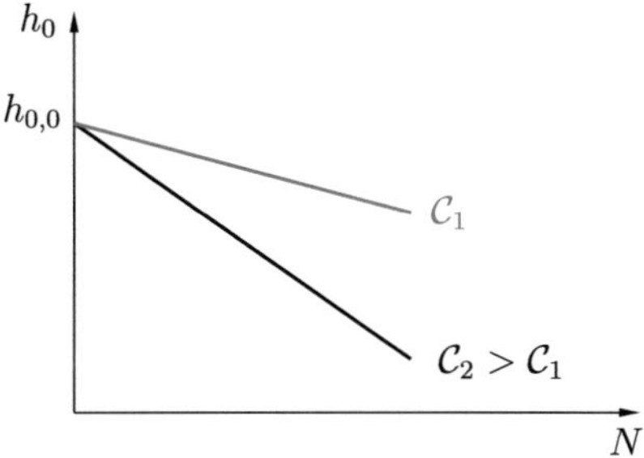

Abbildung 6.2: Qualitative Entwicklung des Konstantanteils für $k = 1$ und unterschiedliche $\mathcal{C} > 1$

Entwicklung der Längsunebenheiten

Zunächst wird der Einfluss der Dämpfung untersucht, welche durch den dimensionslosen Parameter $\hat{\beta} = 2D$, dem zweifachen Dämpfungsmaß, charakterisiert ist. Hierzu wird ein Fahrzeug und ein Schädigungsgesetz mit den in Anhang A genannten Parametern verwendet. Die Dämpfung in Form von $\hat{\beta}$ variiert von 0 bis 2, sodass das Fahrzeug schwingungsfähig ist.
Die normierte Anregungsfrequenz η nimmt Werte zwischen 0 und 10 an. Wird der Zusammenhang

$$\eta = \frac{2\pi v}{\lambda\kappa} \tag{6.57}$$

beachtet, so wird offensichtlich, dass es zahlreiche Kombinationen zwischen Fahrgeschwindigkeit v und Wellenlänge λ der Straßenunebenheit gibt, die zu der gleichen normierten Anregungsfrequenz η führen können. In Abbildung 6.3 ist der Zusammenhang zwischen der Fahrgeschwindigkeit v, der Wellenlänge λ und der normierten Anregungsfrequenz η dargestellt, sodass abgelesen werden kann, welche Kombinationen aus Fahrgeschwindigkeit und Wellenlänge für ein bestimmtes η bei einer vorgegebenen Eigenkreisfrequenz $\kappa = 4\pi\,\frac{1}{\mathrm{s}}$ des Fahrzeugs möglich sind.

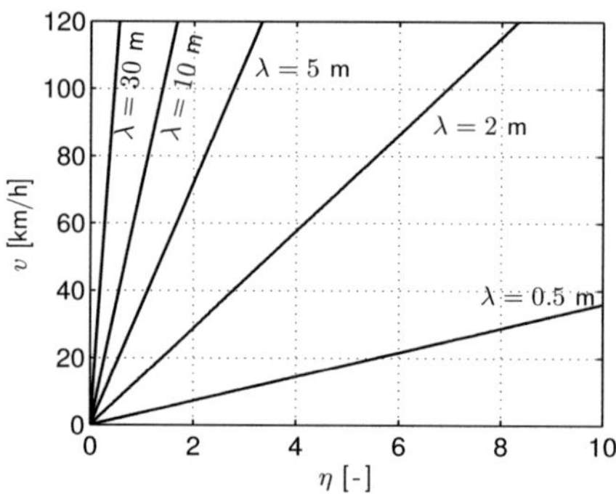

Abbildung 6.3: Zusammenhang zwischen Fahrgeschwindigkeit v, Wellenlänge λ und normierter Anregungsfrequenz η für $\kappa = 4\pi\,\frac{1}{\mathrm{s}}$

Zuerst wird betrachtet, in welchen Parameterbereichen Verstärkung auftritt und in welchen eine Abschwächung der Amplituden erfolgt. Im oberen Diagramm in Abbildung 6.4 sind die Parameterbereiche, die zu Verstärkung führen, dunkelgrau markiert, während jene, die durch eine Abschwächung der Amplituden charakterisiert sind, hellgrau eingefärbt sind. Die untere Teilabbildung gibt den Zusammenhang zwischen λ, v und η an. Die beiden Bereiche sind durch die Grenzkurve

$$\hat{\beta}_{grenz} = \frac{1}{\eta}\sqrt{\frac{\eta^2(1-\tilde{\mathcal{C}}_{eff})-1}{1+\tilde{\mathcal{C}}_{eff}\eta^2}} \quad \text{mit} \quad \tilde{\mathcal{C}}_{eff} = \mathcal{F}\tilde{\mathcal{C}} \tag{6.58}$$

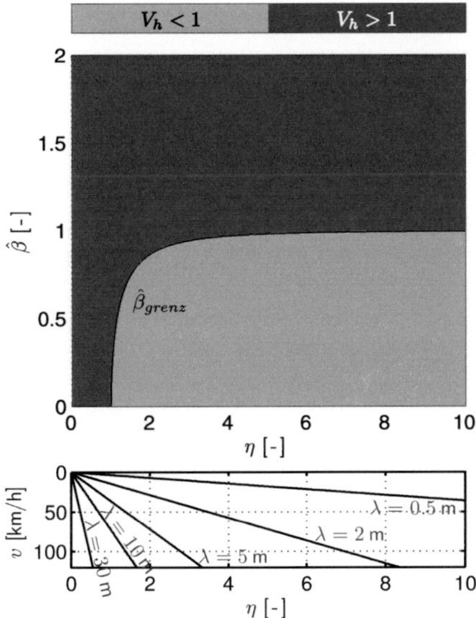

Abbildung 6.4: Verstärkung oder Abschwächung der Unebenheitsamplituden abhängig von $\hat{\beta}$ und η (oben) und Zusammenhang zwischen Fahrgeschwindigkeit v, Wellenlänge λ und normierter Anregungsfrequenz η (unten)

voneinander getrennt. Der Parameter $\tilde{\mathcal{C}}_{eff}$ ist für die in Frage kommenden Parameterbereiche kleiner 1. Da $\hat{\beta}_{grenz}$ nur für Werte $\eta^2 > \frac{1}{1-\tilde{\mathcal{C}}_{eff}}$ existiert, wobei $\frac{1}{1-\tilde{\mathcal{C}}_{eff}} > 1$ wegen $0 < \tilde{\mathcal{C}}_{eff} < 1$ gilt, findet im unterkritischen Anregungsbereich stets eine Verstärkung der Unebenheiten statt. Im ungedämpften Fall $\hat{\beta} = 0$ ändert sich genau bei $\eta = 1$ das Verhalten von Verstärkung zu Abschwächung. Es zeigt sich, dass Dämpfung zu einer Vergrößerung der η-Bereiche führt, die mit einer Verstärkung der Unebenheit einhergeht: Dämpfung verschlechtert somit das Verhalten des Systems Fahrzeug-Straße hinsichtlich der Entwicklung der Straßenverformung, wenn ein Einfreiheitsgradmodell betrachtet wird und das Verhalten ausschließlich über die Größe der Parameterbereiche bewertet wird, in denen Verstärkung stattfindet.
Anhand des unteren Diagramms wird deutlich, dass bei einer Maximalgeschwindigkeit von $v = 120\,\frac{\text{km}}{\text{h}}$ des gewählten Fahrzeugs ab einer Wellenlänge $\lambda \approx 16.8\,\text{m}$ keine Verringerung der Unebenheit durch die dynamische Kontaktkraft mehr möglich ist. Folglich werden die langwelligen Unebenheiten mit $\lambda > 16.6\,\text{m}$ stetig verstärkt.

In Abbildung 6.5a ist ein Ausschnitt der Grenzkurve zwischen den beiden Bereichen für unterschiedliche Werte von $\tilde{\mathcal{C}}$ bei gegebenem Linearisierungsparameter $\mathcal{F}$ dargestellt – dies entspricht letztlich einer Variation von $\tilde{\mathcal{C}}_{eff}$. Das untere Diagramm gilt für $\kappa = 4\pi\,\frac{1}{\text{s}}$. Je kleiner der Parameter $\tilde{\mathcal{C}}$, desto größer der Dämpfungswert $\hat{\beta}$, bis zu dem noch eine Abschwächung der Unebenheit auftritt.

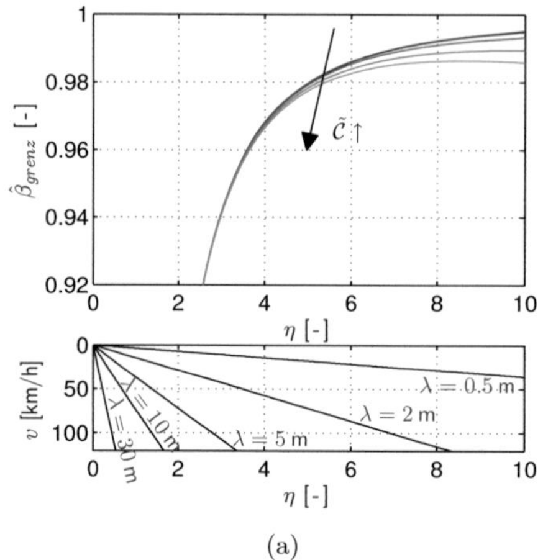

(a)

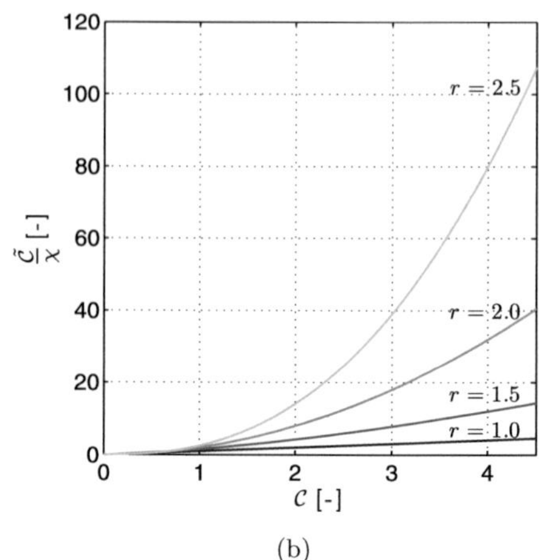

(b)

Abbildung 6.5: (a) Grenzkurve $\hat{\beta}_{grenz}$ für unterschiedliche $\tilde{C}$, (b) Zusammenhang zwischen $\frac{\tilde{C}}{\chi}$ und C, r

Die Grenzkurve $\hat{\beta}$ zwischen den Bereichen von Verstärkung und Abschwächung der Spektralamplituden der Straße weist eine Maximalstelle bei

$$\eta_{ex} = \sqrt{\frac{\tilde{C}_{eff} + \sqrt{\tilde{C}_{eff}}}{\tilde{C}_{eff}(1 - \tilde{C}_{eff})}} \tag{6.59}$$

auf, zu welcher der Wert

$$\hat{\beta}_{grenz}(\eta_{ex}) = 1 - \sqrt{\tilde{C}_{eff}} \tag{6.60}$$

gehört. Dieser Wert kann als kompaktes Maß zur Beschreibung der Größe des Parameterbereichs für Amplitudenabschwächung herangezogen werden. Für $\hat{\beta} > 1$ beziehungsweise $D > 1/2$ kann offensichtlich für keine Fahrgeschwindigkeit (das heißt Anregungsfrequenz η) Abschwächung vorliegen: überschreitet die Dämpfung diesen Grenzwert, so ist für alle Fahrgeschwindigkeiten mit Amplitudenverstärkung zu rechnen.

Der Maximalwert $\hat{\beta}_{grenz}(\eta_{ex})$ ist in Abbildung 6.6 als Funktion der Parameter C und r dargestellt für $\kappa = 4\pi\,\frac{1}{\mathrm{s}}$, $b = 9.16 \cdot 10^{-6}$ m und somit $\chi = 7.37 \cdot 10^{-5}$. Es ist ersichtlich, dass sich bei geringeren Werten von r und kleineren Massen m, das heißt geringeren Werten von C, größere maximale Dämpfungswerte $\hat{\beta}_{grenz}(\eta_{ex})$ und somit Dämpfungsmaße ergeben. Um den Bereich der Amplitudenabschwächung möglichst groß zu machen, sollte $\tilde{C}_{eff} = \tilde{C}\mathcal{F}$ möglichst klein gewählt werden (siehe auch Abbildung 6.5a). Für konstantes $\mathcal{F}$ folgt hieraus, dass $\tilde{C} = \chi C^r r$ möglichst gering sein sollte. Wird zudem χ=const angenommen, so ergibt sich die Forderung, dass der kombinierte Systemparameter $C^r r$ minimal sein sollte: Abbildung 6.5b zeigt $\tilde{C}/\chi = C^r r$ als Funktion von C und r und die Möglichkeiten bei konstantem χ durch Kombination von C und r den Parameter $\tilde{C}$ zu verringern.

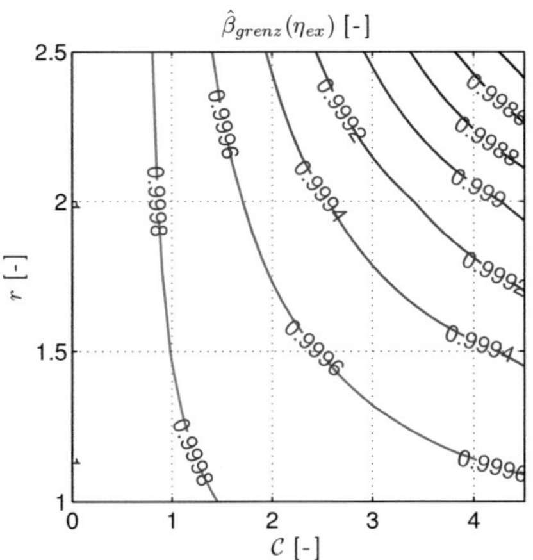

Abbildung 6.6: $\hat{\beta}_{grenz}(\eta_{ex})$ für unterschiedliche Werte von $\mathcal{C}$ und r

Neben der Frage, ob eine Verstärkung oder Abschwächung der Unebenheit für unterschiedliche Parameter stattfindet, interessiert natürlich die Tatsache, wie stark sich die Unebenheit für bestimmte Parameterkombinationen verändert. Dies kann anhand der Vergrößerungsfunktion V_h bewertet werden. Da der Vergrößerungsfaktor der Amplituden für eine Überfahrt nur sehr geringfügig von 1 abweicht und sich die Werte der Vergrößerungsfunktionen für unterschiedliche Parameter nur minimal unterscheiden, wird stattdessen entsprechend Gleichung (6.52) die resultierende Vergrößerung

$$V_{h,\Delta 6\cdot 10^5} = \frac{\hat{h}_{1\cdot 10^6}}{\hat{h}_{4\cdot 10^5}} = V_h^{6\cdot 10^5} \tag{6.61}$$

der Amplituden zwischen der $4\cdot 10^5$-ten und der $1\cdot 10^6$-ten Überfahrt betrachtet. Diese ist für unterschiedliche normierte Anregungsfrequenzen η und Dämpfungsparameter $\hat{\beta}$ in Abbildung 6.7 für ein gegebenes $\tilde{\mathcal{C}}_{eff}$ dargestellt, wobei im rechten Diagramm der Verlauf für vier ausgewählte Dämpfungswerte $\hat{\beta}$ aufgezeichnet ist.

Zum einen ist ersichtlich, dass bei einer Anregung in der Nähe der Eigenkreisfrequenz des Fahrzeugs, das heißt in der Nähe von $\eta = 1$, die größte Verstärkung oder Abschwächung in der Unebenheitsamplitude auftritt. Zum anderen ist gut zu erkennen, dass für zunehmende Dämpfung die Punkte neutraler Verstärkung $V_h = 1$ zu höheren η -Werten wandern. Des Weiteren fällt auf, dass alle Vergrößerungsfunktionen einen gemeinsamen Schnittpunkt besitzen, der bei

$$\eta_{SP} = \frac{1}{2}\sqrt{2}\sqrt{\frac{2\tilde{\mathcal{C}}_{eff} - 1 + \sqrt{4\tilde{\mathcal{C}}_{eff}^2 + 1}}{\tilde{\mathcal{C}}_{eff}}} \tag{6.62}$$

liegt. Dies ähnelt qualitativ dem Verhalten bei Vergrößerungsfunktionen, wie sie bei Abschirmungsproblemen auftreten [150]. Es ist offensichtlich, dass stets $\eta_{SP} > 1$ gilt, für

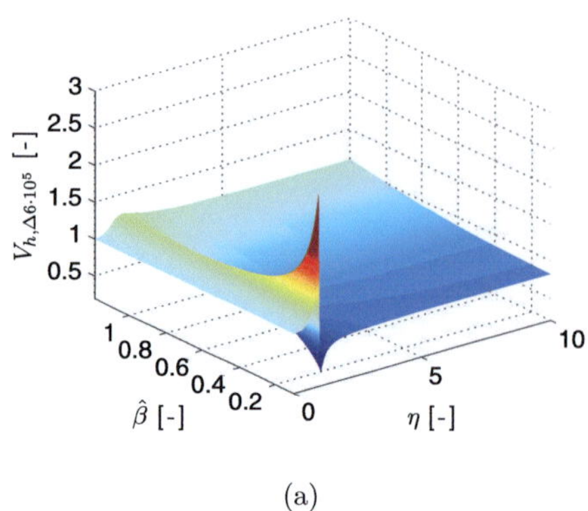

(a)

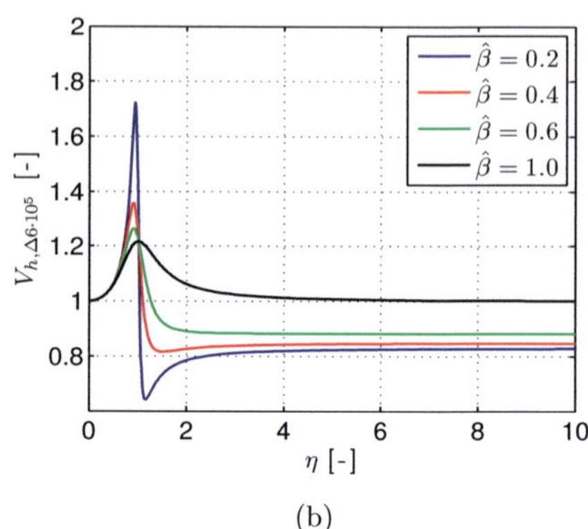

(b)

Abbildung 6.7: Vergrößerung der Unebenheitsamplitude von $4\cdot 10^5$ bis $1\cdot 10^6$ Überfahrten für gegebenes $\tilde{\mathcal{C}}_{eff}$

realistische Zahlenwerte zeigt sich jedoch, dass η_{SP} nur wenig größer als 1 ist. Dämpfung verringert für $\eta < \eta_{SP}$ den Betrag der Vergrößerungsfunktion, während sie für $\eta > \eta_{SP}$ den Betrag vergrößert. Unterhalb von η_{SP} gilt $V_h > 1$: zunehmende Dämpfung reduziert hier die Vergrößerung der Amplituden. In den Bereichen jenseits von η_{SP} hat Dämpfung jedoch einen negativen Einfluss: entweder werden die Unebenheiten weniger stark abgebaut, falls $V_h < 1$ ist, oder sie werden durch hohe Dämpfung sogar verstärkt.
In dem äußerst schmalen Bereich $1 < \eta < \eta_{SP}$ würden ohne Dämpfung die Unebenheiten abgebaut werden. Liegt jedoch Dämpfung vor, werden für $1 < \eta < \eta_{SP}$ die Unebenheiten verstärkt. Dann sind folglich größere Dämpfungswerte von Vorteil, weil diese die Verstärkung reduzieren – dieser Zwischenbereich ist allerdings vernachlässigbar gering.
Insgesamt lässt sich festhalten, dass Dämpfung einerseits zwar den Bereich der Amplitudenabschwächung verkleinern und gänzlich verschwinden lassen kann. Andererseits führt sie in jedem Fall zu einer Mäßigung des Wachstumsverhaltens, das heißt sowohl Verstärkung als auch Abschwächung werden gemindert.
Werden vor allem langwellige Unebenheiten betrachtet, die mit realistischen Fahrgeschwindigkeiten zu $\eta < 1$ führen und somit im Bereich der Verstärkung liegen, kann der Dämpfung ein positiver Effekt hinsichtlich Schadensminimierung zugeschrieben werden, weil sie die Intensität der Verstärkung verringert.
Liegen hauptsächlich kurzwellige Unebenheiten vor, so sollte eine möglichst niedrige Dämpfung gewählt werden, um eine möglichst starke Abschwächung der Unebenheiten zu erreichen. Im Allgemeinen wird man jedoch mit einer Mischung verschiedener Wellenlängen und Fahrgeschwindigkeiten zu tun haben, sodass sich dieser Zielkonflikt nicht eindeutig lösen lässt: der einzige Ausweg erscheint hier eine möglichst große Fahrzeugdämpfung, die zwar keine Abschwächung kurzer Bodenwellen mehr gestattet, dafür aber insgesamt das Wachstum über alle Wellenlängen verlangsamt und damit die Lebensdauer verlängert.

Abbildung 6.8 zeigt beispielhaft die Entwicklung der spektralen Unebenheitsamplituden als Funktion der Überfahrtenanzahl N. Da für die gewählten Zahlenwerte $\hat{\beta} < \hat{\beta}_{grenz}(\eta_{ex})$ gilt,

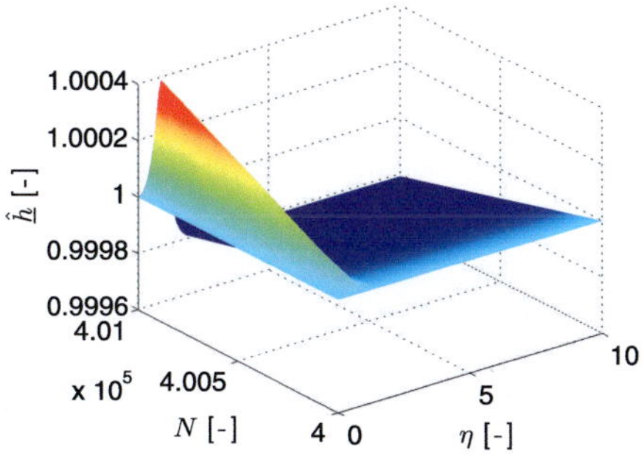

Abbildung 6.8: Entwicklung von zu unterschiedlichen Frequenzen η gehörenden Unebenheitsamplituden von $N = 4.0 \cdot 10^5$ bis $N = 4.01 \cdot 10^5$ für $\hat{\beta} = 0.6$

kann abhängig von der Frequenz sowohl Verstärkung als auch Abschwächung beobachtet werden: entsprechend der ermittelten Vergrößerungsfunktionen werden die Unebenheitsamplituden durch die Einwirkung der dynamischen Kräfte vergrößert oder verringert. In den Bereichen, in denen die Amplituden zunehmen, geschieht dies progressiv, während die Abnahme der Amplituden degressiv erfolgt. Durch die Zunahme der Amplitude vergrößert sich auch die Kontaktkraft, die infolge der nächsten Überfahrt entsteht, sodass die resultierende Verformung ebenfalls größer ist als während der vorherigen Belastung: diese Rückkopplung erklärt das progressive Wachstum. Wird die Unebenheit durch die dynamischen Kontaktkräfte abgebaut, verringert sich entsprechend der abnehmenden Anregungsamplitude die Amplitude der Kraft und somit der Zuwachs an bleibender Verformung: die Folge ist eine degressive Abnahme der Unebenheit.

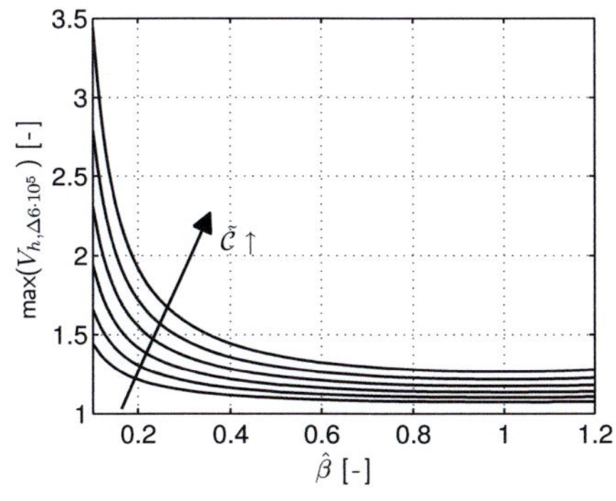

(a) Maximale Vergrößerungsfunktion

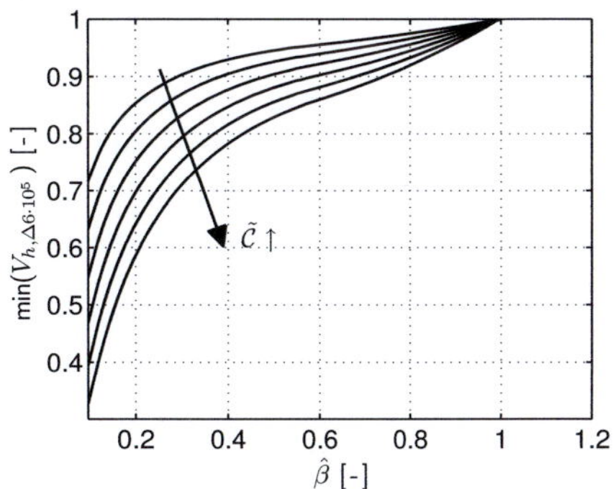

(b) Minimale Vergrößerungsfunktion

Abbildung 6.9: Einfluss des Dämpfungsparameters $\hat{\beta}$ und des Parameters $\tilde{C}$ auf den maximalen Wert (a) bzw. minimalen Wert (b) der Vergrößerung der Unebenheitsamplitude von $4 \cdot 10^5$ bis $1 \cdot 10^6$

Neben der Anregungsfrequenz und der Dämpfung beeinflusst der Parameter $\tilde{\mathcal{C}}_{eff} = \mathcal{F}\tilde{\mathcal{C}}$ die Vergrößerungsfunktion entscheidend. Unter der Annahme $\mathcal{F}$ =const. wird der Einfluss im Folgenden durch Variation von $\tilde{\mathcal{C}}$ diskutiert. In Abbildung 6.9a ist das Maximum der Vergrößerung $V_{h,\Delta 6\cdot 10^5}$ als Funktion der Dämpfung $\hat{\beta}$ und des Parameters $\tilde{\mathcal{C}}$ dargestellt. Da Abbildung 6.7 für ein bestimmtes $\tilde{\mathcal{C}}$ gilt, ergeben die Werte von $V_{h,\Delta 6\cdot 10^5}$, welche auf dem Kamm in dieser Abbildung liegen, genau eine der in Abbildung 6.9a abgebildeten Kurven für das entsprechende $\tilde{\mathcal{C}}$. Es ist offensichtlich, dass ein größerer Wert von $\tilde{\mathcal{C}} = \chi\mathcal{C}^r r = \frac{b\kappa^2}{2g}\left(\frac{mg}{P_S}\right)^r r$ mit einer stärkeren Änderung der Unebenheitsamplitude verbunden ist. Folglich führen größere Massen m oder Eigenkreisfrequenzen κ zu einer größeren Schädigung der Straße durch Zunahme der Unebenheit – genauso wie eine Vergrößerung des Straßenparameters b, welcher von Materialeigenschaften und der Bauweise der Straße abhängt.

In Abbildung 6.9b hingegen ist das Minimum dieser Vergrößerung $V_{h,\Delta 6\cdot 10^5}$ als Funktion der Dämpfung $\hat{\beta}$ und des Parameters $\tilde{\mathcal{C}}$ zu sehen. Hier wirkt sich ein zunehmendes $\tilde{\mathcal{C}}$ positiv aus, da die Unebenheiten stärker abgebaut werden. Jedoch ist zu beachten, dass Abschwächung eher bei kurzwelligen Anregungen vorzufinden ist (siehe Abbildung 6.4).

6.3.3 Lineare, gedämpfte Radaufhängung mit in N nichtlinearem Schädigungsgesetz

Im Folgenden wird die Entwicklung der bleibenden Straßenverformung für ein in N nichtlineares Schädigungsgesetz untersucht.

Entwicklung des Konstantanteils

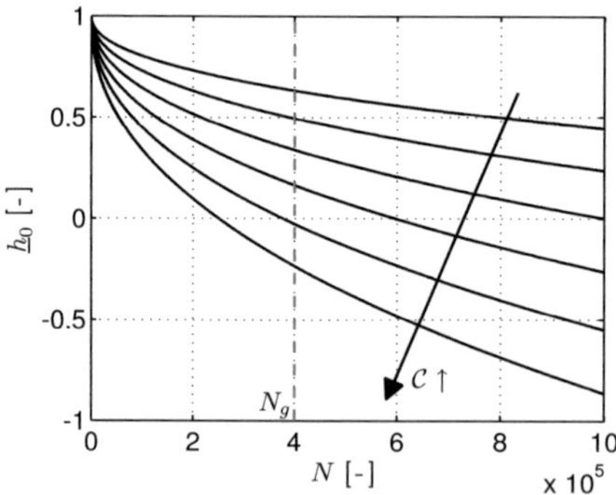

Abbildung 6.10: Entwicklung des Konstantanteils für $k \neq 1$ für unterschiedliche $\mathcal{C}$

Die Entwicklung der mittleren Spurrinnentiefe folgt Gleichung (6.17). Die betragsmäßige Zunahme des Konstantanteils des Straßenverlaufs pro Überfahrt nimmt dementsprechend mit zunehmender Anzahl N an Überfahrten ab. In Abbildung 6.10 ist die Entwicklung des normierten Konstantanteils $\underline{h}_0$ mit der Anzahl der Überfahrten N für unterschiedliche Parameter $\mathcal{C} = \frac{mg}{P_S}$ veranschaulicht. Mit steigendem $\mathcal{C}$ – das heißt steigender Masse

des Fahrzeugs – nimmt auch erwartungsgemäß die bleibende Verformung zu. Aufgrund der nichtlinearen Abhängigkeit der bleibenden Verformung von $\mathcal{C}$ – und damit von der Masse m –, verursacht eine Erhöhung der Masse des Fahrzeugs eine überproportionale Schädigung. Wie schon beim in N linearen Schädigungsgesetz, bewirkt eine Erhöhung der Straßenparameter r (falls $\mathcal{C} > 1$), k und b ein schnelleres Absinken des Konstantanteils.

Entwicklung der Längsunebenheiten

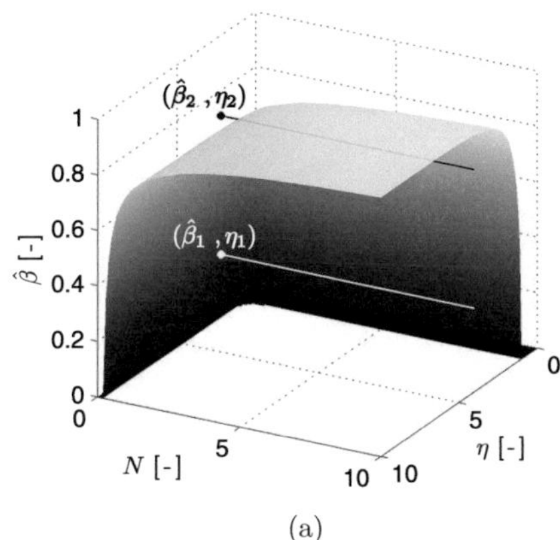

(a)

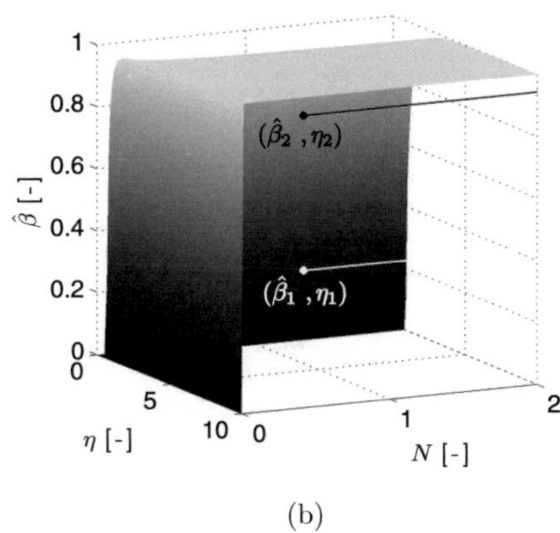

(b)

Abbildung 6.11: Grenzfläche, auf der $V_{h,N} = 1$ gilt für (a) beliebige Parameter und für (b) realistischen Parameterbereich. Unterhalb der Fläche gilt $V_{h,N} < 1$, oberhalb $V_{h,N} > 1$

Die Bedingung für neutrales Verformungsverhalten lautet $V_{h,N} = 1$. Für gegebene $\tilde{\mathcal{C}}$ und k ergibt diese Bedingung eine Grenzfläche im Parameterraum, welche in Abhängigkeit des Dämpfungsparameters $\hat{\beta}$, der normierten Anregungsfrequenz η und der Anzahl der Überfahrten N in Abbildung 6.11a dargestellt ist. Unterhalb der Grenzfläche werden die Unebenheiten durch die dynamischen Kontaktkräfte abgeschwächt ($V_{h,N} < 1$), während sie oberhalb der Grenzfläche verstärkt werden ($V_{h,N} > 1$).

Für die Parameterkombination $(\hat{\beta}_1, \eta_1)$ liegt bei $N = 1$ Abschwächung wegen $V_{h,1} < 1$ vor. Auch für zunehmende N wird sich daran nichts ändern, wie in Abbildung 6.11a ersichtlich ist: Die Punkte $(\hat{\beta}_1, \eta_1, N)$ liegen für jedes beliebige N in dem Bereich unterhalb der konkaven Grenzfläche, welcher durch $V_{h,N} < 1$ charakterisiert ist. Dies passt zu den zuvor gefundenen Ergebnissen, dass kein Wechsel von Abschwächung zu Verstärkung stattfinden kann, wenn die Bedingung zu Beginn der Befahrung zu $V_{h,N=1} < 1$ führt (siehe Abschnitt 6.3). Der Wechsel im Verhalten hat dann bereits bei $N_0 < 1$ stattgefunden.

Der zur Parameterkombination $(\hat{\beta}_2, \eta_2, N = 1)$ gehörende Punkt liegt außerhalb der Grenzfläche, sodass anfänglich mit einer Verstärkung der Unebenheitsamplitude zu rechnen ist. Für $N > 1$ durchstößt die eingezeichnete Gerade jedoch die Grenzfläche, sodass ein Wechsel von Verstärkung zu Abschwächung stattfindet. Dies entspricht dem letzten der in Abschnitt 6.3 beschriebenen Fälle mit $p_c^* > 0$ und anfänglicher Verstärkung.

In Abbildung 6.11b ist die Grenzfläche für die in Anhang A eingeführten Parameter dargestellt. Während in Abbildung 6.11a $\tilde{\mathcal{C}} = 1$ gewählt wird, wurde die Grenzfläche in Abbildung 6.11b mit realistischen Parametern berechnet, welche $\tilde{\mathcal{C}} = 4.3647 \cdot 10^{-4}$ ergeben. Es ist offensichtlich, dass mit nahezu allen Parameterkombinationen kein Wechsel im Verformungsverhalten einhergeht, da dieser weit unterhalb $N = 1$ stattfindet. Höchstens Parameterkombinationen, die äußerst nahe an der Grenzfläche liegen – zum Beispiel durch eine sehr geringe Dämpfung nahe der Resonanz – könnten zu einem Wechsel bei $N_0 > 1$ führen. Werden diese Parameterkombinationen nahe der Grenzfläche ausgeschlossen, genügt es zu überprüfen, ob bei der gewählten Parameterkombination bei $N = 1$ Verstärkung oder Abschwächung der Unebenheiten vorliegt, um eine Aussage hinsichtlich der Wirkung der Kontaktkräfte für die gewählte Parameterkombination über die gesamte betrachtete Belastungsdauer vorzunehmen.

In Abbildung 6.12 sind die Parameterbereiche hellgrau markiert, in denen eine Verringerung der Unebenheitsamplitude aus den dynamischen Kontaktkräften resultiert, während die dunkelgrauen Bereiche für Parameterkombinationen stehen, welche eine Verstärkung der Unebenheit zur Folge haben. Als Maß zur Unterscheidung kann hierbei der Wert der Vergrößerungsfunktion bei $N = 1$ herangezogen werden, da wie oben dargelegt, ein späterer Wechsel im Verhalten für realistische Parameter nicht auftritt. Parameterkombinationen, die im Laufe der Überfahrten zu einem Wechsel von Verstärkung zu Abschwächung führen könnten und die Grenzfläche Abbildung 6.11b durchstoßen würden, liegen in äußerster Nähe zu der dargestellten Grenzkurve $\hat{\beta}_{grenz}$ für $N = 1$.

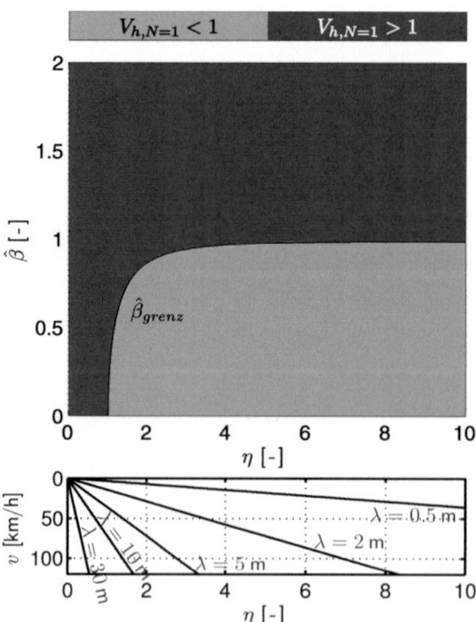

Abbildung 6.12: Zunahme ($V_{h,N=1} > 1$) oder Abnahme ($V_{h,N=1} < 1$) der Unebenheitsamplitude abhängig von $\hat{\beta}$ und η (oben); Zusammenhang zwischen Fahrgeschwindigkeit v, Wellenlänge λ und normierter Anregungsfrequenz η (unten)

Das Diagramm 6.12 ähnelt im Wesentlichen Abbildung 6.4 für das in N lineare Schädigungsgesetz, sodass die dort getroffenen Aussagen offenbar weiterhin Gültigkeit besitzen. Insbesondere führt Dämpfung zu einer Vergrößerung der Bereiche, in denen eine Verstärkung der Unebenheitsamplitude erfolgt.
Eine der Parameterkombinationen, die zu einem Wechsel im Verformungsverhalten führt, ist $\hat{\beta} = 0.86$ und $\eta = 1.96$. Für diese Parameterkombination werden anfangs die Unebenheiten verstärkt, jedoch ab einer gewissen Anzahl N_0 an Überfahrten abgeschwächt. Der Wechsel im Verformungsverhalten findet hierbei zwischen $N = 46$ und $N = 47$ statt. Abbildung 6.13a veranschaulicht die Entwicklung der Vergrößerungsfunktion in Form der Differenz $V_{h,N} - 1$. Zwischen $N = 46$ und $N = 47$ erfolgt der Wechsel von $V_{h,N} > 1$ zu $V_{h,N} < 1$. Dementsprechend ergibt sich die Entwicklung der normierten Unebenheitsamplitude in Form von $\underline{\hat{h}}_N - \underline{\hat{h}}_{N=1}$, welche in Abbildung 6.13b illustriert ist. Nach anfänglicher Zunahme der Amplitude der Unebenheit verringert sie sich kontinuierlich, sobald N_0 überschritten ist.

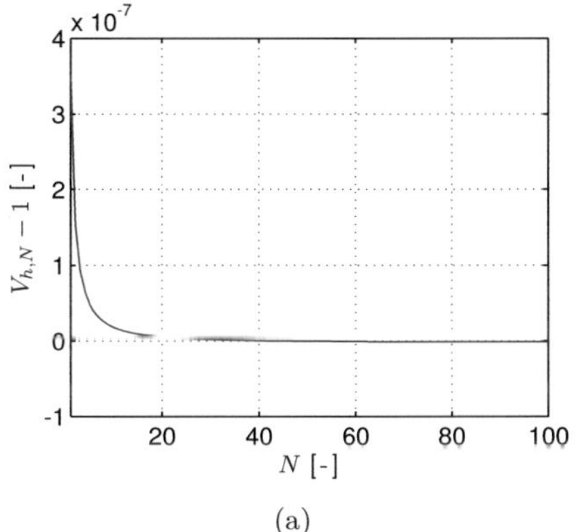

(a)

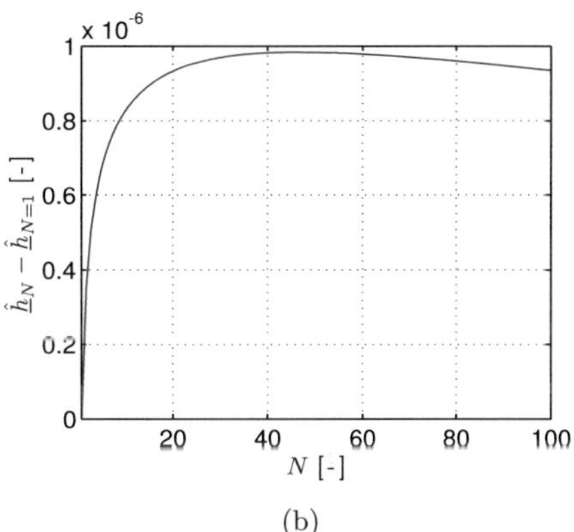

(b)

Abbildung 6.13: (a) Entwicklung der Vergrößerungsfunktion und (b) der normierten Amplitude für $\hat{\beta} = 0.86$ und $\eta = 1.96$

Aufgrund der Nichtlinearität des Schädigungsgesetzes in N ändert sich die Vergrößerungsfunktion zwischen den Unebenheitsamplituden mit der Anzahl der Überfahrten, und zwar so, dass die Zu- oder Abnahme an bleibender Verformung pro Überfahrt mit steigendem N geringer wird. Abbildung 6.14 zeigt die Entwicklung der Vergrößerungsfunktion im Laufe der ersten 20 Fahrzeugüberfahrten für unterschiedliche große Dämpfungswerte $\hat{\beta}$ beziehungsweise Dämpfungsmaße D. Die Abnahme der Vergrößerungsfunktion für $V_h > 1$ und die Zunahme der Vergrößerungsfunktion für $V_h < 1$ mit der Anzahl der Überfahrten N ist deutlich zu erkennen: dies bedeutet, dass V_h für $N \to \infty$ von unten beziehungsweise von oben gegen 1 strebt.

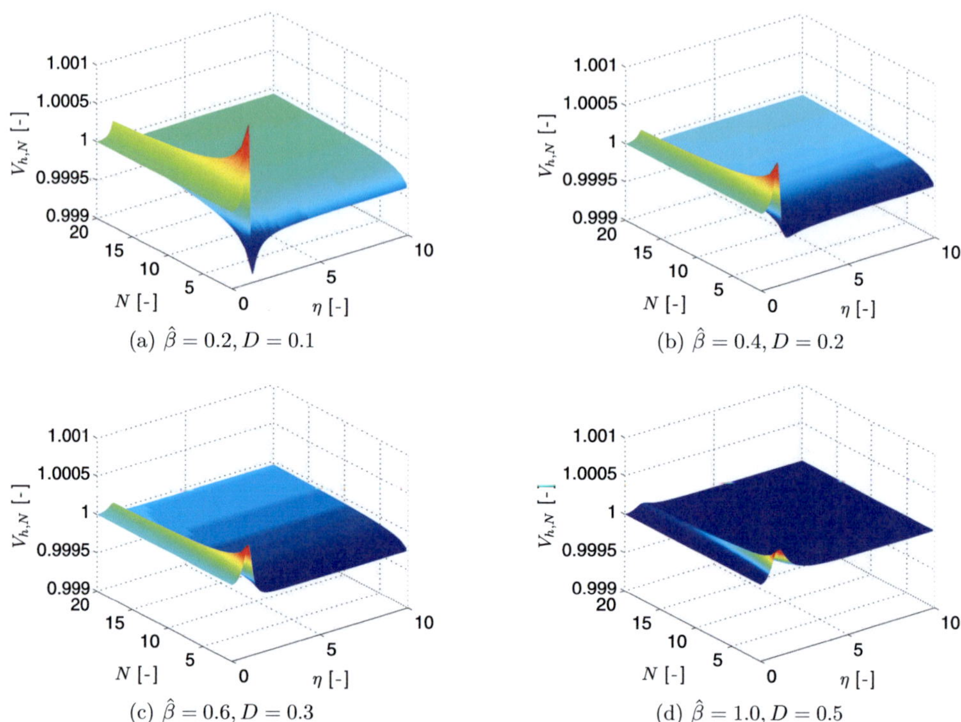

(a) $\hat{\beta} = 0.2, D = 0.1$ (b) $\hat{\beta} = 0.4, D = 0.2$

(c) $\hat{\beta} = 0.6, D = 0.3$ (d) $\hat{\beta} = 1.0, D = 0.5$

Abbildung 6.14: Anfängliche Entwicklung der Vergrößerungsfunktion für unterschiedliche Dämpfungsparameter $\hat{\beta}$ beziehungsweise Dämpfungsmaße $D = \frac{\hat{\beta}}{2}$

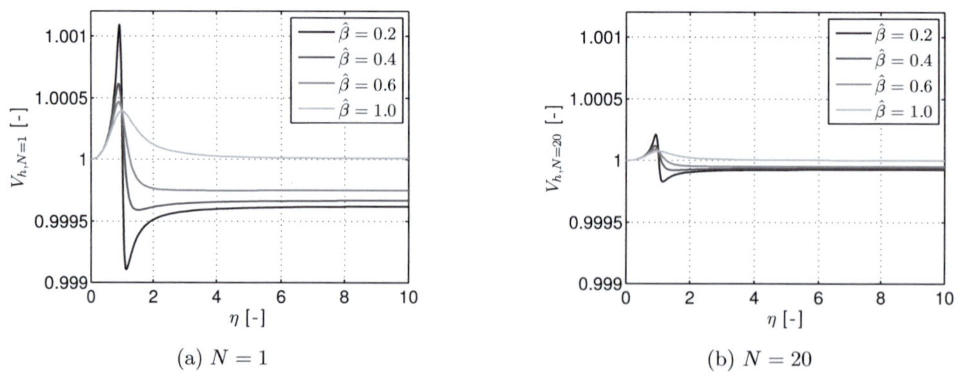

(a) $N = 1$ (b) $N = 20$

Abbildung 6.15: Vergrößerungsfunktion für unterschiedliche Dämpfungswerte $\hat{\beta}$ für (a) $N = 1$ und (b) $N = 20$

Der Betrag der Vergrößerungsfunktion ist abhängig vom Dämpfungsparameter $\hat{\beta}$. Zunehmende Dämpfung vergrößert den Wertebereich von η, in dem eine Verstärkung der Unebenheitsamplitude erfolgt, wie bereits in Abbildung 6.12 ersichtlich war. Ab einer gewissen Dämpfung $\hat{\beta}_{ex}$ findet für kein η mehr eine Abschwächung der Unebenheiten statt.
In Abbildung 6.15 sind die Vergrößerungsfunktionen für unterschiedliche Dämpfungswerte als Funktion der normierten Anregungsfrequenz η für $N = 1$ in Abbildung 6.15a und für $N = 20$ in Abbildung 6.15b dargestellt. Es ist zu erkennen, dass die Vergrößerungsfunktionen wie auch beim Sonderfall des in N linearen Schädigungsgesetzes einen gemeinsamen Schnittpunkt bei

$$\eta_{SP} = \frac{1}{2}\sqrt{2}\sqrt{\frac{2kN^{k-1}\tilde{C} - 1 + \sqrt{4(kN^{k-1}\tilde{C})^2 + 1}}{kN^{k-1}\tilde{C}}} \tag{6.63}$$

besitzen, der nun mit der Anzahl N der Überfahrten minimal wandert, wie beispielsweise für die ersten 100 Überfahrten in Abbildung 6.16 zu erkennen ist. Prinzipiell gelten für den betrachteten Zustand N die gleichen Aussagen wie für das in N lineare Schädigungsgesetz in Abschnitt 6.3.2. Bei vorhandener Dämpfung wirkt sich diese für $\eta < \eta_{SP}$ positiv aus, da mit zunehmender Dämpfung eine geringere Verstärkung der Unebenheiten erfolgt. Für $\eta > \eta_{SP}$ hingegen werden die Unebenheiten umso geringer abgebaut, umso größer die Dämpfung ist.

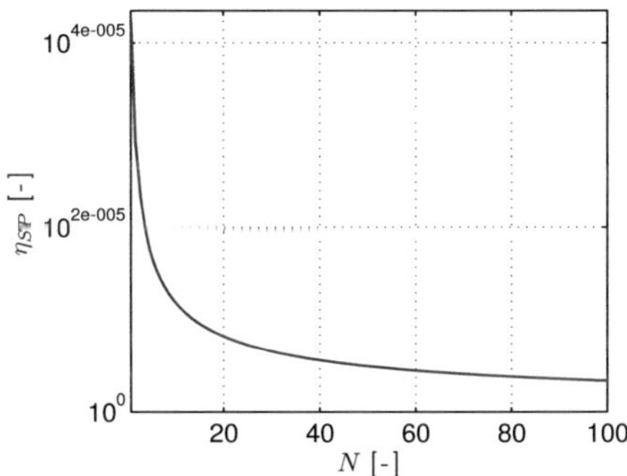

Abbildung 6.16: Schnittpunkt η_{SP} der Vergrößerungsfunktionen abhängig von der Anzahl N der Überfahrten

Die Entwicklung der Vergrößerungsfunktion für unterschiedliche Parameter $\tilde{C}$ zeigt Abbildung 6.17 und die Vergrößerungsfunktionen für $N = 1$ und $N = 20$ Abbildung 6.18 für $\hat{\beta} = 0.4$ und ausgewählte Werte von $\tilde{C}$. Auch hier wird deutlich, dass der Betrag der Vergrößerungsfunktion mit der Anzahl der Überfahrten N gegen 1 strebt. Im Bereich von Vergrößerungsfunktionen $V_h > 1$ verursacht ein größeres $\tilde{C}$ – beispielsweise infolge einer höheren Fahrzeugmasse m – eine größere Schädigung, während in Bereichen, in denen die Unebenheit abgebaut wird, größere $\tilde{C}$ hinsichtlich Abbau der Unebenheit von Vorteil sind. Die Aussagen entsprechen qualitativ wiederum jenen des in N linearen Schädigungsgesetzes (siehe beispielsweise Abbildung 6.9).

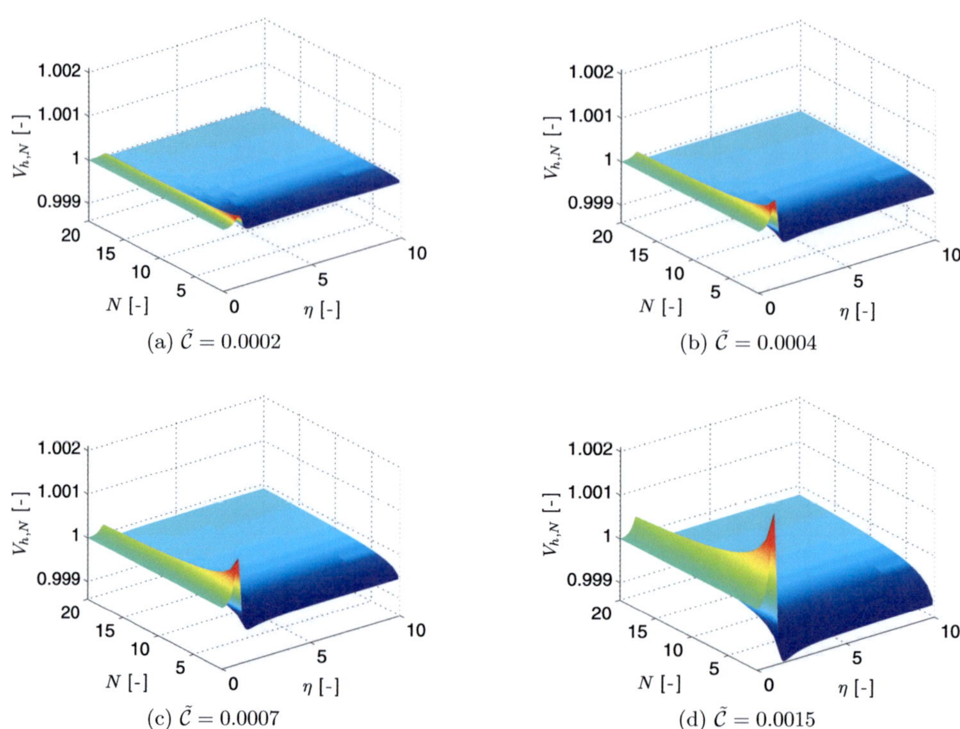

(a) $\tilde{\mathcal{C}} = 0.0002$ (b) $\tilde{\mathcal{C}} = 0.0004$

(c) $\tilde{\mathcal{C}} = 0.0007$ (d) $\tilde{\mathcal{C}} = 0.0015$

Abbildung 6.17: Anfängliche Entwicklung der Vergrößerungsfunktion für unterschiedliche Parameter $\tilde{\mathcal{C}}$

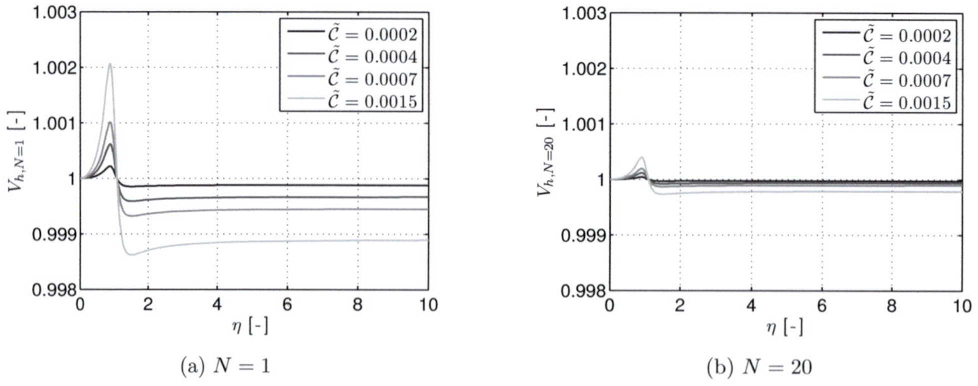

(a) $N = 1$ (b) $N = 20$

Abbildung 6.18: Vergrößerungsfunktion für unterschiedliche Parameter $\tilde{\mathcal{C}}$ für (a) $N = 1$ und (b) $N = 20$

Zusammenfassend lässt sich sagen, dass sich alle in Abschnitt 6.3.2 hergeleiteten Zusammenhänge qualitativ auch auf das in N nichtlineare Schädigungsgesetz übertragen lassen. Dies trifft insbesondere ab einer gewissen Anzahl N an Überfahrten zu, da mit zunehmender Anzahl an Überfahrten N die Änderung der Vergrößerungsfunktion mit N immer kleiner wird und das Verhalten asymptotisch gegen das des linearisierten Problems strebt. Offensichtlich ist die Berücksichtigung der Bodennichtlinearität in N für das Verhalten der Grundharmonischen nur relevant, wenn quantitative Vorhersagen gemacht werden sollen.

6.3.4 Zusammenfassung und Diskussion

In den hier gezeigten Untersuchungen wurde festgestellt, dass sich die Ergebnisse aus dem in N linearen und dem in N nichtlinearen Schädigungsgesetz bis auf wenige Ausnahmen qualitativ nicht unterscheiden. Deshalb ist zumindest für bestimmte Abschnitte der Lebensdauer einer Straße die Verwendung eines in N linearisierten Modells gerechtfertigt.
Hinsichtlich der Entwicklung des Konstantanteils ergab sich, dass die Verformung mit steigendem Parameter $\tilde{C}$ und somit der Fahrzeugmasse zunimmt. Dies ist zum einen offensichtlich plausibel und zum anderen resultiert dieses Ergebnis direkt aus dem verwendeten Schädigungsgesetz. Für einen Straßenparameter $r > 1$, der die nichtlineare Abhängigkeit der Verformung von der Belastung erfasst, führt eine Erhöhung der Masse zu einem überproportionalen Ansteigen der Schädigung. Hieraus folgt, dass die mittlere Spurrinnentiefe nur durch verringerte statische Radlasten oder aber erhöhte Festigkeit der Straße – ausgedrückt beispielsweise durch einen kleineren Wert des Parameters b – reduziert werden kann.
Hinsichtlich der Entwicklung der longitudinalen Unebenheit zeigen die voranstehenden Überlegungen, dass es prinzipiell Parameterbereiche gibt, in denen eine Verstärkung der Unebenheitsamplituden infolge der dynamischen Lasteinwirkung stattfindet und Bereiche, in denen die Unebenheitsamplitude abnimmt. Dies hängt von der Phasenlage der Kontaktkraft zur Unebenheit ab: treffen die Maxima der Kraft, die nach unten zeigend positiv definiert ist, mit den Minima der Straßenanregung zusammen, werden die Unebenheiten verstärkt. Bei umgekehrter Phasenlage hingegen werden die Unebenheiten abgebaut. Im Wesentlichen erfolgt bei einer unterkritischen Anregung eine Verstärkung der Unebenheit und bei einer überkritischen Anregung eine Abschwächung derselben.
Diese Erkenntnis entspricht Ergebnissen von Collop und Cebon [49, 50, 51], die sie mithilfe numerischer Simulationen auf Basis ihres *Whole-Life Pavement-Performance Model* generiert haben (siehe Abschnitt 1.2.2). Sie stellen dabei fest, dass kurzwellige Spektralanteile abgebaut werden, während langwellige Unebenheiten anwachsen. Auch sie erklären diesen Effekt mit der Phasenlage der Kontaktkraft. Zudem kann es passieren, dass die Rauigkeit im Laufe der Überfahrten zunächst sogar abnimmt und später jedoch zunimmt, da dann die Zunahme der langwelligen Unebenheitsamplituden überwiegt. Die Entwicklung der Rauigkeit hängt allerdings stark davon ab, welches Schädigungsgesetz zugrunde gelegt wird.
Ein Ansteigen der Rauigkeit im Laufe der Jahre stellen auch Ullidtz [228, 231] und D'Apuzzo et al. [55] anhand numerischer Rechnungen fest, ohne jedoch auf das Verhalten der einzelnen Spektralanteile oder die physikalischen Gründe einzugehen.

Auch die hier gezeigten Ergebnisse für den Einmassenschwinger weisen darauf hin, dass ein Wechsel im Wachstumsverhalten der Unebenheit für ganz bestimmte Parameterkombinationen von Verstärkung zu Abschwächung möglich ist. Dies ist jedoch schwer mit der oben genannten Umkehr in der Rauigkeitsentwicklung zu vergleichen, da dort eine multifrequente Straße betrachtet wird und nicht das gleiche Schädigungsgesetz zu Grunde liegt.

In Abschnitt 6.3.2 wurde festgestellt, dass eine Reduzierung des Faktors $\chi = \frac{b\kappa^2}{2g}$, zum Beispiel durch eine kleinere Eigenkreisfrequenz, den Zuwachs an bleibender Verformung verringert. Dies korrespondiert mit der Tatsache, dass in vielen Arbeiten geringe Federsteifigkeiten für Radaufhängungen für eine Verbesserung der Straßenfreundlichkeit gefordert werden.
Mithilfe ihres Modells kommen beispielsweise Collop und Cebon [51] zu der Erkenntnis, dass Luftfedern in Radaufhängungen straßenfreundlicher sind als Blattfedern, die eine höhere Steifigkeit aufweisen, was die Entwicklung der Rauigkeit und der Spurrinnentiefe angeht. Beide Federn werden als lineare Federn, jedoch mit unterschiedlicher Steifigkeit modelliert. Die Wertung dieser beiden Federarten hinsichtlich Straßenfreundlichkeit findet sich auch in zahlreichen anderen Arbeiten wieder und wurde sowohl anhand von Messungen als auch Simulationen begründet (siehe beispielsweise [33, 175]). Neben der Rauigkeit wird jedoch häufig der dynamische Belastungskoeffizient (siehe Abschnitt 1.2.3) herangezogen, der nur eine Aussage bezüglich der Varianz der Kontaktkraft und nicht bezüglich der räumlichen Aspekte der Unebenheit macht.
Der Faktor χ hängt jedoch nicht nur von der Eigenkreisfrequenz ab, sondern auch von dem Straßenparameter b, welcher durch die Materialeigenschaften und die Bauweise der Straße bestimmt ist. Eine Reduzierung dieses Faktors beispielsweise durch eine höhere Festigkeit der Straße würde die Verformung der Straße ebenfalls verringern.

Die Ergebnisse aus den genannten Arbeiten bestätigen folglich die in der vorliegenden Arbeit getroffenen Aussagen, dass langwellige Unebenheiten tendenziell verstärkt werden und kurzwellige Unebenheiten für geringe Dämpfung eher abgebaut werden. Auch die Aussagen bezüglich der negativen Auswirkung hoher Federsteifigkeiten findet sich wieder. Darüber hinaus jedoch wurde in den vorangegangenen Abschnitten gezeigt, wie sich in Abhängigkeit der einzelnen Fahrzeug- und Straßenparameter die Spektralanteile im Einzelnen ändern. Der Vorteil der Untersuchungen in der vorliegenden Arbeit ist, dass sie im Gegensatz zu den zitierten Arbeiten ohne numerische Zeitintegrationen auskommt. Dies ermöglicht, den Einfluss unterschiedlicher Parameter auf die Entwicklung der Unebenheit in kürzester Zeit – auch für eine Vielzahl von Überfahrten – zu bestimmen. Für das lineare Fahrzeugmodell auf dem in der Anzahl der Überfahrten linearen Boden genügt es sogar, einmalig den Vergrößerungsfaktor der Amplituden zu berechnen, um eine bestimmte Parameterkombination hinsichtlich Straßenfreundlichkeit bewerten zu können.

Insbesondere wurde in der vorliegenden Dissertation auch der Einfluss der viskosen Dämpfung auf die einzelnen Spektralanteile untersucht. Mittels des Einfreiheitsgradmodells wurde festgestellt, dass durch Dämpfung in den Radaufhängungen im Allgemeinen der Betrag der Verformung pro Überfahrt reduziert wird: dies ist im Bereich der Verstärkung positiv zu bewerten, wohingegen im Bereich der Abschwächung Dämpfung folglich

einen negativen Effekt hat. Die negative Auswirkung kann soweit gehen, dass anstelle eines Abbaus der Unebenheit eine Verstärkung der Unebenheit erfolgt. Ab einer gewissen Dämpfung findet sogar nur noch eine Verstärkung der Unebenheit statt. Geht man jedoch davon aus, dass insbesondere langwellige Unebenheiten interessieren beziehungsweise stören, ist eine hohe Dämpfung anzustreben, welche das Wachstum der Unebenheitsamplituden reduziert.
Zu diesem Ergebnis finden sich leider wenig Vergleichsmöglichkeiten, da im Wesentlichen der Einfluss von Dämpfung auf die Varianz der dynamischen Radkräfte, die Spektraldichte der Kräfte oder die vertikale Fahrzeugbeschleunigung untersucht wird. Sun stellt beispielsweise anhand von Rechnungen in [216] fest, dass sich durch viskose Dämpfung die Spektraldichte der dynamischen Kontaktkräfte einer rauen Straße reduzieren lässt. Zu diesem Ergebnis kommen ebenso Rakheja und Woodrooffe anhand eines Simulationsmodells in [190] für die Spektraldichte im Resonanzbereich, während sie eine höhere Spektraldichte im Zwischenresonanzbereich bemerken. Auch die Reduzierung des dynamischen Lastkoeffizientens durch Dämpfung heben sie hervor, genauso [175] als zusammenfassendes Ergebnis aus Messungen und Simulationen. Das gleiche Verhalten wird in [161] in Simulationen für Dämpfungen in Automobilradaufhängungen festgestellt. Direkten Bezug auf die Straßenschädigung wird in [175] und [228] genommen. Es wird betont, dass Dämpfung die dynamischen Radkräfte reduziert, die Lebensdauer einer Straße erhöht, das Anwachsen der Rauigkeit vermindert, doch auf den genauen Einfluss der Dämpfung auf einzelne Spektralanteile wird leider nicht eingegangen. Zudem ist weiterhin in all den genannten Arbeiten eine numerische Zeitintegration notwendig, die nur mit sehr viel Zeitaufwand Parameterstudien erlauben würde.
Geht man davon aus, dass die Rauigkeit durch die langwelligen Anteile dominiert wird, stimmt die Aussage aus den zitierten Arbeiten, dass Dämpfung die Zunahme der Rauigkeit reduziert, mit den in der vorliegenden Arbeit gewonnenen Ergebnissen für die langwelligen Spektralanteile der Straße überein. Darüber hinaus wurde hier jedoch festgestellt, dass Dämpfung für kurzwelligere Anregungen auch negative Auswirkungen auf die Entwicklung der longitudinalen Unebenheiten haben kann. Dies könnte im Einklang mit der in den zitierten Arbeiten genannten negativen Auswirkung der Dämpfung oberhalb der ersten Eigenkreisfrequenz der Mehrfreiheitsgradmodelle stehen. Da aber für die Veränderung der Unebenheit nicht nur der Betrag der Kontaktkraft, sondern auch die Phasenlage entscheidend ist, und zudem in den hier genannten Arbeiten andere Fahrzeugmodelle betrachtet wurden, ist ein direkter Abgleich nicht möglich.

6.4 Nichtlineare Radaufhängung

Nachdem bisher ausschließlich ein Fahrzeugmodell mit linearen Radaufhängungen betrachtet wurde, soll nun die Auswirkung von Coulombscher Reibung und bilinearer Dämpfung in den Radaufhängungen auf die Entwicklung des Straßenverlaufs untersucht werden. Dabei gilt das Interesse zunächst einem monofrequenten Straßenverlauf und anschließend einer Straßenoberfläche mit mehreren Wegfrequenzen.

6.4.1 Annäherung der Grundharmonischen

Um die Entwicklung der longitudinalen Unebenheit in der Straße mit der normierten Frequenz η zu untersuchen, wird das Verfahren der Harmonischen Balance im Sinne eines Galerkin-Verfahrens angewandt. Aus der Schwingungsantwort lässt sich dann die Kontaktkraft berechnen, die zur Verformung der Straße führt. Es wird davon ausgegangen, dass wie auch bei einer linearen Radaufhängung, das Schädigungsgesetz nur bis einschließlich dem linearen Glied ausgewertet werden muss, wenn die Entwicklung eines einzigen Spektralanteils untersucht werden soll.

Berechnung der Bewegung $\underline{q}(\tau)$

Zur Annäherung des Schwingungsverhaltens des Fahrzeugs wird der Ansatz

$$\underline{q}(\tau) = a_0 + a_1 \cos(\eta\tau + \varphi_N - \theta) \tag{6.64}$$

gewählt. Diesen in die Differentialgleichung (6.3) eingesetzt, jeweils mit $1, \cos(\eta\tau)$ und $\sin(\eta\tau)$ multipliziert und über eine Periode integriert, liefert ein algebraisches Gleichungssystem, welches nach den Unbekannten a_0, a_1, θ des Ansatzes aufgelöst werden kann. Diese berechnen sich zu

$$\begin{aligned} a_1 =& \frac{1}{\pi[(1-\eta^2)^2 + (\eta\hat{\beta})^2]} \Bigg(- 4\eta\hat{\beta} r_E \\ & + \sqrt{\left(\underline{\hat{h}}\eta^2\pi\right)^2 [(1-\eta^2)^2 + (\eta\hat{\beta})^2] - (4r_E)^2(1-\eta^2)^2} \Bigg) \end{aligned} \tag{6.65}$$

$$a_0 = - \frac{2\eta\hat{\beta}\zeta}{\pi} a_1 \tag{6.66}$$

$$\theta = \arctan\left(\frac{\frac{4}{\pi} r_E + \hat{\beta}\eta a_1}{a_1(1-\eta^2)} \right). \tag{6.67}$$

Zunächst fällt auf, dass in der Näherungslösung weder die Amplitude a_1 noch die Phasenverschiebung θ von der bilinearen Dämpfung ζ abhängen. Lediglich die Mittelwertverschiebung a_0 wird durch ζ beeinflusst: insbesondere tritt eine Mittelwertverschiebung nur dann auf, wenn bilineare Dämpfung vorhanden ist. Die Mittelwertverschiebung ist negativ und steht für eine Absenkung des Fahrzeugs in negative y-Richtung. Diese Tatsache ist aus der Literatur bekannt [81, 248]. Coulombsche Reibung, charakterisiert durch den Parameter r_E, beeinflusst hingegen alle drei Größen. Des Weiteren ist direkt ersichtlich, dass die Amplitude der Bewegung kleiner ist als jene, die bei linearen Radaufhängungen auftritt.

Näherungslösungen des gewählten Typs sind nur sinnvoll, falls tatsächlich periodische Lösungen vorliegen. Aus der Bedingung $a_1 > 0$ folgt, dass die Beziehung

$$r_E < \frac{1}{4}\underline{\hat{h}}\eta^2\pi \tag{6.68}$$

hierfür erfüllt sein muss. Ist folglich die Reibung zu groß beziehungsweise die Anregungsamplitude der Unebenheit zu klein, so ist die Radaufhängung blockiert und es erfolgt keine harmonische Bewegung in $\underline{q}$. Ist die Reibstelle dauerhaft blockiert, so folgt das Fahrzeug parallel der Oberfläche: die Radaufstandskraft ist dann proportional zu η^2. Falls tatsächlich Haften/Gleiten auftritt, kann es zu komplizierten, quasiperiodischen Lösungen kommen. Dies wird im Folgenden ausgeschlossen. Wird die Reibkraft R proportional zur statischen Last mg angenommen, folgt mit dem Proportionalitätsfaktor ρ für die normierte Reibkraft

$$r_E = \rho \frac{2g}{\kappa^2 \hat{u}} = \rho p_{stat}. \tag{6.69}$$

Der zulässige Anteil der Reibkraft an der statischen Last ist für periodische Lösungen dementsprechend durch

$$\rho < \frac{\pi \kappa^2}{8g} \eta^2 \hat{h} \tag{6.70}$$

begrenzt. Ein Proportionalitätsfaktor von $\rho = 0.1$ bedeutet beispielsweise – ausgehend vom ursprünglichen Modell mit zwei Radaufhängungen, die zudem gleiche Parameter aufweisen – dass in jeder Radaufhängung die Reibkraft 20% der dortigen statischen Kraft beträgt. Dies ist als vergleichsweise großer Wert anzusehen.
Für den Fall, dass nur Coulombsche Reibung und keine viskose Dämpfung vorliegt, folgt für die normierte Amplitude der Bewegung

$$a_1 = \frac{1}{\pi(1-\eta^2)} \sqrt{\left(\underline{\hat{h}} \eta^2 \pi\right)^2 - (4 r_E)^2} \tag{6.71}$$

und die Phasenverschiebung

$$\theta = \arctan \left(\frac{4 r_E}{\sqrt{\left(\underline{\hat{h}} \eta^2 \pi\right)^2 - (4 r_E)^2}} \right). \tag{6.72}$$

Folglich ist Coulombsche Reibung ohne viskose Dämpfung nicht in der Lage, die Amplituden der Bewegung in der Nähe der Resonanz zu begrenzen. Im Zusammenspiel mit viskoser Dämpfung ist die Amplitude mit Coulombscher Reibung aber niedriger als ohne Coulombsche Reibung.

In Abbildung 6.19 ist für unterschiedliche Anregungsfrequenzen η und normierte Anregungsamplituden $\underline{\hat{h}}$ die normierte Mittelwertverschiebung a_0 dargestellt. In den grau markierten Bereichen tritt keine periodische Lösung auf, sodass der Näherungsansatz nicht gültig ist. Bei größerer Anregungsamplitude verkleinert sich dieser Bereich. Zudem nimmt der Einfluss der Reibung mit zunehmender Unebenheitsamplitude ab, was an der geringeren Steigung der Linien gleicher Mittelwertabsenkung in Abbildung 6.19 zu erkennen ist. Die Mittelwertverschiebung ist proportional zur bilinearen Dämpfung ζ, sodass mit steigender bilinearen Dämpfung das Fahrzeug weiter absinkt. Zunehmende Reibung verkleinert betragsmäßig die Absenkung.

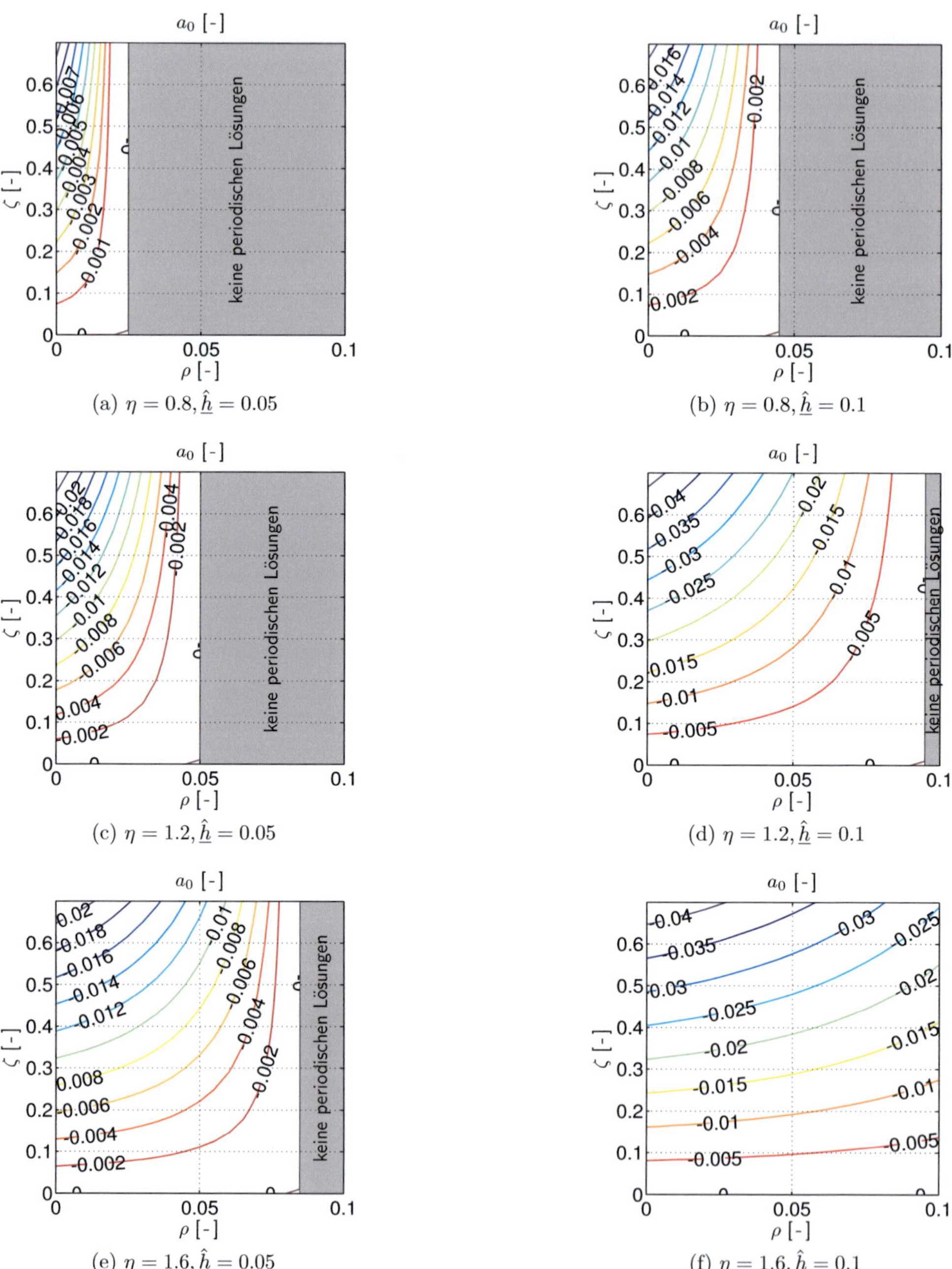

(a) $\eta = 0.8, \underline{\hat{h}} = 0.05$

(b) $\eta = 0.8, \underline{\hat{h}} = 0.1$

(c) $\eta = 1.2, \underline{\hat{h}} = 0.05$

(d) $\eta = 1.2, \underline{\hat{h}} = 0.1$

(e) $\eta = 1.6, \underline{\hat{h}} = 0.05$

(f) $\eta = 1.6, \underline{\hat{h}} = 0.1$

Abbildung 6.19: Normierte Mittelwertverschiebung a_0 als Funktion der bilinearen Dämpfung ζ und des Reibungsparameters ρ für unterschiedliche Anregungsfrequenzen η und normierte Unebenheitsamplituden $\underline{\hat{h}}$; $\hat{\beta} = 0.4$

Für eine gegebene bilineare Dämpfung von $\zeta = 0.2$ veranschaulicht Abbildung 6.20 die Abhängigkeit der Mittelwertverschiebung von der Anregungsfrequenz η und der Coulombschen Reibung in Form des Proportionalitätsfaktors ρ ebenfalls für unterschiedliche Anregungsamplituden. Durch die schwarze Linie sind wiederum die nichtperiodischen Lösungen, die mit den Näherungsansatz nicht abgebildet werden können, von den periodischen Näherungslösungen abgetrennt. In der Nähe von $\eta = 1$ ist für $\hat{\beta} > 0$ der Einfluss der Coulombschen Reibung besonders stark. Jenseits von $\eta > 1$ nimmt der Einfluss mit zunehmender Anregungsfrequenz ab. Für sehr große Anregungsfrequenzen verhält sich die Mittelwertabsenkung dieser nahezu proportional, während dies insbesondere in der Nähe von $\eta = 1$ nicht zutrifft.

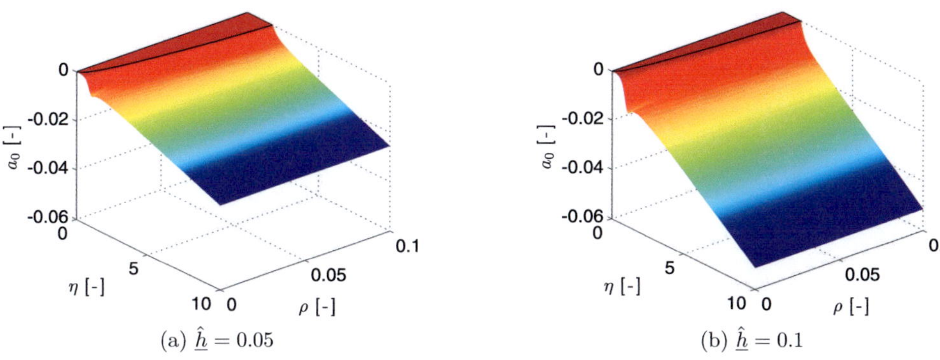

(a) $\hat{\underline{h}} = 0.05$

(b) $\hat{\underline{h}} = 0.1$

Abbildung 6.20: Mittelwertverschiebung a_0 in Abhängigkeit von η und ρ für eine bilineare Dämpfung von $\zeta = 0.2$; $\hat{\beta} = 0.4$

Die Absenkung des Fahrzeugs hat keinen Einfluss auf die Schädigung der Straße, da sie keinen Beitrag zur Kontaktkraft zwischen Fahrzeug und Straße leistet. Dies ergibt sich aus Gleichung (6.7) in Verbindung mit der Tatsache, dass die Mittelwertverschiebung nicht zur Beschleunigung beiträgt.

Die Amplitude a_1 der Näherungslösung der Bewegung $\underline{q}(\tau)$ hängt neben der Anregungsfrequenz η, der Dämpfung $\hat{\beta}$ und der normierten Anregungsamplitude $\hat{\underline{h}}$ ausschließlich von der Reibung r_E und nicht von der bilinearen Dämpfung ζ ab. Dies bestätigt die Ergebnisse von Genta [81] für die Annäherung der Grundharmonischen der Fahrzeugbewegung bei rein bilinearer Dämpfung. Die normierte Amplitude a_1 ist in Abhängigkeit der Anregungsfrequenz η und des Proportionalitätsfaktors ρ als Maß für die Coulombsche Reibung in Abbildung 6.21 dargestellt für $\hat{\beta} = 0.4$ und $\hat{\underline{h}} = 0.05$ beziehungsweise $\hat{\underline{h}} = 0.1$. Es wird deutlich, dass zunehmende Reibung zu kleineren Bewegungsamplituden führt. Im Bereich von $\eta = 1$ ist der Einfluss der Reibung bedeutend stärker als im stark überkritischen Bereich. Im Fall der kleineren Anregungsamplitude ist der Einfluss der Reibung größer, an den qualitativen Aussagen ändert sich jedoch nichts.
In Abbildung 6.22 ist die normierte Amplitude als Funktion der Anregungsfrequenz für drei ausgewählte Proportionalitätsfaktoren der Reibung und ohne Reibung dargestellt.

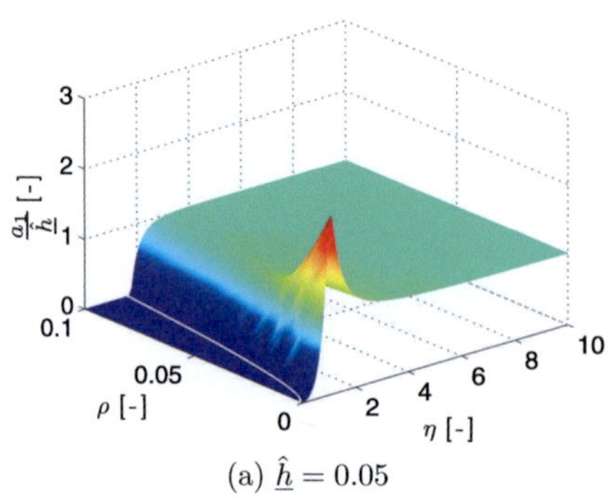

(a) $\hat{\underline{h}} = 0.05$

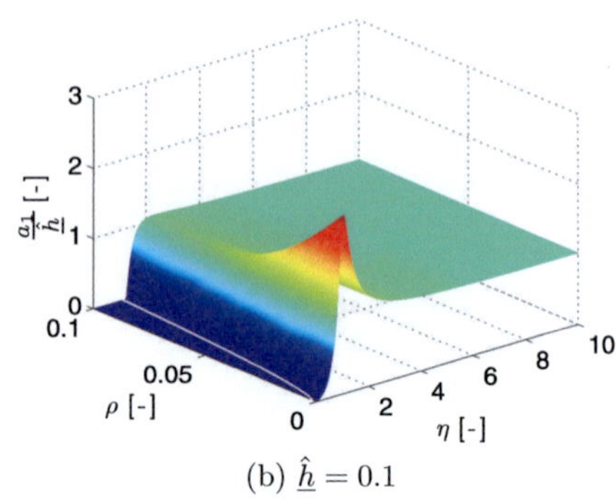

(b) $\hat{\underline{h}} = 0.1$

Abbildung 6.21: Normierte Amplitude a_1 des dynamischen Bewegungsanteils bezogen auf das jeweilige $\hat{\underline{h}}$ in Abhängigkeit von η und ρ; $\hat{\beta} = 0.4$

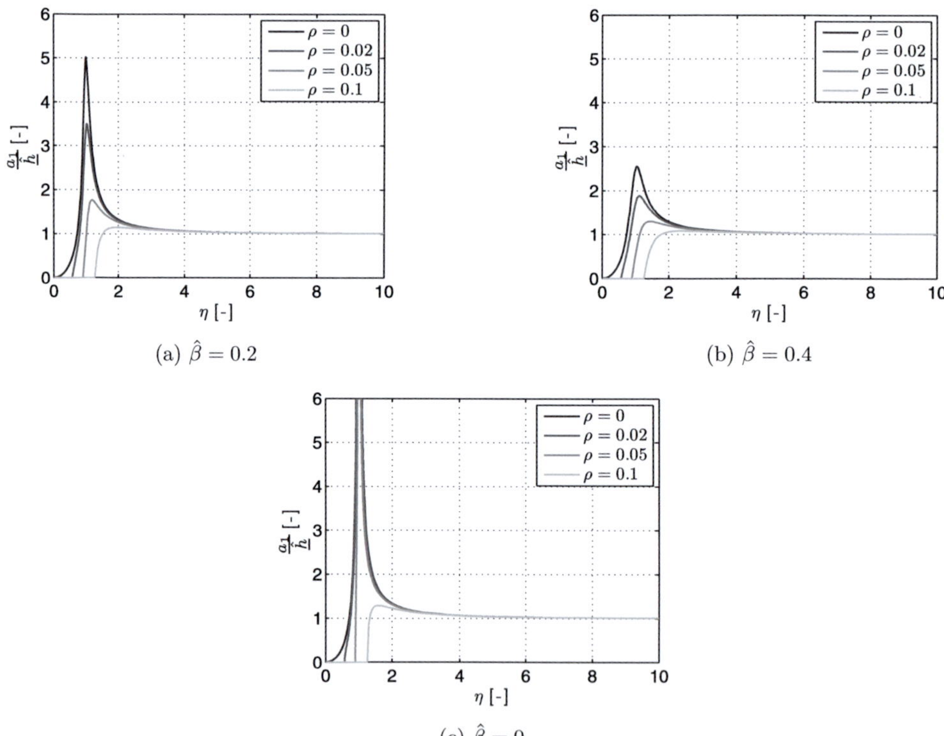

(a) $\hat{\beta} = 0.2$

(b) $\hat{\beta} = 0.4$

(c) $\hat{\beta} = 0$

Abbildung 6.22: Normierte Amplitude a_1 des dynamischen Bewegungsanteils bezogen auf $\hat{\underline{h}} = 0.1$ als Funktion der Anregungsfrequenz η für unterschiedlich starke Reibungsintensitäten ρ mit viskoser Dämpfung in (a) und (b) und ohne viskose Dämpfung in (c)

Die Kurven für viskose Dämpfung mit $\hat{\beta} = 0.4$ finden sich in Abbildung 6.21 wieder. Für die gleichen Reibungswerte jedoch mit verschwindender viskoser Dämpfung ergeben sich die normierten Amplituden in Abbildung 6.22c. Es bestätigt sich, dass Coulombsche Reibung nur in Verbindung mit viskoser Dämpfung in der Lage ist, die Amplituden im Resonanzbereich zu begrenzen.

Schließlich zeigt Abbildung 6.23 die Phasenverschiebung θ der Bewegung des Fahrzeugs für die beiden normierten Unebenheitsamplituden $\hat{\underline{h}} = 0.05$ und $\hat{\underline{h}} = 0.1$ als Funktion der normierten Anregungsfrequenz für unterschiedlich starke Coulombsche Reibung. Die Kurven besitzen einen gemeinsamen Schnittpunkt, da $\theta(\eta = 1) = \frac{\pi}{2}$ unabhängig von dem Wert r_E der normierten Reibung gilt, unter der Voraussetzung, dass die Näherungslösung für die vorliegende Kombination aus r_E und η existiert. Für $\eta < 1$ ist θ größer als im linearen Fall, während sich die Phasenverschiebung für $\eta > 1$ im Vergleich zur reibungsfreien Radaufhängung verkleinert.

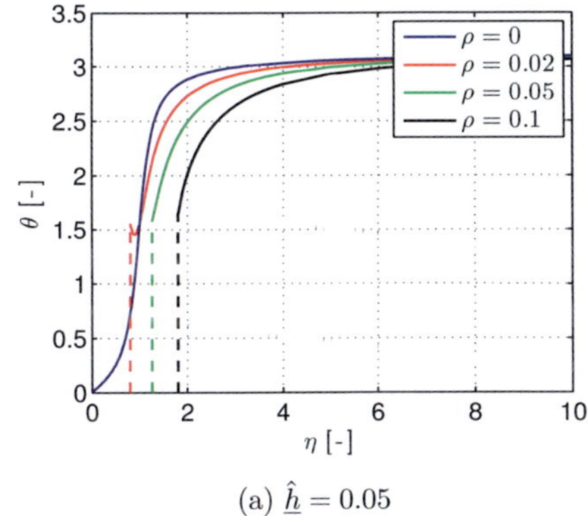

(a) $\hat{\underline{h}} = 0.05$

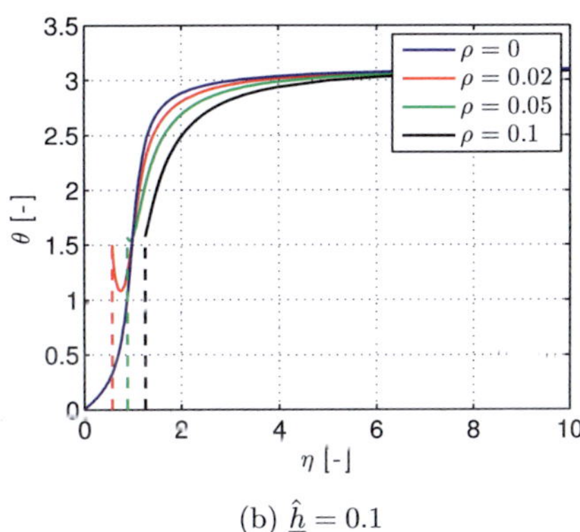

(b) $\hat{\underline{h}} = 0.1$

Abbildung 6.23: Phasenverschiebung θ der Fahrzeugbewegung in Abhängigkeit von η und ρ für $\hat{\beta} = 0.4$

Berechnung der Kontaktkraft

Die Kontaktkraft lässt sich entweder über die Relativbewegung $\underline{q}$ und die zugehörige Geschwindigkeit $\underline{q}'$ der Radaufhängungspunkte gemäß Gleichung (6.5) berechnen oder unter Berücksichtigung von $\underline{y}'' = \underline{q}'' + \underline{h}''$ mithilfe von Beschleunigungen nach Gleichung (6.7). Der letztgenannte Weg liefert direkt eine Näherung der Kraft im Sinne des Approximationsansatzes für die Bewegung mit der hier interessierenden normierten Grundfrequenz η. Die normierte Kontaktkraft, die durch die $(N+1)$-te Überfahrt auf die Straße wirkt, wird daher aus der vertikalen Fahrzeugbeschleunigung als

$$p_N(\tau) = \frac{P_N}{c\hat{u}} = \frac{2g}{\kappa^2\hat{u}} + p_{c,N}\cos(\eta\tau + \varphi_N) + p_{s,N}\sin(\eta\tau + \varphi_N) \tag{6.73}$$

angenähert, wobei

$$p_{c,N} = -\,2\eta^2(a_0\cos\theta + \underline{\hat{h}}), \tag{6.74}$$

$$p_{s,N} = -\,2\eta^2 a_0 \sin\theta \tag{6.75}$$

gilt.

Berechnung des neuen Straßenverlaufs

Da der statische Anteil der Kontaktkraft durch die nichtlinearen Komponenten in der Radaufhängung nicht beeinflusst wird, gilt für Entwicklung des Konstantanteils und somit für das Fortschreiten der Spurrinnenbildung weiterhin Gleichung (6.16).

Die Entwicklung der longitudinalen Unebenheit wird nach wie vor durch Gleichung (6.18) beschrieben, jedoch sind nun das Verhältnis $V_{h,N}$ (Gleichung (6.22)) und die Phasenverschiebung $\Delta\varphi_N$ (Gleichung (6.21)) im Gegensatz zur linearen Radaufhängung von der Amplitude $\underline{\hat{h}}_N$ abhängig. Für das Verhältnis der Amplituden nach und vor der Überfahrt des Fahrzeugs gilt gemäß Gleichung (6.22)

$$V_{h,N} = \sqrt{\left[1 + \tilde{C}kN^{k-1}2\eta^2\left(\frac{a_1}{\underline{\hat{h}}_N}\cos\theta + 1\right)\right]^2 + \left[\tilde{C}kN^{k-1}2\eta^2\frac{a_1}{\underline{\hat{h}}_N}\sin\theta\right]^2}, \tag{6.76}$$

wobei

$$\frac{a_1}{\underline{\hat{h}}_N} = \frac{1}{\pi[(1-\eta^2)^2 + (\eta\hat{\beta})^2]}\left(-4\eta\hat{\beta}\frac{r_E}{\underline{\hat{h}}_N} + \sqrt{(\eta^2\pi)^2\,[(1-\eta^2)^2 + (\eta\hat{\beta})^2] - \left(\frac{4r_E}{\underline{\hat{h}}_N}\right)^2(1-\eta^2)^2}\right) \tag{6.77}$$

ist. Für den Fall, dass das Verhalten der Straße nach der Kompressionsphase betrachtet und von einem in N linearen Schädigungsgesetz ausgegangen wird, gilt gemäß Gleichung (6.25)

$$V_{h,N} = \sqrt{\left[1 + \tilde{C}_{eff}2\eta^2\left(\frac{a_1}{\underline{\hat{h}}_N}\cos\theta + 1\right)\right]^2 + \left[\tilde{C}_{eff}2\eta^2\frac{a_1}{\underline{\hat{h}}_N}\sin\theta\right]^2}. \tag{6.78}$$

Im Folgenden wird die Kompressionsphase als abgeschlossen betrachtet, sodass das in N lineare Schädigungsgesetz verwendet wird. Das Verhältnis der Amplituden nach und vor einer Überfahrt wird dementsprechend mittels Gleichung (6.78) bestimmt.

Der Einfluss der Nichtlinearität in Form von Coulombscher Reibung auf die Entwicklung der Straßenunebenheit soll untersucht werden. Zu diesem Zwecke sind in Abbildung 6.24 diejenigen Bereiche dunkelgrau markiert, in denen das in Gleichung (6.78) angegebene Verhältnis der Amplituden vor und nach einer Überfahrt größer als 1 ist und somit eine Verstärkung der Unebenheit vorliegt, und jene Bereiche, in denen eine Abschwächung auftritt, sind hellgrau markiert. Des Weiteren liefert der Näherungsansatz keine Lösungen für den weiß gekennzeichneten Bereich. Die schwarze, vertikal verlaufende Linie markiert die

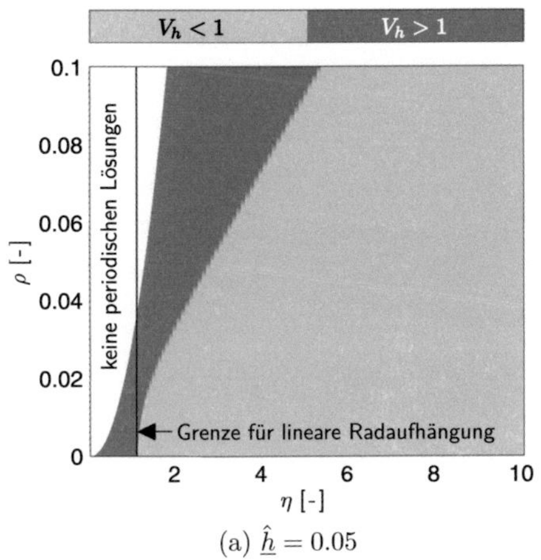

(a) $\hat{\underline{h}} = 0.05$

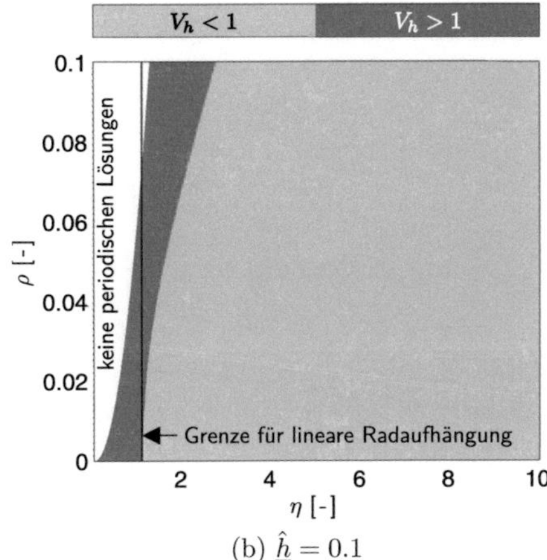

(b) $\hat{\underline{h}} = 0.1$

Abbildung 6.24: Vergrößerung oder Abschwächung der Amplitude der Grundharmischen der Straßenunebenheit als Funktion der Anregungsfrequenz η und der Reibungsintensität ρ bei $\hat{\beta} = 0.4$

Anregungsfrequenz η, unterhalb derer für den gewählten Dämpfungsparameter $\hat{\beta} = 0.4$ bei nicht vorhandener Reibung die Unebenheiten verstärkt und oberhalb reduziert werden. Sowohl für die normierte Anregungsamplitude $\hat{\underline{h}} = 0.05$ als auch $\hat{\underline{h}} = 0.1$ vergrößert zunehmende Coulombsche Reibung den Bereich, in dem die Unebenheitsamplitude infolge der Wirkung der dynamischen Kontaktkraft anwächst. Der Effekt ist für die kleinere Anregungsamplitude stärker ausgeprägt: dies liegt darin begründet, dass die Coulombsche Reibung stets von gleicher Intensität ist und für kleine Schwingungsamplituden daher stärker ins Gewicht fällt. Die Änderung im Vergleich zur linearen Radaufhängung ist sowohl in der veränderten Amplitude als auch in der veränderten Phasenlage der vertikalen Fahrzeugbewegung begründet.

Um genauer zu verstehen, wie sich die Wirkung der nichtlinearen Radaufhängung von der linearen Radaufhängung unterscheidet, zeigt Abbildung 6.25 die von N unabhängige Differenz $V_{h,lin} - V_{h,nlin}$ der Vergrößerungen der Amplituden im linearen und nichtlinearen Fall als Funktion der Anregungsfrequenz und der Coulombschen Reibung. Weiterhin liegt eine viskose Dämpfung von $\hat{\beta} = 0.4$ vor sowie die Anregungsamplituden $\hat{\underline{h}} = 0.05$ beziehungsweise $\hat{\underline{h}} = 0.1$. Im oberen Teil der Abbildung ist eine dreidimensionale Darstellung gewählt, während im unteren Teil die zugehörigen Höhenlinien dargestellt sind. Die schwarzen Linien bei $\eta = 1.0911$ charakterisieren die Grenze zwischen Verstärkung und Abschwächung für die lineare Radaufhängung. Für Anregungsfrequenzen kleiner als $\eta \approx 1$ ist $V_{h,lin} - V_{h,nlin}$ positiv. Hingegen ist diese Differenz für Frequenzen größer als $\eta \approx 1$ negativ. Im Bereich $V_{h,lin} < 1$, wo diese Differenz negativ ist, verursacht die Coulombsche Reibung eine weniger starke Abschwächung der Unebenheiten oder sogar eine Verstärkung dieser für große Reibung. Im Bereich $V_{h,lin} > 1$, wo die Differenz $V_{h,lin} - V_{h,nlin}$ positiv ist, verursacht die nichtlineare Radaufhängung eine geringere Schädigung als die lineare: mit

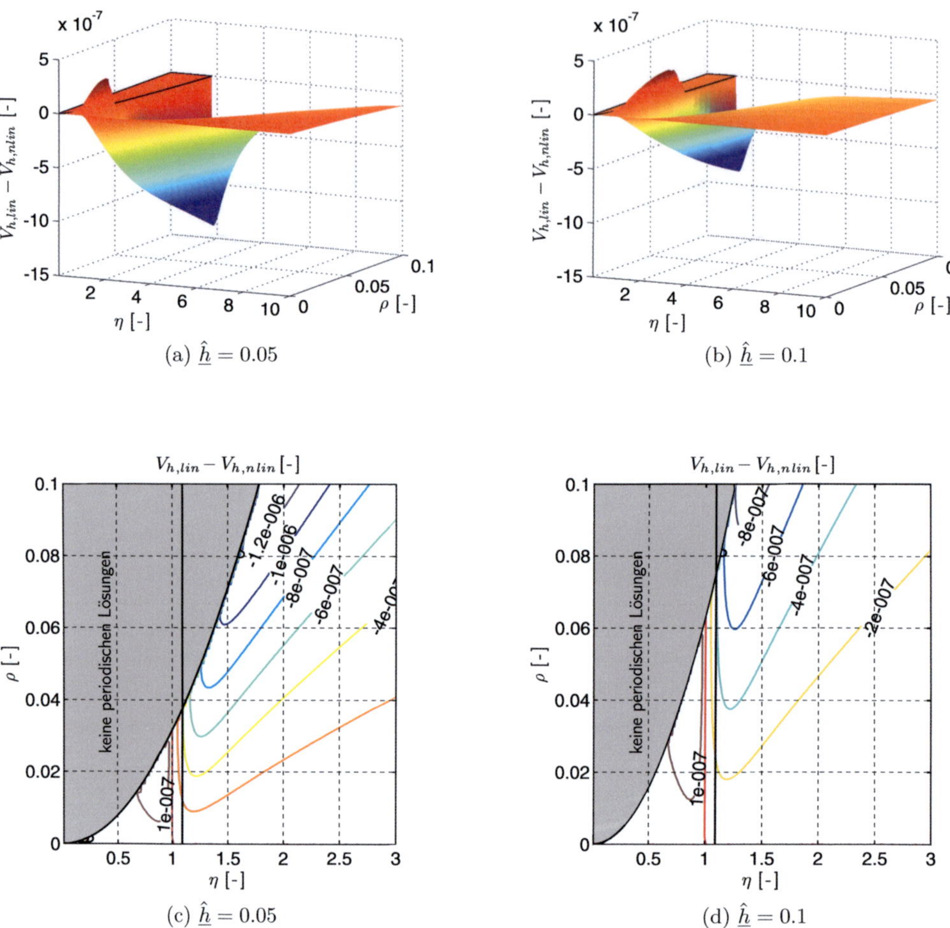

(a) $\underline{\hat{h}} = 0.05$ (b) $\underline{\hat{h}} = 0.1$

(c) $\underline{\hat{h}} = 0.05$ (d) $\underline{\hat{h}} = 0.1$

Abbildung 6.25: Differenz $V_{h,lin} - V_{h,nlin}$ der Vergrößerung der Amplitude einer linearen und nichtlinearen Radaufhängung, $\hat{\beta} = 0.4$

ihr werden die Unebenheiten weniger verstärkt. In dem äußerst schmalen Bereich, in dem $V_{h,lin} > 1$ ist, die Differenz jedoch negativ, führt Reibung zu einer größeren Verstärkung der Unebenheit.

Zusammenfassend lässt sich also sagen, dass für $V_{h,lin} - V_{h,nlin} > 0$ der Effekt der Reibung hinsichtlich der Veränderung der Unebenheitsamplitude positiv ist, da die Unebenheit weniger verstärkt wird. Im Bereich $V_{h,lin} - V_{h,nlin} < 0$ ist der Einfluss der Reibung hingegen negativ zu bewerten, weil sie zu einem schwächeren Abbau der Unebenheit oder gar zu Verstärkung dieser im Vergleich zur linearen Radaufhängung führt.

6.4.2 Annäherung der höheren Harmonischen

Im Folgenden wird der Einfluss der nichtlinearen Radaufhängung auf die Ausbildung von höherfrequenten Unebenheiten in der Straße untersucht. Zudem soll die Rückwirkung dieser höherfrequenten Unebenheiten auf die dominierende Unebenheit bewertet werden. Hierzu wird wiederum das Verfahren der Harmonischen Balance verwendet, jedoch wird der bisherige monofrequente Ansatz um höhere Harmonische erweitert.

Ausgangspunkt der Betrachtungen ist nun nicht mehr ein Straßenverlauf mit einer Wegfrequenz, sondern ein periodischer Verlauf

$$\underline{h}_N(\tau) = \underline{h}_{0,N} + \sum_{z=1}^{Z} \left[\underline{h}_{c,N}^{(z)} \cos(z\eta\tau) + \underline{h}_{s,N}^{(z)} \sin(z\eta\tau)\right], \tag{6.79}$$

der Z Frequenzen aufweist. Hierbei bezeichnen $h_{c,N}^{(z)}$ und $h_{c,N}^{(z)}$ die Cosinus- und Sinuskoeffizienten des Anteils des Straßenverlaufs mit der Frequenz $z\eta$ nach der N-ten Überfahrt. Der Ansatz zur Annäherung der Bewegung $\underline{q}$ des Fahrzeugs lautet entsprechend

$$\underline{q}_N(\tau) = a_{0,N} + \sum_{z=1}^{Z} \left[A_N^{(z)} \cos(z\eta\tau) + B_N^{(z)} \sin(z\eta\tau)\right]. \tag{6.80}$$

Die unbekannten Koeffizienten $a_{0,N}$, $A_N^{(z)}$, $B_N^{(z)}$ im Näherungsansatz werden für jede Überfahrt mittels numerischer Integration der auftretenden Integrale bestimmt. Anschließend kann der dynamische Anteil der Kontaktkraft

$$p_{dyn,N} = \sum_{z=1}^{Z} \left[p_{cz} \cos(z\eta\tau) + p_{sz} \sin(z\eta\tau)\right] \tag{6.81}$$

$$= -2\sum_{z=1}^{Z}(z\eta)^2 \left[\left(A_N^{(z)} + \underline{h}_{c,N}^{(z)}\right) \cos(z\eta\tau) + \left(B_N^{(z)} + \underline{h}_{s,N}^{(z)}\right) \sin(z\eta\tau)\right] \tag{6.82}$$

gemäß Gleichung (6.7) bestimmt werden, wobei zur Übersichtlichkeit der Index N bei den Koeffizienten p_{cz} und p_{sz} weggelassen wurde. Der statische Anteil der Kraft wird durch die Nichtlinearität in der Radaufhängung nicht verändert.

Da ein Straßenverlauf betrachtet werden soll, der neben einem dominierenden Spektralanteil weitere Spektralanteile enthält, darf das Schädigungsgesetz in Gleichung (6.12) nicht mehr nach dem linearen Glied abgebrochen werden (siehe Abschnitt 5.1.2). Die Ausdrücke $(p_{dyn,N})^i$ in dieser Form des Schädigungsgesetzes erfordern eine weitere Umformung in die Form

$$(p_{dyn})^i = p_{i0} + \sum_{n=1}^{Z} \left[p_{icn} \cos(n\eta\tau) + p_{isn} \sin(n\eta\tau)\right], \tag{6.83}$$

sodass die Fourierkoeffizienten direkt mit denen der Straßendarstellung verrechnet werden können. Werden beispielsweise nur Anteile bis zur normierten Frequenz 5η des dynamischen

Anteils der Kraft $p_{dyn}(\tau)$ berücksichtigt, so folgt hier exemplarisch gezeigt für die Anteile von $(p_{dyn})^2$:

$$p_{20} = \frac{1}{2}\left(p_{c1}^2 + p_{c2}^2 + p_{c3}^2 + p_{c4}^2 + p_{c5}^2 + p_{s1}^2 + p_{s2}^2 + p_{s3}^2 + p_{s4}^2 + p_{s5}^2\right), \tag{6.84}$$

$$p_{2c1} = p_{c1}p_{c2} + p_{c2}p_{c3} + p_{c3}p_{c4} + p_{c4}p_{c5} + p_{s1}p_{s2} + p_{s2}p_{s3} + p_{s3}p_{s4} + p_{s4}p_{s5}, \tag{6.85}$$

$$p_{2s1} = p_{c1}p_{s2} - p_{c2}p_{s1} + p_{c2}p_{s3} - p_{c3}p_{s2} + p_{c3}p_{s4} - p_{c4}p_{s3} + p_{c4}p_{s5} - p_{c5}p_{s4}, \tag{6.86}$$

$$p_{2c2} = \frac{1}{2}\left(p_{c1}^2 - p_{s1}^2\right) + p_{c1}p_{c3} + p_{c2}p_{c4} + p_{c3}p_{c5} + p_{s1}p_{s3} + p_{s2}p_{s4} + p_{s3}p_{s5}, \tag{6.87}$$

$$p_{2s2} = p_{c1}p_{s1} + p_{c1}p_{s3} - p_{c3}p_{s1} + p_{c2}p_{s4} - p_{c4}p_{s2} + p_{c3}p_{s5} - p_{c5}p_{s2}, \tag{6.88}$$

$$p_{2c3} = p_{c1}p_{c2} - p_{s1}p_{s2} + p_{c1}p_{c4} + p_{c2}p_{c5} + p_{s1}p_{s4} + p_{s2}p_{s5}, \tag{6.89}$$

$$p_{2s3} = p_{c1}p_{s2} + p_{c2}p_{s1} + p_{c1}p_{s4} + p_{c2}p_{s5} - p_{c4}p_{s1} - p_{c5}p_{s2}, \tag{6.90}$$

$$p_{2c4} = \frac{1}{2}\left(p_{c2}^2 - p_{s2}^2\right) + p_{c1}p_{c3} + p_{c1}p_{c5} - p_{s1}p_{s3} + p_{s1}p_{s5}, \tag{6.91}$$

$$p_{2s4} = p_{c1}p_{s3} + p_{c1}p_{s5} + p_{c2}p_{s2} + p_{c3}p_{s1} - p_{c5}p_{s1}, \tag{6.92}$$

$$p_{2c5} = p_{c1}p_{c4} + p_{c2}p_{c3} - p_{s1}p_{s4} - p_{s2}p_{s3}, \tag{6.93}$$

$$p_{2s5} = p_{c1}p_{s4} + p_{c2}p_{s3} + p_{c3}p_{s2} + p_{c4}p_{s1}. \tag{6.94}$$

Auf diese Weise lässt sich die Verformung, hervorgerufen durch ein Fahrzeug, erneut durch harmonische Funktionen und einen Konstantanteil ausdrücken. Hervorzuheben ist, dass bei Auswertung des Schädigungsgesetzes über den linearen Anteil hinaus nun auch durch den dynamischen Anteil der Kontaktkraft eine Veränderung des Konstantanteils des Straßenverlaufs resultieren kann, der jedoch von geringerer Ordnung als die Veränderung durch den statischen Anteil der Kontaktkraft ist. Die Änderung des Konstantanteils der Straße durch eine Überfahrt berechnet sich dann über

$$\Delta\underline{h}_{0,N} = \sum_{i=0}^{I} \Delta^i \underline{h}_{0,N} \tag{6.95}$$

mit

$$\Delta^0 \underline{h}_{0,N} = \mathcal{F}\mathcal{C}^r \frac{b}{\hat{u}}, \tag{6.96}$$

$$\Delta^1 \underline{h}_{0,N} = \mathcal{F}\mathcal{C}^r r \chi p_{10} = 0, \tag{6.97}$$

$$\Delta^i \underline{h}_{0,N} = \mathcal{F}\mathcal{C}^r \binom{r}{i} \left(\frac{\hat{u}}{b}\right)^{i-1} \chi^i p_{i0}, \quad i = 2, \ldots, I. \tag{6.98}$$

Die Unebenheiten erfahren eine Änderung

$$\Delta\underline{h}_{dyn,N}(\tau) = \sum_{i=0}^{I} \Delta^i \underline{h}_{dyn,N}(\tau) \tag{6.99}$$

mit

$$\Delta^0 \underline{h}_{dyn,N}(\tau) = 0, \tag{6.100}$$

$$\Delta^i \underline{h}_{dyn,N}(\tau) = \mathcal{F}\mathcal{C}^r \binom{r}{i} \left(\frac{\hat{u}}{b}\right)^{i-1} \chi^i \sum_{n=1}^{\infty} \left[p_{icn}\cos(n\eta\tau) + p_{isn}\sin(n\eta\tau)\right]. \tag{6.101}$$

Der Verlauf der Straßenoberfläche nach der $(N+1)$-ten Überfahrt lautet

$$\underline{h}_{N+1}(x) = \underline{h}_{0,N+1} + \sum_{z=1}^{Z} \left(\underline{h}_{c,N+1}^{(z)} \cos(z\eta\tau) + \underline{h}_{s,N+1}^{(z)} \sin(z\eta\tau) \right) \tag{6.102}$$

$$= \underline{h}_{0,N+1} + \sum_{z=1}^{Z} \hat{\underline{h}}_{N+1}^{(z)} \cos(z\eta\tau + \varphi_{N+1}) \tag{6.103}$$

mit

$$\underline{h}_{0,N+1} = \underline{h}_{0,N} - \Delta\underline{h}_{0,N}, \tag{6.104}$$

$$\underline{h}_{dyn,N+1} = \underline{h}_{dyn,N} - \Delta\underline{h}_{dyn,N}. \tag{6.105}$$

Für die Amplituden der einzelnen Spektralanteile gilt

$$\hat{\underline{h}}_{N+1}^{(z)} = \sqrt{\left(\underline{h}_{c,N+1}^{(z)}\right)^2 + \left(\underline{h}_{s,N+1}^{(z)}\right)^2}, \tag{6.106}$$

für die Phasenwinkel

$$\varphi_{N+1}^{(z)} = -\arctan \frac{\underline{h}_{s,N+1}^{(z)}}{\underline{h}_{c,N+1}^{(z)}}. \tag{6.107}$$

Für die Phasenverschiebungen folgt

$$\Delta\varphi_{N}^{(z)} = \varphi_{N+1}^{(z)} - \varphi_{N}^{(z)}. \tag{6.108}$$

Das Verhältnis der einzelnen Amplituden vor und nach der Überfahrt ist über

$$V_{h,N}^{(z)} = \frac{\hat{\underline{h}}_{N+1}^{(z)}}{\hat{\underline{h}}_{N}^{(z)}}. \tag{6.109}$$

bestimmbar.

Bedeutung der nichtlinearen Glieder im Schädigungsgesetz

Um bewerten zu können, welche Bedeutung die Anteile höherer Ordnung im Schädigungsgesetz haben, wird der Zuwachs an bleibender Verformung infolge unterschiedlicher Anteile höherer Ordnung mit dem Zuwachs infolge von Anteilen niedrigerer Ordnung verglichen. In Abschnitt 5.1.2 wurde für ein lineares Fahrzeugmodell in Verbindung mit einem nichtlinearen Straßenmodell gezeigt, dass es beim Vorhandensein von Spektralanteilen der Ordnung $\mathcal{O}(\varepsilon^i)$ genügt, das Schädigungsgesetz bis zur i-ten Ordnung auszuwerten. Dies soll im Folgenden mithilfe der Näherungslösung aus der Harmonischen Balance für eine multifrequente Straßenanregung überprüft werden. Des Weiteren wird untersucht, ob diese Aussage auch für das Fahrzeugmodell mit nichtlinearer Radaufhängung zutrifft.

Ausgangspunkt für die folgende Untersuchung ist eine Straßenanregung der Form

$$\underline{h}(\tau) = 1 + \varepsilon\overline{h}_1 \cos(\eta\tau) + \varepsilon^2\overline{h}_2 \cos(2\eta\tau) + \varepsilon^3\overline{h}_3 \cos(3\eta\tau) + \varepsilon^4\overline{h}_4 \cos(4\eta\tau) + \varepsilon^5\overline{h}_5 \cos(5\eta\tau), \tag{6.110}$$

wobei die Amplituden $\varepsilon\overline{h}_1 = 1\cdot10^{-1}$, $\varepsilon^2\overline{h}_2 = 1\cdot10^{-2}$, $\varepsilon^3\overline{h}_3 = 1\cdot10^{-3}$, $\varepsilon^4\overline{h}_4 = 1\cdot10^{-4}$ und $\varepsilon^5\overline{h}_5 = 1\cdot10^{-5}$ gewählt wurden. Für den Dämpfungsparameter gilt $\hat{\beta} = 0.4$. Es wird angenommen, dass die Kompression (Phase ①) abgeschlossen ist und sich die Straße im Bereich annähernd linearen Verhaltens in N befindet (Phase ②, siehe Abschnitt 2.4.2).

Zunächst werden die Beiträge der Anteile 2. bis 5. Ordnung des Schädigungsgesetzes Gleichung (6.12) infolge von $\Delta N = 1000$ Überfahrten zur Entwicklung der mittleren Spurrinnentiefe der Straße, also des Konstantanteils des Straßenverlaufs, in Relation gesetzt zur Verformung durch den statischen Anteil der Kontaktkraft. Der lineare Anteil des Schädigungsgesetzes führt zu keiner Absenkung der Straße, da die normierte Kontaktkraft p_{dyn} keinen Konstantanteil aufweist. Die Beträge der Verhältnisse sind in Abbildung 6.26 für eine lineare Radaufhängung für unterschiedliche Anregungsfrequenzen η und Eigenfrequenzen f_{Hub} dargestellt. Je größer die Eigenfrequenz f_{Hub}, desto größer ist der Parameter $\chi = \frac{b\kappa^2}{2g}$ und folglich die Anteile höherer Ordnung. Im Vergleich zur durch den statischen Anteil im Schädigungsgesetz hervorgerufenen Verformung sind die Beiträge durch die An-

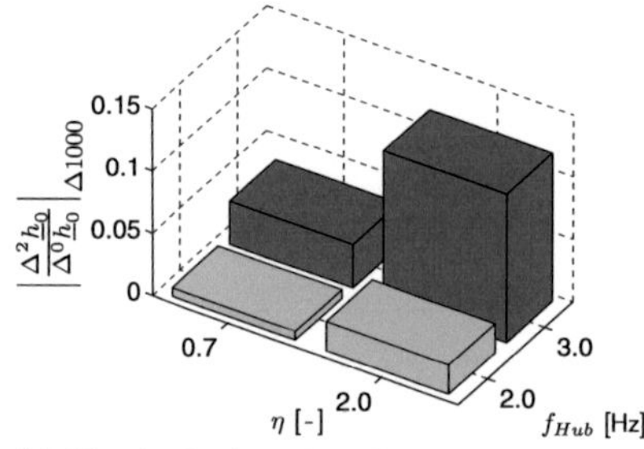

(a) Vergleich Anteil 2. Ordnung zu Anteil 0. Ordnung

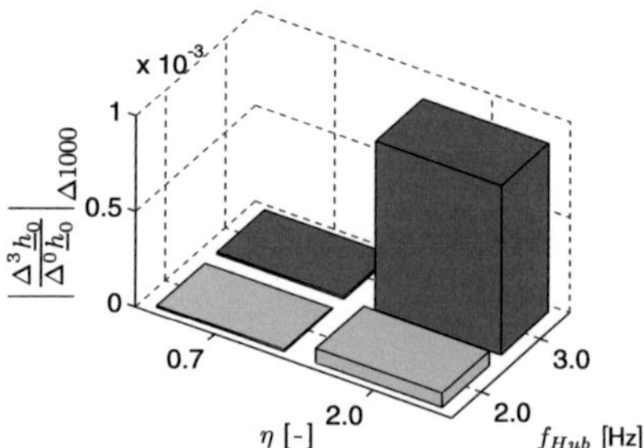

(b) Vergleich Anteil 3. Ordnung zu Anteil 0. Ordnung

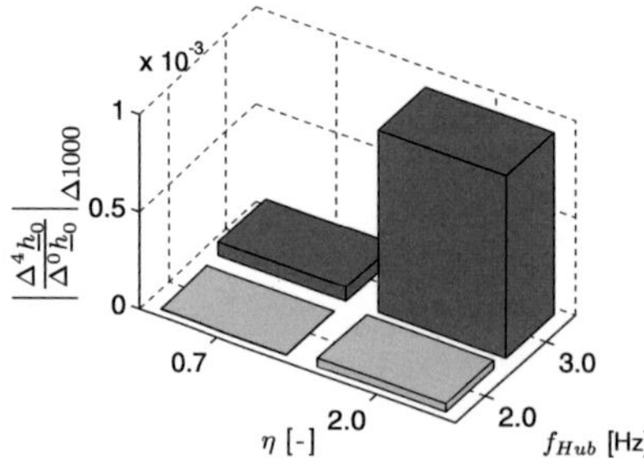

(c) Vergleich Anteil 4. Ordnung zu Anteil 0. Ordnung

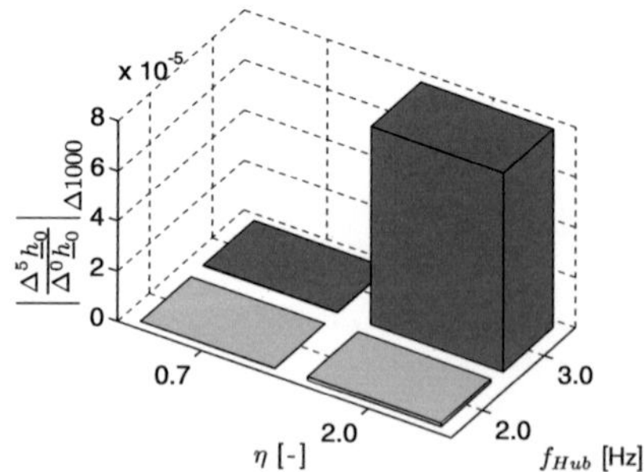

(d) Vergleich Anteil 5. Ordnung zu Anteil 0. Ordnung

Abbildung 6.26: Verhältnis zwischen den Verformungen $\Delta^i\underline{h}_0, i = 2,3,4,5$, nach $\Delta N = 1000$ Überfahrten durch den Anteil (a) zweiter, (b) dritter, (c) vierter und (d) fünfter Ordnung der Näherung und der Verformung $\Delta^0\hat{\underline{h}}_0$ für eine lineare Radaufhängung auf nichtlinearem Boden

teile höherer Ordnung sehr klein. Dem zufolge genügt es, für näherungsweise Betrachtungen ausschließlich den statischen Anteil im Näherungsgesetz zu berücksichtigen, wenn die Entwicklung des Konstantanteils des Straßenverlaufs im Mittelpunkt steht: dies bestätigt die Aussagen aus Abschnitt 5.1.2.
Für ein Fahrzeug mit nichtlinearer Radaufhängung werden qualitativ die gleichen Ergebnisse gefunden, wie Abbildung 6.27 entnommen werden kann. Hier wurde $\rho = 0.01$ und $\zeta = 0.2$ gewählt. Damit lässt sich der Abbruch des Schädigungsgesetzes nach dem Glied 0. Ordnung rechtfertigen, wenn das Interesse der Entwicklung des Konstantanteils des Straßenverlaufs gilt.

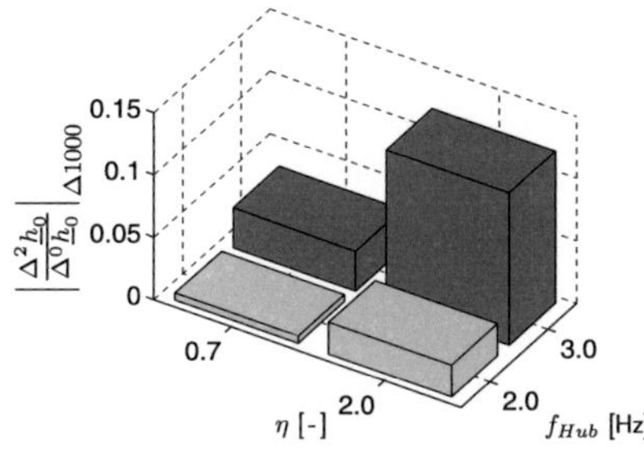

(a) Vergleich Anteil 2. Ordnung – Anteil 0. Ordnung

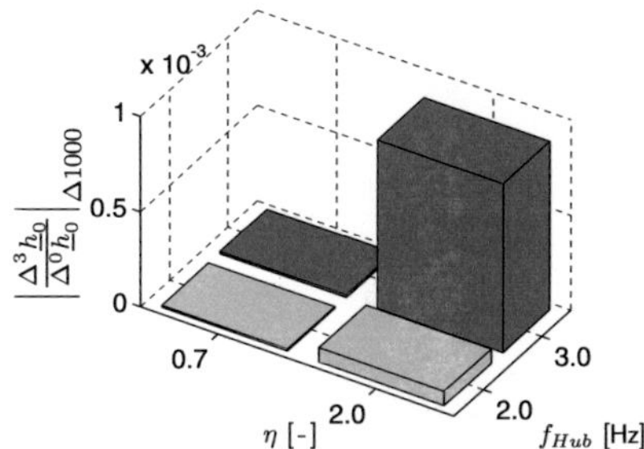

(b) Vergleich Anteil 3. Ordnung – Anteil 0. Ordnung

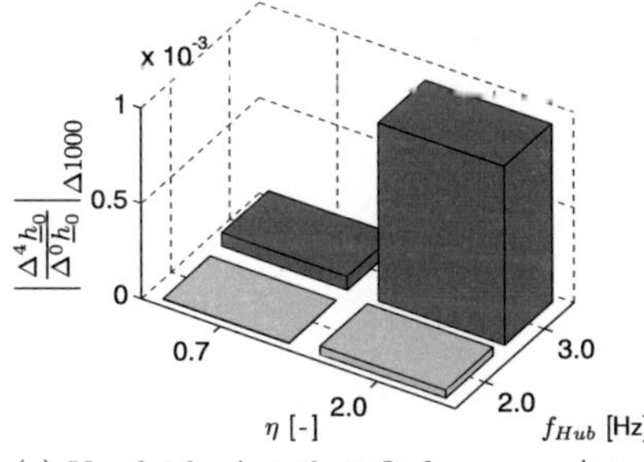

(c) Vergleich Anteil 4. Ordnung – Anteil 0. Ordnung

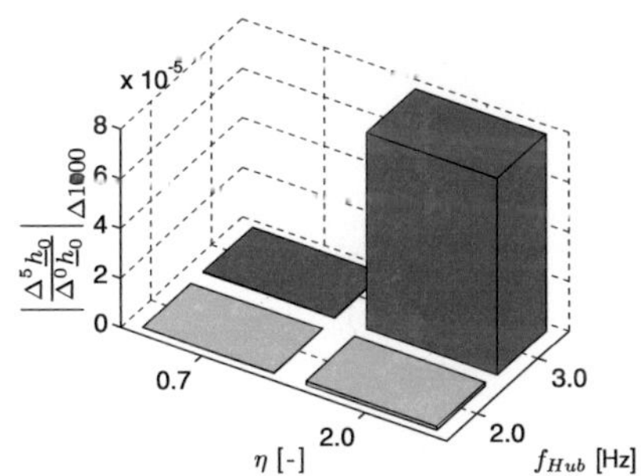

(d) Vergleich Anteil 5. Ordnung – Anteil 0. Ordnung

Abbildung 6.27: Verhältnis zwischen den Verformungen $\Delta^i \underline{h}_0, i = 2, 3, 4, 5$, nach $\Delta N = 1000$ Überfahrten durch den Anteil (a) zweiter, (b) dritter, (c) vierter und (d) fünfter Ordnung der Näherung und der Verformung $\Delta^0 \hat{\underline{h}}_0$ für eine nichtlineare Radaufhängung

Den Überlegungen in Abschnitt 5.1.2 folgend, genügt es bei der Betrachtung der Entwicklung der Grundharmonischen in Gleichung (6.110), das Schädigungsgesetz bis zum linearen Glied auszuwerten. Zur Überprüfung wird in Abbildung 6.28 für eine lineare Radaufhängung der Beitrag zur Veränderung der Grundharmonischen der Unebenheit des quadratischen und kubischen Anteils mit dem Beitrag des linearen Anteils infolge von

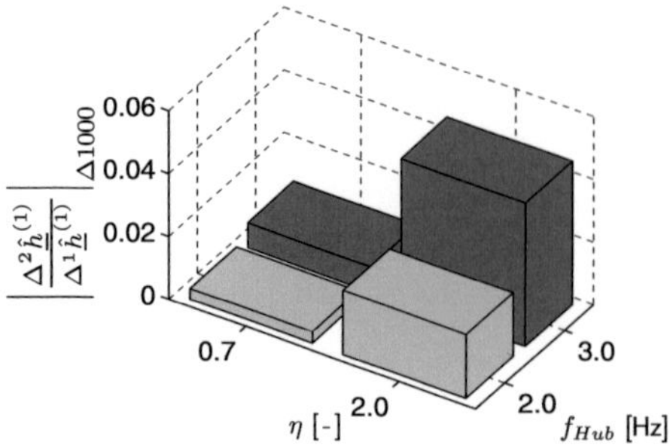

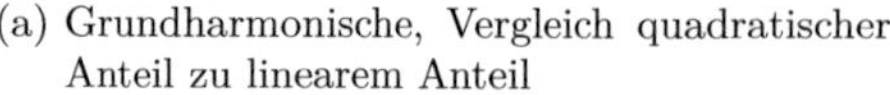

(a) Grundharmonische, Vergleich quadratischer Anteil zu linearem Anteil

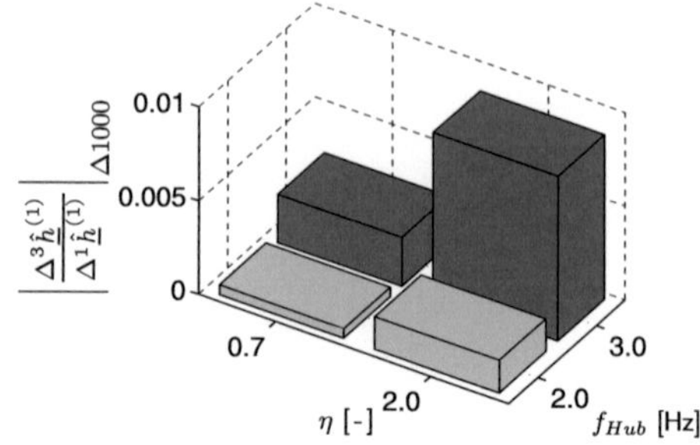

(b) Grundharmonische, Vergleich kubischer Anteil zu linearem Anteil

Abbildung 6.28: Verhältnis zwischen den Verformungen der Grundharmonischen $\Delta^i\underline{\hat{h}}^{(1)}, i = 2, 3$, infolge $\Delta N = 1000$ Überfahrten durch das zweite (a) beziehungsweise dritte Glied (b) der Näherung und der Verformung $\Delta^1\underline{\hat{h}}^{(1)}$ durch den statischen Anteil für eine lineare Radaufhängung auf nichtlinearem Boden

$\Delta N = 1000$ Überfahrten für unterschiedliche Anregungsfrequenzen η und Fahrzeugeigenfrequenzen f_{Hub} verglichen. Die Bedeutung der nichtlinearen Anteile des Schädigungsgesetzes hängt neben χ von dem Verhältnis zwischen dynamischer und statischer Kontaktkraft ab. Je kleiner dieses Verhältnis ist, umso unbedeutender werden die nichtlinearen Anteile. Das Verhältnis zwischen der Amplitude des Spektralanteils der Kontaktkraft mit der Frequenz η und der statischen Kontaktkraft ist für die unterschiedlichen Parameterkombinationen in Tabelle 6.1 aufgelistet.

Insgesamt ist die Verformung, welche dem quadratischen und kubischen Anteil des Schädigungsgesetzes zuzuschreiben ist, wie erwartet sehr klein im Vergleich zur Verformung aufgrund des linearen Anteils.

	$\eta = 0.7$	$\eta = 2.0$
$f_{Hub} = 2.0\,\text{Hz}$	$\frac{\hat{P}^{(1)}_{dyn}}{P_{stat}} = 0.1408$	$\frac{\hat{P}^{(1)}_{dyn}}{P_{stat}} = 0.2656$
$f_{Hub} = 3.0\,\text{Hz}$	$\frac{\hat{P}^{(1)}_{dyn}}{P_{stat}} = 0.3168$	$\frac{\hat{P}^{(1)}_{dyn}}{P_{stat}} = 0.5976$

Tabelle 6.1: Verhältnis zwischen der Amplitude der Kontaktkraft der Grundharmonischen und der statischen Kraft

Auch für die höheren Harmonischen lassen sich diese Überlegungen zunächst für eine lineare Radaufhängung überprüfen. Da die erste höhere Harmonische der Anregung von Ordnung ε^2 ist, genügt es, das Schädigungsgesetz bis zum Anteil 2. Ordnung auszuwerten (siehe Abschnitt 5.1.2). Der Anteil des Schädigungsgesetzes der dritten Ordnung zur Ver-

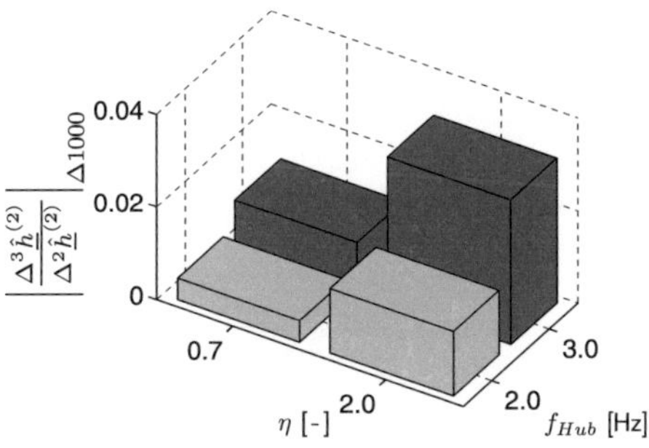

(a) 1. höhere Harmonische, Vergleich Anteil 3. Ordnung zu 2. Ordnung

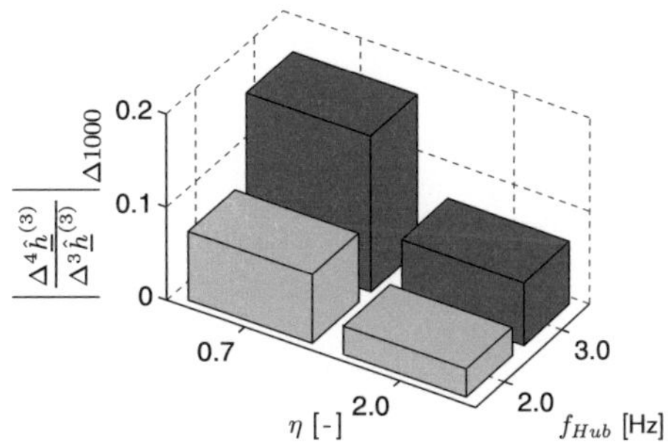

(b) 2. höhere Harmonische, Vergleich Anteil 4. Ordnung zu 3. Ordnung

Abbildung 6.29: Vergleich des Zuwachses der bleibenden Verformung durch unterschiedliche Näherungsglieder für die erste und zweite höhere Harmonische für eine lineare Radaufhängung auf nichtlinearem Boden

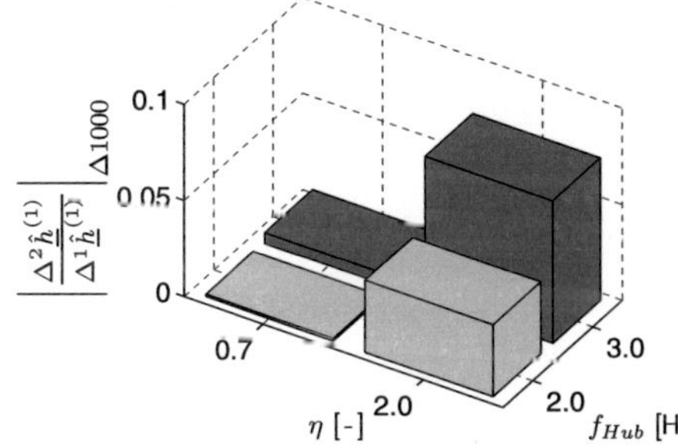

(a) Grundharmonische, Vergleich quadratischer Anteil zu linearem Anteil

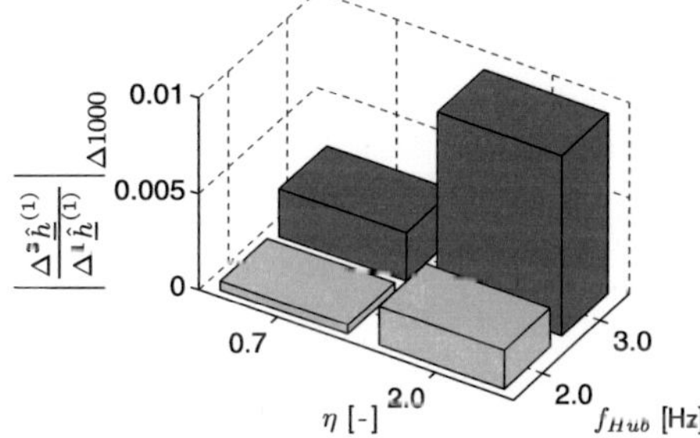

(b) Grundharmonische, Vergleich kubischer Anteil zu linearem Anteil

Abbildung 6.30: Verhältnis zwischen den Verformungen der Grundharmonischen $\Delta^i \hat{\underline{h}}^{(z)}, i = 2, 3$, infolge $\Delta N = 1000$ Überfahrten durch das zweite (a) beziehungsweise dritte Glied (b) der Näherung und der Verformung $\Delta^1 \hat{\underline{h}}^{(z)}$ durch den statischen Anteil für eine nichtlineare Radaufhängung

formung dieser ersten höheren Harmonischen ist entsprechend klein, wie Abbildung 6.29a bestätigt. Entsprechende Überlegungen können für die zweite höhere Harmonische von der Ordnung ε^3 angestellt werden: der Beitrag an der Verformung dieser Harmonischen durch den Anteil vierter Ordnung des Schädigungsgesetzes ist geringer als jener durch den dritten Ordnung – Abbildung 6.29b verdeutlicht dies.

Diese Aussagen bezüglich der Grundharmonischen und der höheren Harmonischen zeigen auch im Fall einer nichtlinearen Radaufhängung mit $\rho = 0.01$ und $\zeta = 0.2$ ihre Gültigkeit, wie Abbildung 6.30 und Abbildung 6.31 darlegen. Dies bedeutet insbesondere, dass es bei ausschließlichem Interesse an der Entwicklung der dominierenden Frequenz der Uneben-

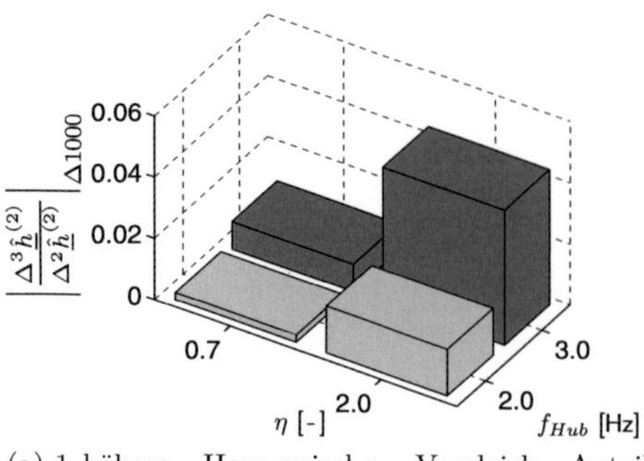

(a) 1. höhere Harmonische, Vergleich Anteil 3. Ordnung zu 2. Ordnung

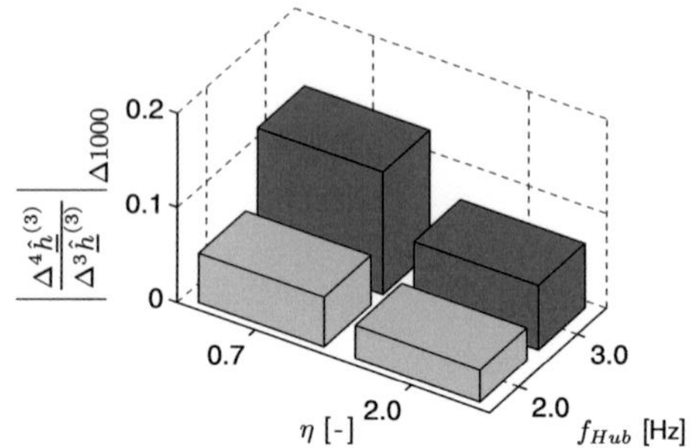

(b) 2. höhere Harmonische, Vergleich Anteil 4. Ordnung zu 3. Ordnung

Abbildung 6.31: Vergleich des Zuwachses der bleibenden Verformung durch unterschiedliche Näherungsglieder für die erste und zweite höhere Harmonische für eine nichtlineare Radaufhängung

heit genügt, das Schädigungsgesetz nach dem linearen Glied abzubrechen, auch wenn sich durch eine nichtlineare Radaufhängung höhere Harmonische ausbilden: diese bleiben für schwache Nichtlinearitäten von ungeordneter Bedeutung auch über sehr lange Zeiträume.

Einfluss der höheren Harmonischen auf die Grundharmonische

Liegt, wie durch Gleichung (6.110) beschrieben, ein anfänglicher Straßenverlauf vor, in dem die Grundharmonische dominant ist, so ist der Einfluss der höheren Harmonischen auf die Entwicklung der Grundharmonischen äußerst gering. Um dies zu zeigen, wurde die Amplitude der Grundharmonischen in der Straße nach $\Delta N = 1000$ Überfahrten mithilfe der einfachen Harmonischen Balance wie in Abschnitt 6.4 beschrieben berechnet, welche die höheren Harmonischen hervorgerufen durch die nichtlineare Radaufhängung unberücksichtigt lässt. Die so berechnete Straßenamplitude der Grundharmonischen wird mit $\hat{\underline{h}}_{HB}$ bezeichnet: das Schädigungsgesetz wurde nur bis zum linearen Glied ausgewertet. Diese Amplitude wurde mit der Amplitude $\hat{\underline{h}}_{HHB}$ aus der höheren Harmonischen Balance verglichen, welche fünf Harmonische berücksichtigt. Außerdem wurde hier noch einmal das Schädigungsgesetz bis zur fünften Ordnung ausgewertet, obwohl nur die Grundharmonische interessiert und folglich das Schädigungsgesetz nach dem linearen Glied abgebrochen werden könnte. In Abbildung 6.32 ist der Betrag des relativen Unterschieds

$$\left|\Delta_{HHB/HB}\right|_{\Delta 1000} = \left|\frac{\hat{\underline{h}}^{(1)}_{HHB} - \hat{\underline{h}}^{(1)}_{HB}}{\hat{\underline{h}}^{(1)}_{HHB}}\right|_{\Delta 1000} \tag{6.111}$$

dargestellt. Dieser ist für die gewählten Parameterkombinationen äußerst gering, sodass es bei der Untersuchung der Entwicklung der Grundharmonischen im Straßenverlauf genügt, auch nur die Grundharmonische der Schwingungsantwort des Fahrzeugs mithilfe einer monofrequenten Harmonischen Balance zu ermitteln.

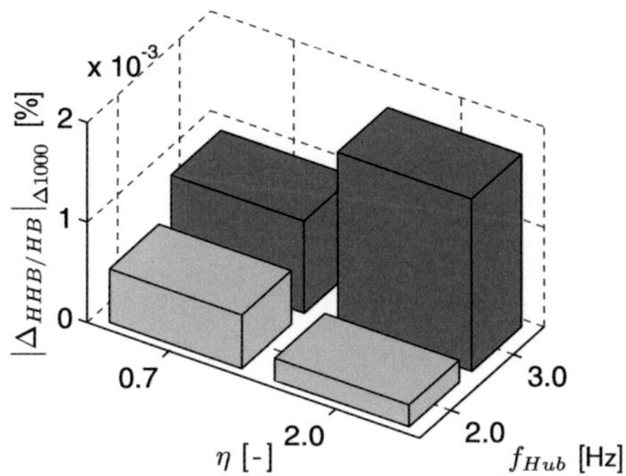

Abbildung 6.32: Prozentualer Unterschied bei Berücksichtigung von höheren Harmonischen in der Straße auf die Entwicklung der Grundharmonischen

Größenordnung der höheren Harmonischen

Neben der Frage, welchen Beitrag die höheren Harmonischen zur Entwicklung der Grundharmonischen leisten, stellt sich die Frage, inwieweit sich ihre Größenordnung selbst über viele Überfahrten ändert. Die logarithmische Darstellung in Abbildung 6.33 der Entwicklung der normierten Amplituden der ersten fünf Harmonischen der Straßenoberfläche ausgehend von der Ausgangskonfiguration in Gleichung (6.110) verdeutlicht für $\Delta N = 10^4$ Überfahrten, dass sich die Größenordnung der Amplituden über viele Überfahrten nicht ändert.

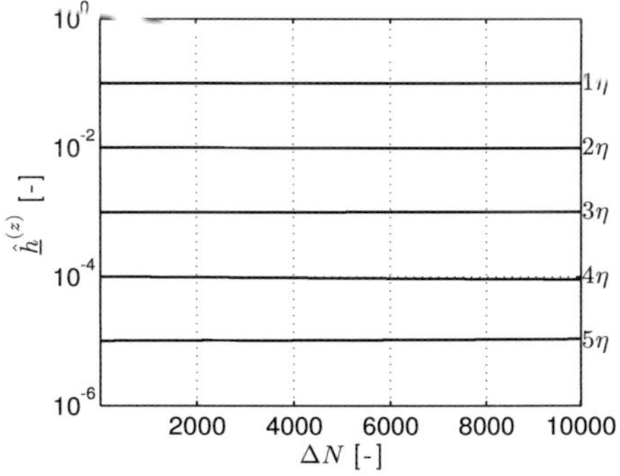

Abbildung 6.33: Entwicklung der normierten Amplituden der Unebenheiten im Laufe von $\Delta N = 10^4$ Überfahrten; $\eta = 0.7, f_{Hub} = 2\,\text{Hz}, \rho = 0.01, \zeta = 0.2$

Im Folgenden wird nun ein ursprünglich monofrequenter Straßenverlauf

$$\underline{h}(\tau) = 1 + \varepsilon\overline{h}_1 \cos(\eta\tau) \qquad (6.112)$$

mit $\varepsilon\overline{h}_1 = 0.1$ betrachtet, der aufgrund der Nichtlinearität der Radaufhängung und des in der Kontaktkraft nichtlinearen Schädigungsgesetzes im Laufe der Belastung höhere Har-

monische ausbilden wird. Die Eigenfrequenz des Fahrzeugs beträgt $f_{Hub} = 2\,\mathrm{Hz}$, das Schädigungsgesetz wurde bis zum 5. Glied ausgewertet.
Abbildung 6.34 und Abbildung 6.35 zeigen die Entwicklung der ersten fünf normierten Unebenheitsamplituden jeweils bei rein bilinearer Dämpfung und Coulombscher Reibung für die normierten Anregungsfrequenzen $\eta = 0.7$ und $\eta = 2.0$ über $\Delta N = 10^4$ Überfahrten. In den dargestellten Fällen nehmen zwar die Amplituden der höheren Harmonischen zu, doch sinkt die Wachstumsgeschwindigkeit sehr schnell, sodass davon ausgegangen werden kann, dass sie nicht die Größenordnung der Grundharmonischen erreichen werden.
Liegt viskose Dämpfung mit bilinearer Kennlinie vor ($\zeta = 0.2, \rho = 0$), bilden sich insbesondere Unebenheiten mit der normierten Frequenzen 2η und 4η aus. Auch Genta, der

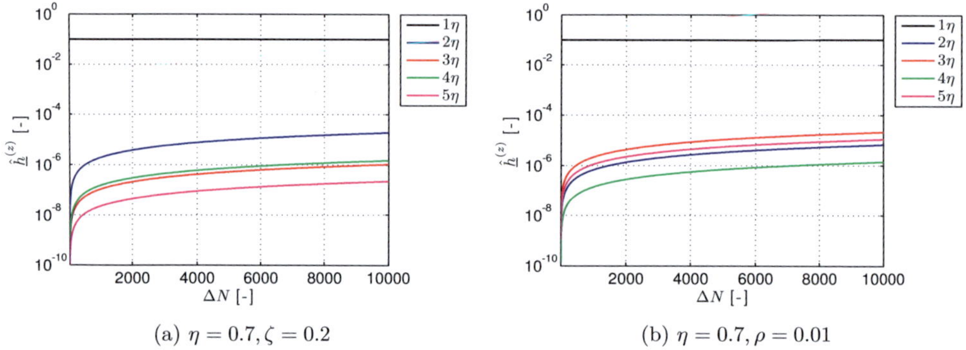

(a) $\eta = 0.7, \zeta = 0.2$

(b) $\eta = 0.7, \rho = 0.01$

Abbildung 6.34: Entwicklung der normierten Amplituden der Unebenheiten im Laufe von $\Delta N = 10^4$ Überfahrten; $\eta = 0.7$ bei (a) bilinearer Dämpfung $\zeta = 0.2$ und (b) bei Coulombscher Reibung $\rho = 0.01$

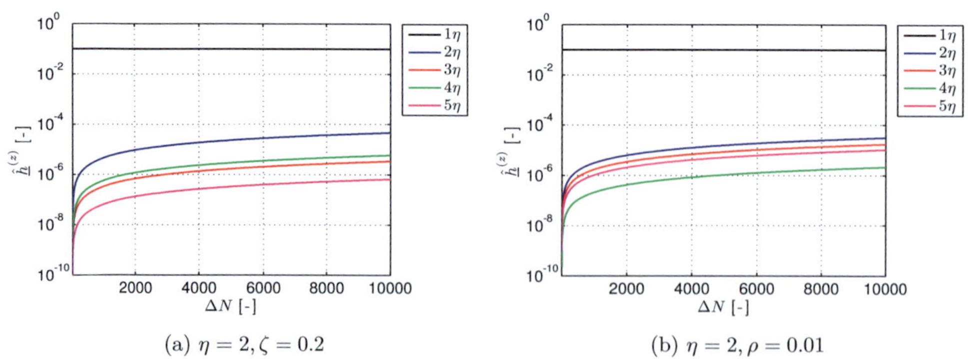

(a) $\eta = 2, \zeta = 0.2$

(b) $\eta = 2, \rho = 0.01$

Abbildung 6.35: Entwicklung der normierten Amplituden der Unebenheiten im Laufe von $\Delta N = 10^4$ Überfahrten; $\eta = 2$ bei (a) bilinearer Dämpfung $\zeta = 0.2$ und (b) bei Coulombscher Reibung $\rho = 0.01$

in [81] eine Störungsrechnung zur Annäherung der Fahrzeugbewegung bei rein bilinearer Dämpfung durchführt, stellt fest, dass durch die erste Näherungslösung gerade höhere Harmonische hinzukommen. Dies bestätigt die hier festgestellte Dominanz der Spektralanteile mit den normierte Frequenzen 2η und 4η im Straßenverlauf gegenüber den ungeraden höheren Harmonischen. Bei rein Coulombscher Reibung hingegen ($\zeta = 0, \rho = 0.01$) wächst die Unebenheit mit der Frequenz 4η am geringsten an und es treten ungerade höhere Harmonische dominant hervor. Die höheren Harmonischen scheinen bei Coulombscher Reibung insgesamt eine wichtigere Rolle zu spielen als bei rein bilinearer Dämpfung (siehe dazu auch [81]).

Kraftverläufe

Die Nichtlinearität der Radaufhängung wird selbstverständlich auch im Verlauf der Kontaktkräfte deutlich. Um dies zu verdeutlichen, wurde die Kontaktkraft zwischen Fahrzeug und einer ursprünglich monofrequenten Straße berechnet. Obwohl die Straße nur eine Frequenz aufweist, enthält die stationäre Schwingungsantwort des Fahrzeugs und folglich die Kontaktkraft aufgrund der Nichtlinearität der Radaufhängung höhere Harmonische.
Abbildung 6.36 zeigt den Verlauf der Kontaktkraft über einer Schwingungsperiode im eingeschwungenen Zustand für eine lineare Radaufhängung sowie für eine nichtlineare Radaufhängung mit Coulombscher Reibung: in beiden Fällen ist eine unterkritische wie auch überkritische Anregung dargestellt. Die Kontaktkraft im Falle der nichtlinearen Radaufhängung wurde zum einen mittels einer numerischen Zeitintegration (explizites Runge-Kutta Verfahren, Dormand-Prince pair) und zum anderen mithilfe des vorgestellten Näherungsverfahrens durch eine Harmonische Balance ermittelt. Die Verläufe der Kontaktkräfte der nichtlinearen Radaufhängung weisen im Vergleich zur linearen Radaufhängung veränderte und leicht verschobene Maxima auf. Daraus resultiert eine im Vergleich zur linearen Radaufhängung andere Verformung der Straße, was alleine schon bei Betrachtung der Grundharmonischen der Kontaktkraft deutlich wird. Die Kontaktkraft aus der numerischen Zeitintegration weist aufgrund der Reibung Sprünge auf, welche durch eine höhere Anzahl an Ansatzfunktionen bei der Harmonischen Balance noch genauer abgebildet werden könnten. Die Sprünge erzeugen in der Fourier-Reihe hochfrequente Anteile und sind letztlich auch der Grund für die Ausbildung von höheren Harmonischen im Straßenverlauf, selbst wenn das Schädigungsgesetz nur bis zum linearen Glied ausgewertet wird.
In Abbildung 6.37 sind die Kraftverläufe für eine bilineare Dämpfung von $\zeta = 0.2$ und zur Verdeutlichung der Auswirkung für $\zeta = 0.6$ dargestellt. Die Kontaktkräfte im Fall der nichtlinearen Radaufhängung zeigen auch hier veränderte und verschobene Maxima. Insbesondere bei der starken Bilinearität der Dämpfung mit $\zeta = 0.6$ werden Knicke in den Verläufen offensichtlich. Die Näherungslösung bildet den Verlauf der mittels numerischer Zeitintegration berechneten Kontaktkraft sehr gut nach.

Bilineare Dämpfung

Abschließend wird die Entwicklung der Straßenoberfläche für rein bilineare Dämpfung und im folgenden Abschnitt für Coulombsche Dämpfung in Verbindung mit viskoser Dämpfung veranschaulicht. Die gewählte bilineare Dämpfung liegt bei $\zeta = 0.2$ und die Anregung eines

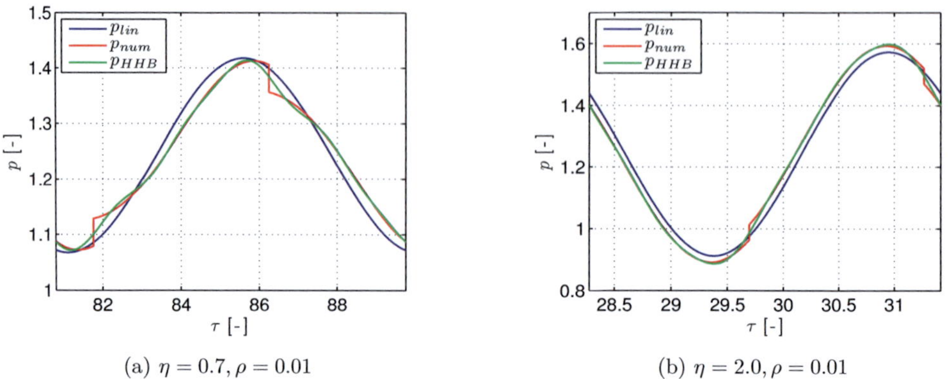

(a) $\eta = 0.7, \rho = 0.01$

(b) $\eta = 2.0, \rho = 0.01$

Abbildung 6.36: Verlauf der normierten Kontaktkraft bei Coulombscher Reibung $\rho = 0.01$

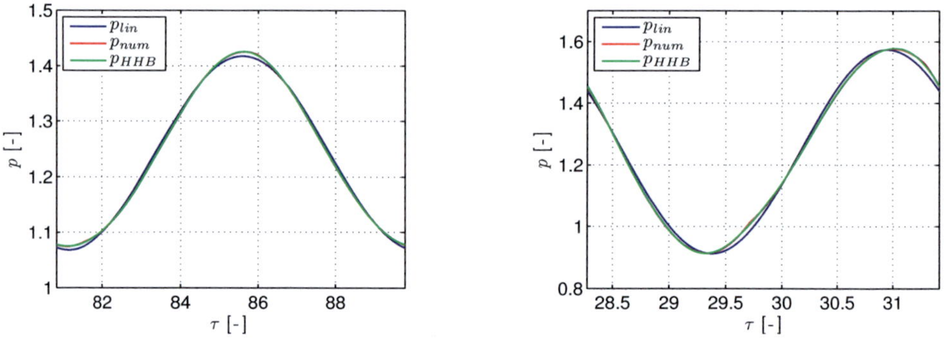

(a) $\eta = 0.7, \zeta = 0.2$

(b) $\eta = 2.0, \zeta = 0.2$

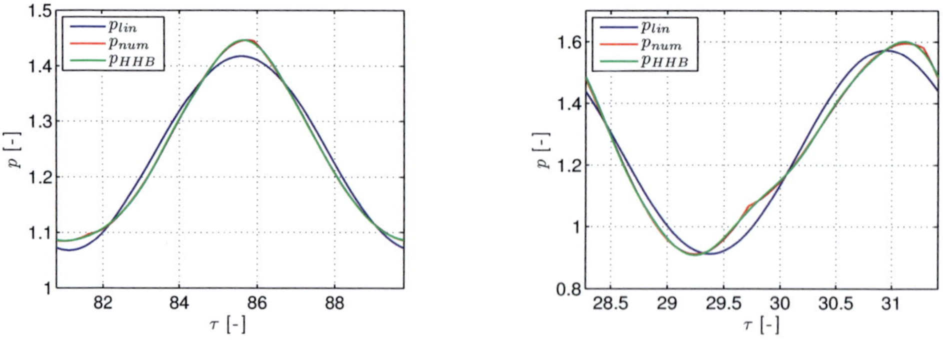

(c) $\eta = 0.7, \zeta = 0.6$

(d) $\eta = 2.0, \zeta = 0.6$

Abbildung 6.37: Verlauf der normierten Kontaktkraft bei bilinearer Dämpfung

Fahrzeugs mit der Eigenfrequenz $f_{Hub} = 2\,\text{Hz}$ erfolgt unterkritisch mit $\eta = 0.7$. Es wird von einer linearen Zunahme der Straßenschädigung in N ausgegangen und die Belastung startet bei $N_g = 400000$ im Bereich ② (siehe Abschnitt 2.4.2). Der Verlauf der anfänglichen Straßenoberfläche ist durch Gleichung (6.112) gegeben. Wegen des in N linear angenommenen Schädigungsgesetzes nimmt der Konstantanteil des Straßenverlaufs aufgrund des überragenden Einflusses der statischen Kraft nahezu linear ab, wie in Abbildung 6.38a zu sehen ist. Die Zunahme der Unebenheit wird durch die Veränderung der Grundharmonischen dominiert (siehe Abbildung 6.38b). Abbildung 6.39a veranschaulicht die Entwicklung der höheren Harmonischen und Abbildung 6.39b die Unterschiede in der Entwicklung der Unebenheiten zur linearen Radaufhängung.

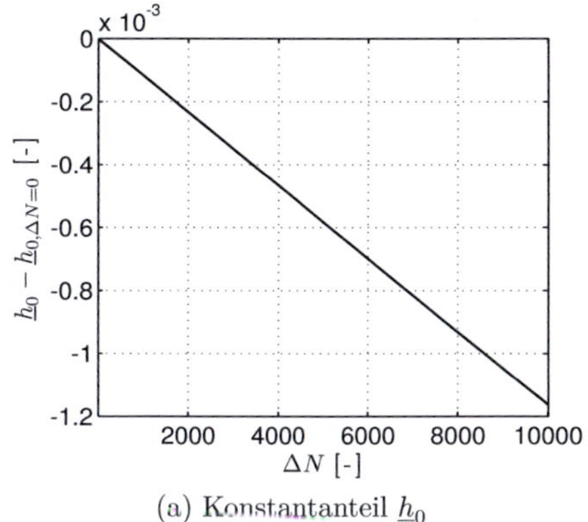

(a) Konstantanteil $\underline{h}_0$

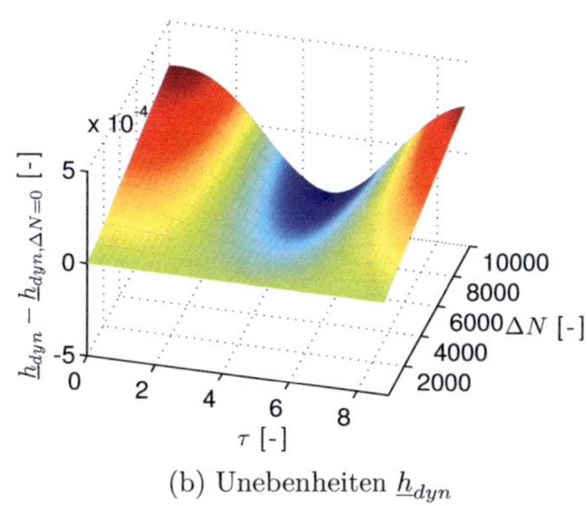

(b) Unebenheiten $\underline{h}_{dyn}$

Abbildung 6.38: Entwicklung des normierten Straßenverlaufs bei bilinearer Dämpfung $\zeta = 0.2$ im Laufe von $\Delta N = 10^4$ Überfahrten

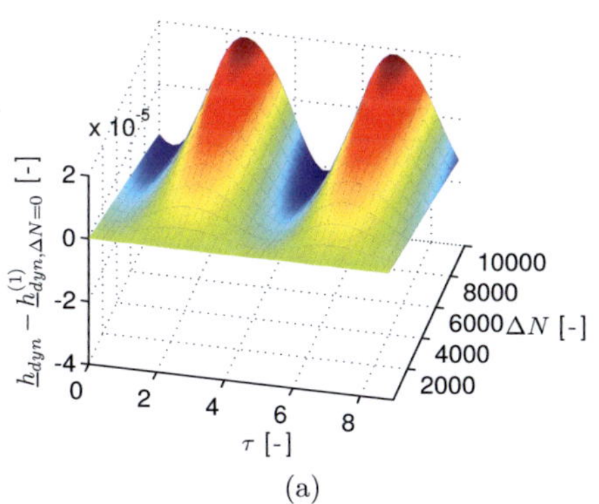

(a)

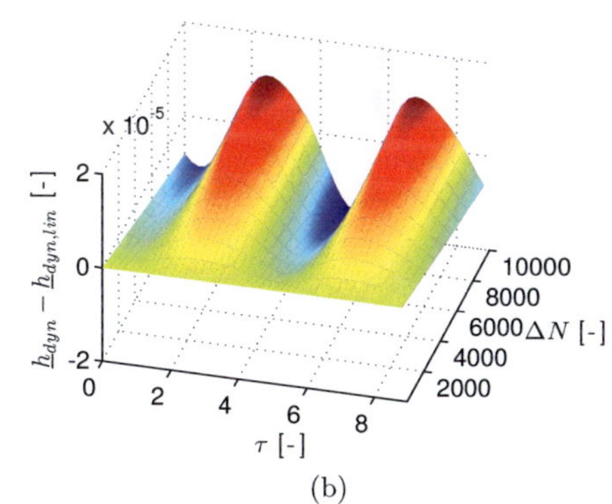

(b)

Abbildung 6.39: Entwicklung der normierten Straßenoberfläche bei bilinearer Dämpfung mit $\zeta = 0.2$ im Laufe von $\Delta N = 10^4$ Überfahrten
(a) Entwicklung der normierten höheren Harmonischen
(b) Unterschied in der Entwicklung der Unebenheiten zwischen einer nichtlinearen ($\zeta = 0.2$) und einer linearen Radaufhängung

Coulombsche Reibung

Die Entwicklung des Konstantanteils für Coulombsche Reibung mit $\rho = 0.01$ in Abbildung 6.40a ähnelt der Entwicklung bei bilinearer Dämpfung sehr stark, da diese im Wesentlichen durch den statischen Anteil der Kontaktkraft bestimmt wird.
In der Entwicklung der Unebenheit in Abbildung 6.40b wird der Einfluss der höheren Harmonischen stärker als im Fall der bilinearen Dämpfung deutlich, ebenso wie im Vergleich mit der linearen Radaufhängung in Abbildung 6.41b. Die Entwicklung der höheren Harmonischen selbst im Laufe der Überfahrten ist in Abbildung 6.41a dargestellt.

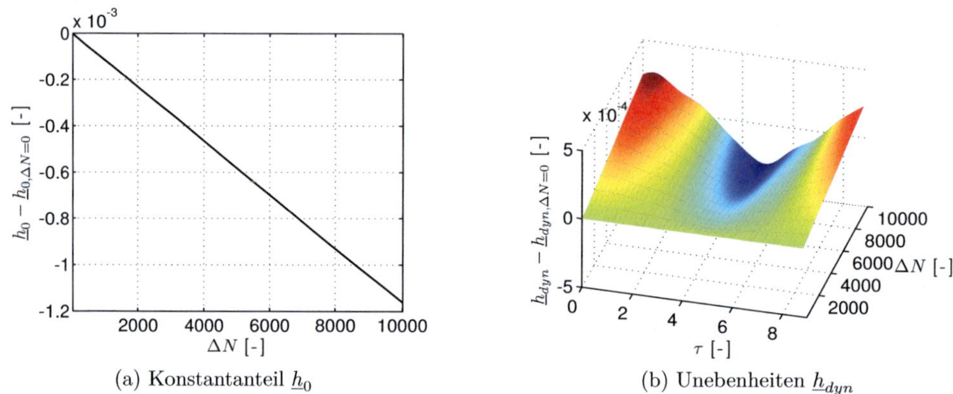

(a) Konstantanteil $\underline{h}_0$ (b) Unebenheiten $\underline{h}_{dyn}$

Abbildung 6.40: Entwicklung des normierten Straßenverlaufs bei Coulombscher Reibung $\rho = 0.01$ im Laufe von $\Delta N = 10^4$ Überfahrten

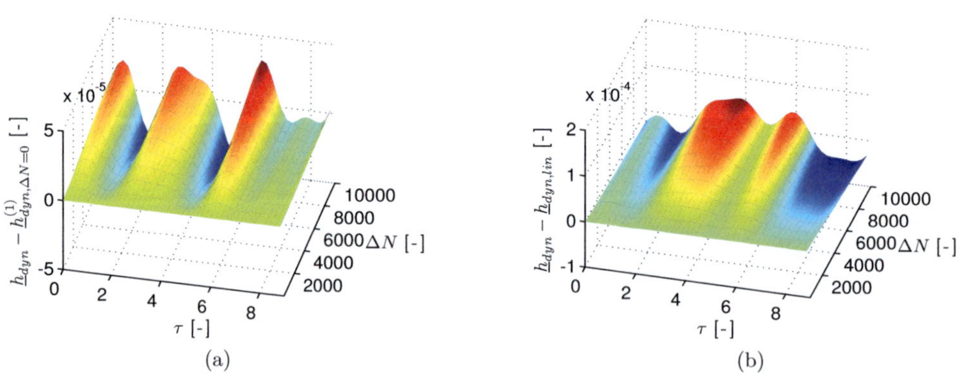

(a) (b)

Abbildung 6.41: Entwicklung der normierten Straßenoberfläche bei Coulombscher Reibung mit $\rho = 0.01$ im Laufe von $\Delta N = 10^4$ Überfahrten
(a) Entwicklung der normierten höheren Harmonischen
(b) Unterschied in der Entwicklung der Unebenheiten zwischen einer nichtlinearen ($\rho = 0.01$) und einer linearen Radaufhängung

6.4.3 Zusammenfassung und Diskussion

Im vorliegenden Abschnitt wurde die Auswirkung von Nichtlinearitäten in Form von bilinearer Dämpfung und Coulombscher Reibung auf die vertikale Fahrzeugbewegung und die Entwicklung der longitudinalen Unebenheiten in der Straße untersucht. Es konnte anhand von analytischen Rechnungen gezeigt werden, dass bilineare Dämpfung zu einer Absenkung der mittleren Auslenkung des Fahrzeugs führt (siehe auch [81, 248]). Darüber hinaus wurde in der vorliegenden Arbeit jedoch auch der Einfluss von Coulombscher Reibung auf diese Mittelwertabsenkung bei unterschiedlichen, normierten Anregungsfrequenzen untersucht und festgestellt, dass Coulombsche Reibung diese Absenkung verringert. Sowohl für die Mittelwertabsenkung, die Schwingungsamplitude als auch die Vergrößerung der Unebenheitsamplituden stellte sich heraus, dass die Wirkung der Reibung vor allem bei kleinen Erregungsamplituden und bei kleinen Anregungsfrequenzen und insbesondere bei $\eta \approx 1$ zur Geltung kommt. Dies bestätigt zahlreiche Arbeiten, in denen zum Teil die Fahrzeugbewegung selbst, die Spektraldichte der dynamischen Kontaktkräfte oder der dynamische Lastkoeffizient ermittelt wurde [81, 152, 158, 161, 170, 175]. Für geringe Anregungsamplituden und -frequenzen ist die viskose Dämpfung im Vergleich zur Coulombschen Reibung, deren Betrag unabhängig von der Relativgeschwindigkeit ist, klein, sodass sich die Reibung besonders stark auswirkt. Für größere Anregungsamplituden -und frequenzen nimmt entsprechend ihre Wirkung ab, da hier die viskose Dämpfung dominiert.

In der vorliegenden Arbeit wurde zudem festgestellt, dass bilineare Dämpfung in erster Näherung keine Auswirkung auf die Grundharmonische der Fahrzeugbewegung hat und folglich auch ihr Einfluss auf die Unebenheitsentwicklung gering ist. Bezüglich der Fahrzeugbewegung entspricht dies den Ergebnissen von Genta [81]. Außerdem betont Wodig [248], dass der quadratische Mittelwert der Bewegung durch bilineare Dämpfung kaum beeinflusst wird.

Des Weiteren wurde in Laufe dieses Kapitels der Einfluss von Coulombscher Reibung auf die Entwicklung der longitudinalen Unebenheiten untersucht. Es konnte gezeigt werden, dass sich durch Reibung die Parameterbereiche vergrößern, in denen die dynamischen Radkräfte zu einer Vergrößerung der Unebenheit führen. Ähnlich der Wirkung von viskoser Dämpfung führt Reibung jedoch für kleine Anregungsfrequenzen, zum Beispiel durch langwellige Unebenheiten, dazu, dass im Vergleich zu einer linearen Radaufhängung, das Anwachsen der Unebenheitsamplituden verlangsamt wird. Insofern ist in diesem Bereich die Wirkung von Reibung positiv zu bewerten – allerdings muss beachtet werden, dass zu große Reibung zu einem Blockieren der Radaufhängung führen kann mit der Folge von sehr großen Radaufstandskräften. Für größere Anregungsfrequenzen verursacht Reibung jedoch einen geringeren Abbau der Unebenheit bis hin zu einer Verstärkung dieser. In diesem Bereich ist der Einfluss der Coulombschen Reibung folglich schlecht und gleicht qualitativ dem Einfluss von viskoser Dämpfung.
In der Literatur finden sich unterschiedliche, teilweise widersprüchliche Aussagen zum Einfluss von Reibung auf die dynamischen Lastkräfte. In [35, 175, 190] wird auf die negative Wirkung der Reibung auf die Straßenfreundlichkeit von Lastkraftwagen hingewiesen. Geht man davon aus, dass eine zu hohe Reibung ein Blockieren verursacht und so das Fahrzeug nur noch auf dem Reifen schwingt, so ist diese Aussage plausibel.

Allerdings wird in der Literatur auch mitunter die positive Wirkung von Reibung hervorgehoben, da durch diese in den Resonanzbereichen die Spektraldichte der dynamischen Kontaktkräfte sowie der dynamische Lastkoeffizient im Allgemeinen reduziert werden kann (siehe zum Beispiel [67, 152, 158, 161, 170]). Es wird jedoch darauf hingewiesen, dass dies nur für ein bestimmtes Maß an Reibung gilt. Der für kleine Anregungsfrequenzen in der vorliegenden Arbeit festgestellte positive Einfluss von Reibung auf die Unebenheitsentwicklung bestätigt in gewisser Weise diese Quellen. In diesem Zusammenhang sei darauf hingewiesen, dass die Ergebnisse aus der vorliegenden Arbeit auf analytischen Methoden beruhen, während in den genannten Literaturstellen Numerik eingesetzt wurde, ohne konkrete Parameterzusammenhänge aufdecken zu können. Ob die Vergrößerung des dynamischen Lastkoeffizienten im Zwischenresonanzbereich auf den überkritischen Bereich bei dem hier gewählten Fahrzeugmodell übertragen werden kann, ist fraglich, da auch die Phasenlage und nicht nur der Betrag der dynamischen Radkräfte von Bedeutung ist. Im Gegensatz zu den zitierten Arbeiten wurde in den hier durchgeführten und gezeigten Untersuchungen direkt die Wirkung der Reibung auf die Entwicklung der Unebenheitsamplitude betrachtet und nicht nur Aussagen über die dynamischen Kontaktkräfte getroffen. Dies ermöglicht, den Einfluss der Reibung in Abhängigkeit von anderen Parametern auf die Entwicklung der einzelnen Spektralanteile zu untersuchen. Dadurch sind differenziertere Aussagen möglich, welche den positiven Effekt im unterkritischen Bereich und den negativen Effekt der Reibung im überkritischen Bereich beleuchten. Aufgrund der analytischen Herangehensweise können ausgiebige Parameterstudien durchgeführt werden.

7 Zweifreiheitsgradmodell

In diesem Kapitel wird nun die Dynamik des in Kapitel 5 vorgestellten Zweifreiheitsgradmodells untersucht, welches im Vergleich zum Einfreiheitsgradmodell neben der Hubbewegung auch die Nickbewegung des Fahrzeugs berücksichtigt. Die zugehörigen Bewegungsgleichungen wurden in Abschnitt 5.1 hergeleitet, sowie die zugehörigen Kontaktkräfte in allgemeiner Form in Abschnitt 5.1.1 ermittelt.

Da das Zweifreiheitsgradmodell zwei Kontaktpunkte mit der Straßenoberfläche aufweist, muss die Verformung der Straße für beide Kontaktkräfte einzeln berechnet und dann addiert werden. Die Vorgehensweise dafür wurde in Abschnitt 4.3.3 erläutert.
Für das Zweifreiheitsgradmodell soll die Berechnung der Verformung über das in der Anzahl der Belastungen lineare Schädigungsgesetz erfolgen, da die Betrachtungen beim Einfreiheitsgradmodell keine qualitativen Unterschiede zur Berechnung über das in der Anzahl der Belastungen nichtlineare Schädigungsgesetz gezeigt haben. Die Straße wird also in Phase ② nach Abschluss der Kompressionsphase in Phase ① betrachtet. Die normierte Verformung infolge der vorderen oder hinteren Kraft lässt sich gemäß Gleichung (4.23) für das in der Anzahl der Belastungen lineare Schädigungsgesetz über

$$\Delta \underline{h}_{j,N} = \frac{b}{\hat{u}} \mathcal{F} \left(\frac{P_{stat,j}}{P_S} \right)^r \sum_{i=0}^{I} \binom{r}{i} \left(\frac{P_{dyn,j,N}}{P_{stat,j}} \right)^i, \quad j = v, h \tag{7.1}$$

berechnen. Da von einer linearen Abhängigkeit des Zuwachses an bleibender Verformung von der Anzahl der Belastungen ausgegangen wird, taucht die Anzahl der Überrollungen M beziehungsweise die Anzahl der Überfahrten N nicht explizit in dieser Gleichung auf. Mit den in Abschnitt 6.2 und Abschnitt 5.1 eingeführten Parametern folgt für die normierte Verformung

$$\Delta \underline{h}_{j,N} = \mathcal{F} \mathcal{C}^r \sum_{i=0}^{I} \binom{r}{i} \left(\frac{\hat{u}}{b} \right)^{i-1} \Gamma_j^{r-i} \chi^i \left(p_{dyn,j,N} \right)^i, \quad j = v, h. \tag{7.2}$$

Die gesamte Zunahme der Verformung infolge einer Fahrzeugüberfahrt ergibt sich aus der Summe der Verformungen durch die vordere und hintere Kontaktkraft zu

$$\Delta \underline{h}_N = \Delta \underline{h}_{v,N} + \Delta \underline{h}_{h,N}. \tag{7.3}$$

Für das Zweifreiheitsgradmodell wird hier ausschließlich die Entwicklung eines einzelnen dominierenden Spektralanteils im Straßenverlauf betrachtet. Dieser wird durch Spektralanteile, die weniger stark vertreten sind, und durch höhere Harmonische, die sich wegen der nichtlinearen Radaufhängungen ausbilden, kaum beeinflusst, wie in Abschnitt 6.4.2 für das Einfreiheitsgradmodell gezeigt wurde. Der Verlauf der Straße nach der N-ten Überfahrt wird deswegen durch Gleichung (6.14) beschrieben.

Wenn allein die Entwicklung eines Spektralanteils interessiert, ist es zudem ausreichend, das Schädigungsgesetz nur bis zum linearen Glied auszuwerten (siehe Abschnitt 5.1.2 und Abschnitt 6.4.2). Für den Konstantanteil reicht es, Gleichung (7.2) nach $i = 0$ abzubrechen und somit ausschließlich die Wirkung des statischen Anteils der Kontaktkräfte zu berücksichtigen. Im Folgenden wird daher wieder eine monofrequente Straße mit

$$\underline{h}_N(x) = \underline{h}_{0,N} + \hat{\underline{h}}_N \cos(\Omega x + \varphi_N) \tag{7.4}$$

betrachtet. Der Zusammenhang zwischen dem Zeit- und Wegbereich lautet mit $x_v = x = vt$ und $x_h = vt - (s_v + s_h)$

$$\underline{h}_{v,N}(t) = \underline{h}_N(t) = \underline{h}_N(x_v) = \underline{h}_{0,N} + \hat{\underline{h}}_N \cos(\Omega vt + \varphi_N), \tag{7.5}$$

$$\underline{h}_{h,N}(t) = \underline{h}_N(t - \Delta t) = \underline{h}_N(x_h) = \underline{h}_{0,N} + \hat{\underline{h}}_N \cos\left(\Omega vt - \Omega\frac{\Delta x}{v} + \varphi_N\right), \tag{7.6}$$

wobei $\Delta x = s_v + s_h$ dem Radstand entspricht. Für die Darstellung im normierten Zeitbereich ergibt sich

$$\underline{h}_{v,N}(\tau) = \underline{h}_N(\tau) = \underline{h}_{0,N} + \hat{\underline{h}}_N \cos(\eta\tau + \varphi_N), \tag{7.7}$$

$$\underline{h}_{h,N}(\tau) = \underline{h}_N(\tau - \Delta\tau) = \underline{h}_{0,N} + \hat{\underline{h}}_N \cos(\eta\tau - \eta\Delta\tau + \varphi_N) \tag{7.8}$$

mit dem normierten Laufzeitunterschied $\Delta\tau$ zwischen dem Vorder- und Hinterrad. Im Laufe einer Überfahrt ändert sich mit den genannten Voraussetzungen der normierte Konstantanteil der Straße gemäß

$$\underline{h}_{0,N+1} = \underline{h}_{0,N} - \mathcal{F}\mathcal{C}^r \frac{b}{\hat{u}} \left(\Gamma_v^r + \Gamma_h^r\right), \tag{7.9}$$

sodass für die Entwicklung des Konstantanteils im Laufe der Überfahrten

$$\underline{h}_{0,\Delta N} = \underline{h}_{0,0} - \Delta N \mathcal{F}\mathcal{C}^r \frac{b}{\hat{u}} \left(\Gamma_v^r + \Gamma_h^r\right) \tag{7.10}$$

mit

$$\Gamma_v = \frac{\gamma}{1+\gamma}, \tag{7.11}$$

$$\Gamma_h = \frac{1}{1+\gamma} \tag{7.12}$$

gilt. Für ein in der Belastung lineares Schädigungsgesetz mit $r = 1$ ergibt sich kein Unterschied in der Entwicklung des Konstantanteils im Vergleich zum Einfreiheitsgradmodell, während für $r > 1$ wegen der Nichtlinearität in der Belastung die Verformung infolge des Einmassenschwingers größer ist als die durch das Zweifreiheitsgradmodell. Vergleicht man die Entwicklung des Konstantanteils mit jener für das Einfreiheitsgradmodell, so ergibt sich ein Verhältnis der Zuwächse von

$$\frac{\Delta\underline{h}_{0,1DoF}}{\Delta\underline{h}_{0,2DoF}} = \frac{1}{\Gamma_v^r + \Gamma_h^r}. \tag{7.13}$$

Die Unebenheit entwickelt sich mit dem in Abschnitt 6.2.1 eingeführten Parameter $\tilde{\mathcal{C}}_{eff} = \mathcal{F}\chi\mathcal{C}^r r$ gemäß

$$\underline{h}_{dyn,N+1} = \underline{h}_{dyn,N} - \tilde{\mathcal{C}}_{eff}\left(\Gamma_v^{r-1} p_{v,N}(x) + \Gamma_h^{r-1} p_{h,N}(x)\right) = \hat{\underline{h}}_{dyn,N+1}\cos(\eta\tau + \varphi_{N+1}). \quad (7.14)$$

Die Amplitude nach der $(N+1)$-ten Überfahrt berechnet sich über

$$\hat{\underline{h}}_{N+1} = \sqrt{\left[\hat{\underline{h}}_N - \tilde{\mathcal{C}}_{eff}\left(\Gamma_v^{r-1} p_{vc,N} + \Gamma_h^{r-1} p_{hc,N}\right)\right]^2 + \left[\tilde{\mathcal{C}}_{eff}\left(\Gamma_v^{r-1} p_{vs,N} + \Gamma_h^{r-1} p_{hs,N}\right)\right]^2}. \quad (7.15)$$

Die zugehörigen Kontaktkräfte lauten hierbei

$$p_{dyn,v,N}(\tau) = p_{vc,N}\cos(\eta\tau + \varphi_N) + p_{vs,N}\sin(\eta\tau + \varphi_N), \quad (7.16)$$
$$p_{dyn,h,N}(\tau) = p_{hc,N}\cos(\eta\tau - \eta\Delta\tau + \varphi_N) + p_{hs,N}\sin(\eta\tau - \eta\Delta\tau + \varphi_N). \quad (7.17)$$

Bei der Umrechnung der Kräfte ist zu beachten, dass sich die vordere Kraft zum Zeitpunkt t an der Stelle x befindet, während die hintere Kraft an der Stelle $x_h = x - (s_v + s_h)$ wirkt. Als Funktion des Weges ergibt sich damit unter Beachtung von $p_v(\tau) = p_v(x)$ und $p_h(\tau) = p_h(x - (s_v + s_h))$ für die Kräfte die Darstellung

$$p_{dyn,v,N}(x) = p_{vc,N}\cos(\Omega x + \varphi_N) + p_{vs,N}\sin(\Omega x + \varphi_N), \quad (7.18)$$
$$p_{dyn,h,N}(x) = p_{hc,N}\cos(\Omega x + \varphi_N) + p_{hs,N}\sin(\Omega x + \varphi_N). \quad (7.19)$$

Die Phasenverschiebung des neuen Straßenverlaufs (siehe Gleichung (6.21)) lässt sich über

$$\Delta\varphi_N = \arctan\frac{\tilde{\mathcal{C}}_{eff}\left(\Gamma_v^{r-1} p_{vs,N} + \Gamma_h^{r-1} p_{hs,N}\right)}{\hat{\underline{h}}_N - \tilde{\mathcal{C}}_{eff}\left(\Gamma_v^{r-1} p_{vc,N} + \Gamma_h^{r-1} p_{hc,N}\right)} \quad (7.20)$$

berechnen. Das Verhältnis der Amplituden nach und vor der Überfahrt eines Fahrzeugs ist nach wie vor durch

$$V_{h,N} = \frac{\hat{\underline{h}}_{N+1}}{\hat{\underline{h}}_N} \quad (7.21)$$

bestimmt.

7.1 Lineare Radaufhängung

Zunächst wird der Einfluss einzelner Fahrzeug- und Straßenparameter auf Verformung der Straße durch die Kontaktkräfte zwischen Fahrzeug und Straße für ein Fahrzeugmodell mit linearen Radaufhängungen untersucht. Dabei wird nur die stationäre Lösung der Fahrzeugschwingung betrachtet.
Für lineare Radaufhängungen vereinfacht sich Gleichung (5.27) zu

$$\hat{\mathbf{M}}\underline{\mathbf{q}}'' + \beta\hat{\mathbf{C}}\underline{\mathbf{q}}' + \hat{\mathbf{C}}\underline{\mathbf{q}} = -\hat{\mathbf{M}}\underline{\mathbf{h}}'', \quad (7.22)$$

wobei

$$\underline{\mathbf{h}}(\tau) = \begin{bmatrix} \underline{h}_0 + \hat{\underline{h}} \cos(\eta\tau + \varphi) \\ \underline{h}_0 + \hat{\underline{h}} \cos(\eta(\tau - \Delta\tau) + \varphi) \end{bmatrix} \tag{7.23}$$

die Anregung in den beiden Kontaktpunkten ist. Mithilfe der Modalmatrix $\hat{\mathbf{R}}$ werden Hauptkoordinaten

$$\underline{\mathbf{z}} = \hat{\mathbf{R}}\underline{\mathbf{q}} \tag{7.24}$$

eingeführt und die Bewegungsgleichungen entkoppelt,

$$\ddot{\underline{\mathbf{z}}} + \hat{\beta}\mathbf{\Lambda}\dot{\underline{\mathbf{z}}} + \mathbf{\Lambda}\underline{\mathbf{z}} = -\hat{\mathbf{R}}^{\mathrm{T}}\hat{\mathbf{M}}\underline{\mathbf{h}}'', \tag{7.25}$$

wobei $\mathbf{\Lambda} = \mathrm{Diag}(\hat{\omega}_1^2, \hat{\omega}_2^2)$ die Eigenwertquadrate des zugehörigen ungedämpften Systems enthält. Durch komplexe Erweiterung und Einführung der Frequenzgangmatrix $\hat{\mathbf{F}} = \mathrm{Diag}(\hat{F}_1, \hat{F}_2)$ mit

$$\hat{F}_i = \frac{\eta^2}{\hat{\omega}_i^2 - \eta^2 + j\hat{\beta}\hat{\omega}_i^2\eta} \tag{7.26}$$

lassen sich die relativen Verschiebungen der Radaufhängungspunkte bezüglich der Straßenanregung als

$$\underline{\mathbf{q}} = \Re\left\{\hat{\mathbf{R}}\hat{\mathbf{F}}\hat{\mathbf{R}}^{\mathrm{T}}\hat{\mathbf{M}}\mathbf{h}_c\right\} \tag{7.27}$$

aus der komplexen Anregung

$$\underline{\mathbf{h}}_c = \hat{\underline{h}}\left[\exp i(\eta\tau + \varphi), \exp i\left\{\eta\left(\tau - \Delta\tau\right) + \varphi\right\}\right]^{\mathrm{T}} \tag{7.28}$$

ermitteln. Die Verschiebung der Radaufstandspunkte folgt dann aus

$$\mathbf{y} = \hat{u}(\underline{\mathbf{q}} + \underline{\mathbf{h}}). \tag{7.29}$$

Die Dämpfungsmaße

$$D_i = \frac{1}{2}\hat{\beta}\hat{\omega}_i, \quad i = 1, 2 \tag{7.30}$$

lassen sich in Abhängigkeit von den normierten Eigenkreisfrequenzen $\hat{\omega}_i$ bestimmen. Die zugehörigen dynamischen Anteile der normierten Kontaktkräfte berechnen sich gemäß Gleichung (5.38) und Gleichung (5.39) über

$$\mathbf{p}_{dyn} = \left[p_{v,dyn}, p_{h,dyn}\right]^{\mathrm{T}} = -(\hat{\mathbf{C}}\underline{\mathbf{q}} + \hat{\beta}\hat{\mathbf{C}}\underline{\mathbf{q}}') = -\hat{\mathbf{C}}\Re\left\{\hat{\mathbf{R}}\hat{\mathbf{F}}\hat{\mathbf{R}}^{\mathrm{T}}\hat{\mathbf{M}}(\underline{\mathbf{h}}_c + \hat{\beta}\underline{\mathbf{h}}_c')\right\}, \tag{7.31}$$

alternativ gemäß Gleichung (5.40) und Gleichung (5.41) über

$$\mathbf{p}_{dyn} = \hat{\mathbf{M}}(\underline{\mathbf{q}}'' + \underline{\mathbf{h}}'') = \hat{\mathbf{M}}\Re\left\{(\hat{\mathbf{R}}\hat{\mathbf{F}}\hat{\mathbf{R}}^{\mathrm{T}}\hat{\mathbf{M}} + \mathbf{I})\underline{\mathbf{h}}_c''\right\}. \tag{7.32}$$

Für die nicht-normierten dynamischen Anteile der Kräfte gilt

$$\mathbf{P}_{dyn} = c_v \hat{u} \mathbf{p}_{dyn}. \tag{7.33}$$

Im Fall der linearen Radaufhängung sind die Kontaktkräfte proportional zur aktuellen Amplitude der Straßenwelligkeit. Mit

$$p^*_{ic} = \frac{p_{ic,N}}{\hat{\underline{h}}_N}, \quad i = v, h, \tag{7.34}$$

$$p^*_{is} = \frac{p_{is,N}}{\hat{\underline{h}}_N}, \quad i = v, h \tag{7.35}$$

folgt für die Vergrößerungsfunktion

$$V_h = \sqrt{\left[1 - \tilde{\mathcal{C}}_{eff}\left(\Gamma_v^{r-1} p^*_{vc} + \Gamma_h^{r-1} p^*_{hc}\right)\right]^2 + \left[\tilde{\mathcal{C}}_{eff}\left(\Gamma_v^{r-1} p^*_{vs} + \Gamma_h^{r-1} p^*_{hs}\right)\right]^2} \tag{7.36}$$

und die Phasenverschiebung

$$\Delta\varphi = \arctan \frac{\tilde{\mathcal{C}}_{eff}\left(\Gamma_v^{r-1} p^*_{vs} + \Gamma_h^{r-1} p^*_{hs}\right)}{1 - \tilde{\mathcal{C}}_{eff}\left(\Gamma_v^{r-1} p^*_{vc} + \Gamma_h^{r-1} p^*_{hc}\right)} \tag{7.37}$$

mit $\tilde{\mathcal{C}}_{eff} = \mathcal{F}\chi\mathcal{C}^r r = \mathcal{F}\tilde{\mathcal{C}}$. Sowohl die Vergrößerungsfunktion als auch die Phasenverschiebung sind wegen der linearen Radaufhängung unabhängig von der aktuellen Straßenamplitude und wegen des in N linearen Schädigungsgesetzes unabhängig von der der Anzahl N der Überfahrten.

7.1.1 Symmetrisches, ungedämpftes Fahrzeug

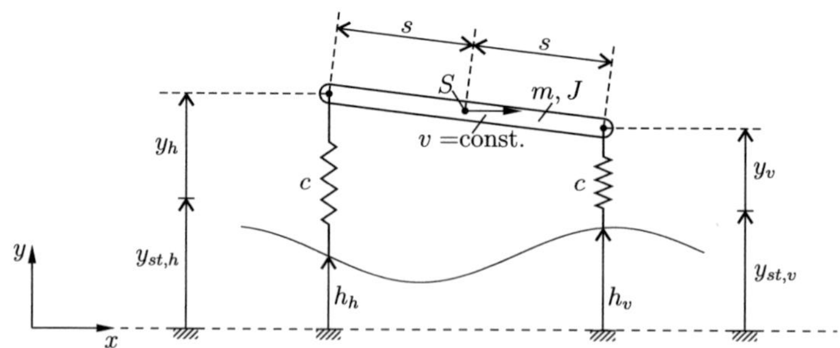

Abbildung 7.1: Symmetrisches, ungedämpftes Zweifreiheitsgradmodell

Zunächst wird vereinfachend ein symmetrisches, ungedämpftes Fahrzeugmodell betrachtet, wie es in Abbildung 7.1 dargestellt ist. Da die Abstände der Radaufhängungspunkte zum Schwerpunkt und die Steifigkeiten der Federn gleich sind, gilt $\gamma = 1$ und $\xi = 1$, sodass für die zuvor eingeführten Parameter $\Gamma_v = \Gamma_h = \frac{1}{2}$ folgt.

Die normierte Relativbewegung der Radaufhängungspunkte lautet

$$\underline{q}_v = \hat{\underline{h}} \left[\underline{q}^*_{vc} \cos(\eta\tau + \varphi_N) + \underline{q}^*_{vs} \sin(\eta\tau + \varphi_N) \right], \tag{7.38}$$

$$\underline{q}_h = \hat{\underline{h}} \left[\underline{q}^*_{hc} \cos(\eta\tau - \eta\Delta\tau + \varphi_N) + \underline{q}^*_{hs} \sin(\eta\tau - \eta\Delta\tau + \varphi_N] \right] \tag{7.39}$$

mit

$$\underline{q}^*_{vc} = \underline{q}^*_{hc} = \frac{1}{2}\Bigg(V_{q1}\left[1 + \cos(\eta\Delta\tau)\right] + V_{q2}\left[1 - \cos(\eta\Delta\tau)\right] \Bigg), \tag{7.40}$$

$$\underline{q}^*_{vs} = -\underline{q}^*_{hs} = \frac{1}{2}\sin(\eta\Delta\tau)\Big[V_{q1} - V_{q2}\Big]. \tag{7.41}$$

Die Größen

$$V_{qi} = \frac{\eta^2}{\hat{\omega}_i^2 - \eta^2}, \quad i = 1, 2 \tag{7.42}$$

stellen hierbei die Vergrößerungsfunktionen der durch Entkopplung gewonnenen Einzeldifferentialgleichungen des Systems mit den zugehörigen Eigenkreisfrequenzquadraten

$$\hat{\omega}_1^2 = 1, \tag{7.43}$$

$$\hat{\omega}_2^2 = \frac{1}{\mu} \tag{7.44}$$

dar, wobei $\mu = \frac{J}{ms^2}$ gilt und die Massenverteilung charakterisiert. Die erste Eigenkreisfrequenz gehört zu einer reinen Hubbewegung, während die zweite Eigenkreisfrequenz zur Nickmode gehört, wie anhand der massennormierten Modalmatrix

$$\ddot{\mathbf{R}} = \frac{1}{2}\sqrt{2}\begin{pmatrix} 1 & \sqrt{\frac{1}{\mu}} \\ 1 & -\sqrt{\frac{1}{\mu}} \end{pmatrix} \tag{7.45}$$

leicht festzustellen ist.

Die normierten Kontaktkräfte nehmen für den Fall des ungedämpften, symmetrischen Fahrzeugs ebenfalls eine besonders einfache Form an. Die Koeffizienten der vorderen Kontaktkraft ergeben sich zu

$$p^*_{vc} = -\frac{1}{2}\eta^2\Bigg(\left[1 + \cos(\eta\Delta\tau)\right] V_{q1} + \mu\left[1 - \cos(\eta\Delta\tau)\right] V_{q2} + \cos(\eta\Delta\tau)\left[1 - \mu\right] + 1 + \mu \Bigg), \tag{7.46}$$

$$p^*_{vs} = \frac{1}{2}\eta^2 \sin(\eta\Delta\tau)\Bigg(V_{q1} - \mu V_{q2} + 1 - \mu \Bigg). \tag{7.47}$$

Mit den Koeffizienten der hinteren normierten Kontaktkraft besteht der Zusammenhang

$$p^*_{hc} = p^*_{vc}, \tag{7.48}$$

$$p^*_{hs} = -p^*_{vs}. \tag{7.49}$$

(a) Reine Hubbewegung (b) Reines Nicken

Abbildung 7.2: Reine Hubbewegung oder reine Nickbewegung infolge des Achsstandfilterns

Das Phänomen des Achsstandfilterns wurde in Abschnitt 1.2.3 angesprochen. Gilt für das Verhältnis zwischen Achsabstand und Wellenlänge

$$\frac{2s}{\lambda} = n, \quad n = 1, 2, 3, \ldots, \tag{7.50}$$

wird das Fahrzeug zu reinen Hubbewegungen angeregt, während ein Verhältnis von

$$\frac{2s}{\lambda} = \frac{2n-1}{2}, \quad n = 1, 2, 3, \ldots \tag{7.51}$$

zu reinen Nickbewegungen führt. Die beiden Fälle sind in Abbildung 7.2 illustriert. Da $\eta\Delta\tau = \frac{4\pi s}{\lambda}$ gilt, tritt für $\eta\Delta\tau = 2\pi n$, $n = 1, 2, 3, \ldots$ eine reine Hubbewegung auf. In diesem Fall ist $\underline{q}^*_{vs} = -\underline{q}^*_{hs} = 0$ und $\underline{q}^*_{vc} = \underline{q}^*_{hv} = f(V_{q1})$ folglich ausschließlich eine Funktion der ersten Eigenform, der Hubbewegung. Für $\eta\Delta\tau = 2\pi\frac{2n-1}{2}$, $n = 1, 2, 3$ nickt das Fahrzeug lediglich. Wiederum gilt $\underline{q}^*_{vs} = -\underline{q}^*_{hs} = 0$, jedoch ist nun der Cosinusanteil der Bewegung eine reine Funktion der zweiten Eigenform: $\underline{q}^*_{vc} = \underline{q}^*_{hv} = f(V_{q2})$.
Das Achsstandfiltern spiegelt sich auf entsprechende Weise im Verlauf der Kontaktkräfte wider. Ist Gleichung (7.50) erfüllt, so sind die Kontaktkräfte durch die erste Eigenmode bestimmt, während bei Vorliegen von (7.51) nur die zweite Eigenform in den Kontaktkräften wiederzufinden ist.

Entwicklung des Konstantanteils

Bedingt durch die Symmetrie des Fahrzeugs hinsichtlich Steifigkeit und Geometrie folgt der Konstantanteil der Gleichung

$$h_{0,N+1} = h_{0,N} - 2^{1-r} b_{eff} \mathcal{C}^r \tag{7.52}$$

(siehe Gleichung (7.9)) mit $b_{eff} = \mathcal{F}b$. Dieser Zusammenhang unterscheidet sich folglich von der Verformung durch Überfahrt eines Einfreiheitsgradmodells um den Faktor 2^{1-r}. Für $r > 1$ (siehe Tabelle 2.2) ändert sich der Konstantanteil durch die beiden Einzelkräfte des Zweifreiheitsgradmodells weniger als durch die Kontaktkraft des Einfreiheitsgradmodells. Abgesehen davon gelten die gleichen Zusammenhänge wie in Abschnitt 6.3.2 für das einfachere Modell beschrieben: mit zunehmendem b als Kenngröße für das Straßenverhalten und zunehmendem $\mathcal{C} = \frac{mg}{P_S}$ nimmt auch die Verformung zu.

Entwicklung der Längsunebenheiten

Mit den für die Kontaktkräfte eingeführten Zusammenhängen vereinfacht sich die Vergrößerungsfunktion der Straßenunebenheit zu

$$V_h = 1 - 2^{2-r}\tilde{\mathcal{C}}_{eff}p^*_{v,c} \quad \text{mit} \quad \tilde{\mathcal{C}}_{eff} = \mathcal{FC} \tag{7.53}$$

und es tritt wie schon beim Einmassenschwinger keine Phasenverschiebung $\Delta\varphi$ mehr auf. Die Bodenwellen werden folglich nicht verschoben, sondern nur verstärkt oder abgeschwächt. Ob eine Verstärkung oder Abschwächung der Unebenheit stattfindet, ist allein durch das Vorzeichen von $p^*_{v,c}$ bestimmt: bei negativem $p^*_{v,c}$ nimmt die Unebenheit zu, während bei positivem $p^*_{v,c}$ die Unebenheitsamplitude abnimmt. Mit zunehmenden $\tilde{\mathcal{C}}_{eff}$ oder r (Letzteres unter der Voraussetzung, dass $\frac{1}{2}\frac{mg}{P_s} > 1$, $i = v, h$, gilt) wird lediglich die Zunahme oder Abnahme verstärkt, was den Erkenntnissen beim Einfreiheitsgradmodell entspricht.

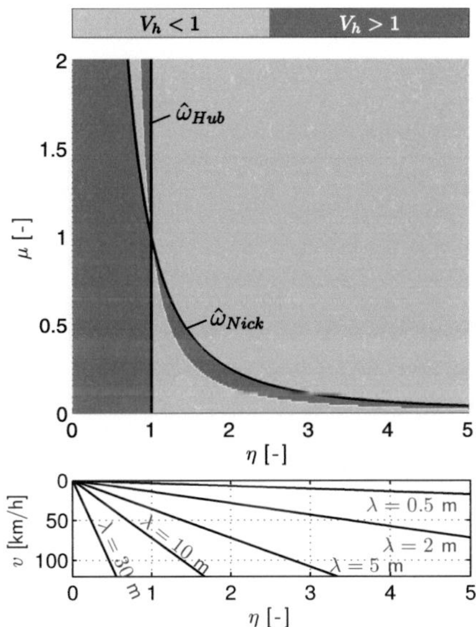

Abbildung 7.3: Verstärkung oder Abschwächung der Unebenheitsamplitude abhängig von η und μ (oben) und Zusammenhang zwischen Fahrgeschwindigkeit v, Wellenlänge λ und normierter Anregungsfrequenz η (unten); es gilt $\frac{2s}{\lambda} = \frac{3}{4}$.

Abbildung 7.3 zeigt die Parameterbereiche, in denen Abschwächung oder Verstärkung stattfindet, als Funktion der normierten Anregungsfrequenz η und des Massenverteilungsparameters μ, wobei für realistische Massenverteilungsparameter meist $\mu < 1$ angenommen werden kann. Das Verhältnis zwischen Radstand und Wellenlänge beträgt hier $\frac{2s}{\lambda} = \frac{3}{4}$, sodass die Schwingungsformen aus kombinierten Hub- und Nickbewegungen des Fahrzeugs bestehen. Ein Wechsel im Verhalten – von Verstärkung zu Abschwächung oder umgekehrt –

findet jeweils statt, wenn die normierte Anregungsfrequenz mit einer der Eigenkreisfrequenzen zusammenfällt. Der Verlauf der beiden normierten Eigenkreisfrequenzen ist in der Abbildung jeweils durch eine schwarze Linie markiert. Unterhalb der Hubeigenkreisfrequenz werden für $\mu < 1$ die Unebenheitsamplituden infolge der dynamischen Radaufstandskräfte verstärkt. Bei einer Anregung oberhalb der Nickeigenkreisfrequenz bauen die dynamischen Kontaktkräfte für $\mu < 1$ die Unebenheit ab. Im Bereich zwischen den beiden Eigenkreisfrequenzen findet unterhalb von $\mu < 1$ ein Wechsel von Abschwächung zu Verstärkung statt.

Wie zuvor dargelegt, gibt es wegen des sogenannten Achsstandfilterns Verhältnisse zwischen Radstand und Bodenwellenlänge, bei denen das Fahrzeug entweder zu reinen Hub- oder Nickbewegungen angeregt wird. Dementsprechend erfolgt keine Veränderung von Verstärkung zu Abschwächung oder umgekehrt, wenn mit der normierten Eigenfrequenz angeregt wird, die zu der Eigenform gehört, welche sich nicht in der Bewegung des Fahrzeugs wiederfindet. Die Anregung mit der zugehörigen Eigenkreisfrequenz hat dann auch keine Resonanz und extreme Verformung der Straße zur Folge. Bei einer reinen Hubbewegung wie in Abbildung 7.4a sind die Parameterbereiche, in welchen Verstärkung oder Abschwächung erfolgt, durch die Hubeigenkreisfrequenz voneinander getrennt: nickt das Fahrzeug ausschließlich, wechselt das Verstärkungsverhalten folglich nur bei der Nickeigenkreisfrequenz, wie in Abbildung 7.4b zu erkennen ist.

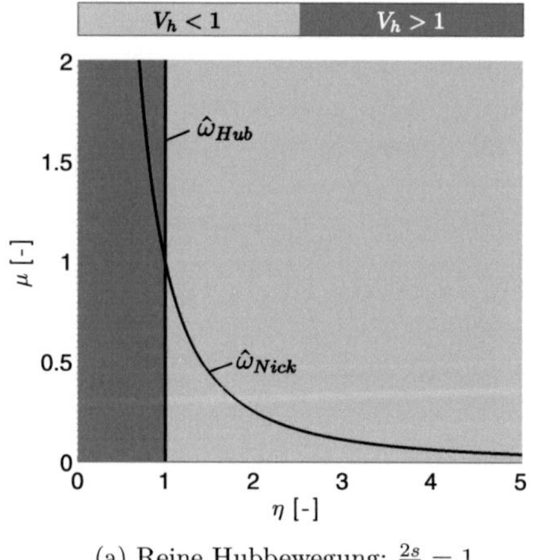

(a) Reine Hubbewegung: $\frac{2s}{\lambda} = 1$

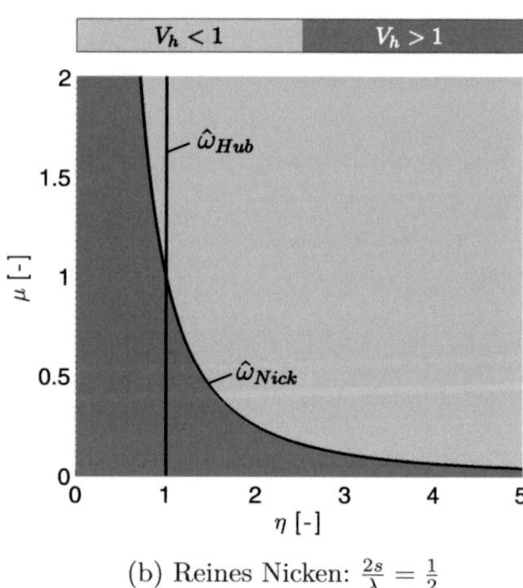

(b) Reines Nicken: $\frac{2s}{\lambda} = \frac{1}{2}$

Abbildung 7.4: Verstärkung oder Abschwächung der Unebenheitsamplitude abhängig von η und μ bei reiner Hubbewegung (a) und reiner Nickbewegung (b)

Das Verhältnis zwischen Radstand und Wellenlänge der Unebenheit beeinflusst insbesondere das Verhalten bei einer Anregungsfrequenz zwischen den beiden Eigenkreisfrequenzen: dies wird auch in Abbildung 7.5 offensichtlich. Bei $\mu = \frac{1}{3}$ liegen die beiden Eigenkreisfrequenzen näher beieinander als bei $\mu = \frac{1}{6}$. Im Bereich zwischen den beiden Eigenkreisfrequenzen hängt es von der Kombination aus normierter Anregungsfrequenz η und dem Verhältnis aus Radstand und Wellenlänge $\frac{2s}{\lambda}$ ab, ob die Unebenheit zu- oder abnimmt.

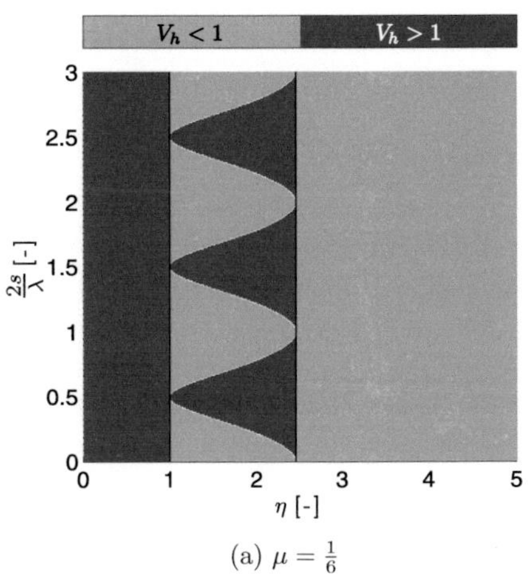

(a) $\mu = \frac{1}{6}$

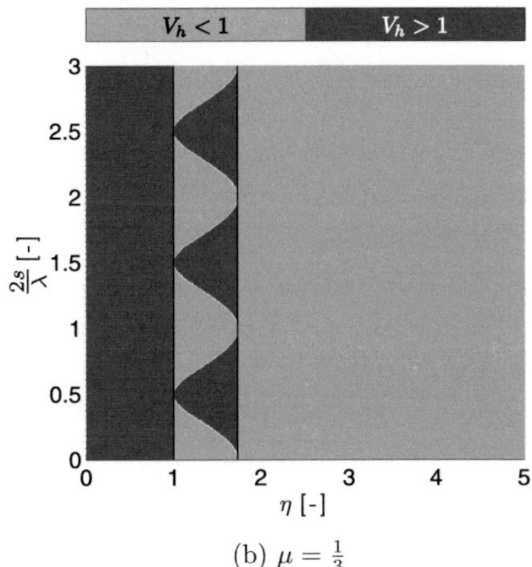

(b) $\mu = \frac{1}{3}$

Abbildung 7.5: Verstärkung oder Abschwächung der Unebenheitsamplitude abhängig von η und $\frac{2s}{\lambda}$ für zwei unterschiedliche Massenverteilungsparameter μ

Abbildung 7.6 zeigt die Vergrößerung der Unebenheitsamplitude infolge von $\Delta N = 6 \cdot 10^5$ Überfahrten als Funktion der Anregungsfrequenz η für zwei Fahrzeuge mit stark unterschiedlichen Massenverteilungsparametern μ. In Abbildung 7.6a führen die Fahrzeuge sowohl Hub- als auch Nickbewegungen aus, in Abbildung 7.6b nicken sie ausschließlich. Die Fahrzeuge besitzen beide die normierte Eigenkreisfrequenz $\hat{\omega}_1 = 1$, jedoch weisen sie aufgrund der unterschiedlichen Massenverteilungsparameter μ voneinander verschiedene, normierte Nickeigenkreisfrequenzen $\hat{\omega}_2$ auf (siehe Gleichung (7.44)). Es lassen sich vier Bereiche abgrenzen:

- *Anregung unterhalb der niedrigsten normierten Eigenkreisfrequenz:*
  $\eta < 1 = \hat{\omega}_1(\mu = \frac{1}{2}) = \hat{\omega}_1(\mu = \frac{1}{12})$
  Hier ist nahezu kein Einfluss des Parameters μ zu erkennen.
- *Anregung zwischen der ersten Eigenkreisfrequenz und der zweiten Eigenkreisfrequenz des Fahrzeugs mit* $\mu = \frac{1}{2}$: $1 < \eta < \hat{\omega}_2(\mu = \frac{1}{2})$
  In diesem Bereich schwächen die dynamischen Kontaktkräfte für $\mu = \frac{1}{12}$ die Unebenheit ab. Für $\mu = \frac{1}{2}$ findet ein Wechsel von Abschwächung zu Verstärkung statt, wobei die Abschwächung in einem geringeren Maße erfolgt als bei $\mu = \frac{1}{12}$. Folglich ist für $\mu = \frac{1}{2}$ in diesem Bereich das Verhalten insgesamt als schlechter zu bewerten.
- *Anregung zwischen den jeweils zweiten Eigenkreisfrequenzen der beiden Fahrzeuge:*
  $\hat{\omega}_2(\mu = \frac{1}{2}) < \eta < \hat{\omega}_2(\mu = \frac{1}{12})$
  Bei $\mu = \frac{1}{2}$ erfolgt eine Verringerung der Unebenheitsamplitude. Hingegen findet für $\mu = \frac{1}{12}$ für kleinere Anregungsfrequenzen in diesem Bereich eine Abschwächung der Unebenheit statt, gefolgt von einer Verstärkung für größere Anregungsfrequenzen. In diesem Bereich ist ein Fahrzeug mit einem Massenverteilungsparameter von $\mu = \frac{1}{2}$ hinsichtlich Anwachsen der Unebenheitsamplituden als straßenfreundlicher anzusehen.

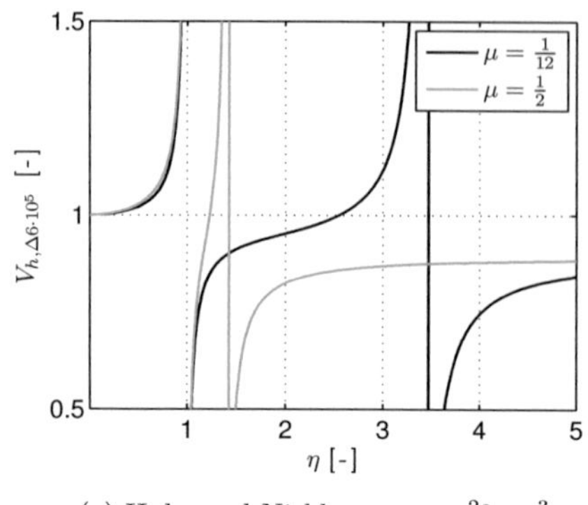

(a) Hub- und Nickbewegung: $\frac{2s}{\lambda} = \frac{3}{4}$

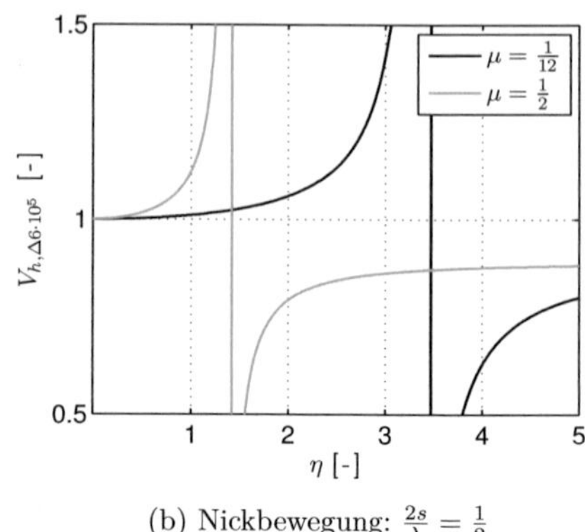

(b) Nickbewegung: $\frac{2s}{\lambda} = \frac{1}{2}$

Abbildung 7.6: Vergrößerung der Unebenheitsamplitude infolge von $\Delta N = 6 \cdot 10^5$ Überfahrten abhängig von η für unterschiedliche Massenverteilungsparameter μ

- *Anregung oberhalb der zweiten Eigenkreisfrequenz des Fahrzeugs mit* $\mu = \frac{1}{12}$:
  $\eta > \hat{\omega}_2(\mu = \frac{1}{12})$
  Es erfolgt für beide Massenverteilungsparameter eine Abschwächung der Unebenheit; der kleinere μ-Wert führt zu einem stärkeren Abbau der Unebenheit.

Bei einer reinen Nickbewegung ist der Einfluss des Massenverteilungsparameters μ prägnanter, wie Abbildung 7.6b zu entnehmen ist. Zudem fällt natürlich auf, dass die Hubeigenkreisfrequenz $\eta = 1$ aufgrund der Achsstandfilterung keine Rolle spielt. Während bei einer gemischten Hub- und Nickbewegung oder reinen Hubbewegung die Unebenheiten, die bei einer bestimmten Fahrgeschwindigkeit zu einer Anregung in der Nähe von $\eta = 1$ führen, extrem verstärkt oder abgeschwächt werden, ist dies nun wegen des Achsstandfilterns nicht mehr Fall. Unterhalb der kleineren Nickeigenkreisfrequenz führt $\mu = \frac{1}{12}$ zu einer geringeren Verstärkung der Unebenheit und oberhalb der größeren Nickeigenfrequenz zu einem größeren Abbau der Unebenheit als bei einem Fahrzeug mit $\mu = \frac{1}{2}$. Zwischen den beiden Eigenkreisfrequenzen hingegen ist das Verhalten eines Fahrzeugs mit $\mu = \frac{1}{2}$ positiver zu bewerten, da seine dynamischen Radaufstandkräfte im Gegensatz zu einem Fahrzeug mit $\mu = \frac{1}{12}$ zu einer Verringerung der Unebenheitsamplitude führen.

7.1.2 Asymmetrisches, ungedämpftes Fahrzeug

Als weiteres mögliches Modell zur Abbildung der Fahrzeugdynamik wird ein ungedämpftes Zweifreiheitsgradmodell betrachtet, welches einen ungleichen Abstand der Radaufhängungen vom Schwerpunkt – charakterisiert durch den geometrischen Asymmetrieparameter $\gamma = \frac{s_h}{s_v}$ – und unterschiedliche Radaufhängungsteifigkeiten – beschrieben durch die Steifigkeitsasymmetrie $\xi = \frac{c_h}{c_v}$ – aufweist. Dieses Modell ist in Abbildung 7.7 dargestellt. Es interessiert im Folgenden insbesondere, inwieweit die Asymmetrie eine Veränderung hinsichtlich der Straßenschädigung im Vergleich zum symmetrischen, ungedämpften Fahrzeugmodell aus Abschnitt 7.1.1 verursacht.

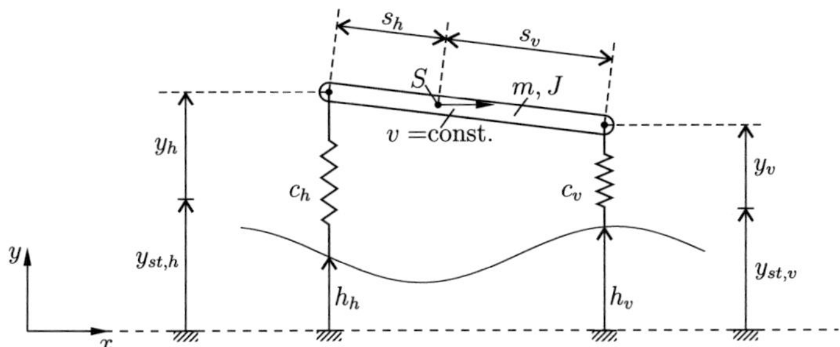

Abbildung 7.7: Asymmetrisches, ungedämpftes Zweifreiheitsgradmodell

Entwicklung des Konstantanteils

Die Entwicklung des Konstantanteils des Straßenverlaufs folgt Gleichung (7.9). Je größer der Faktor $(\Gamma_v)^r + (\Gamma_h)^r$, desto stärker nimmt die Spurrinnentiefe der Straße zu. Abbildung 7.8 zeigt den Zusammenhang zwischen diesem Faktor und der durch γ beschriebenen geometrischen Asymmetrie sowie dem Parameter r, welcher die nichtlineare Abhängigkeit der Straßenverformung von der Belastung bestimmt. Die Kurven weisen für $r \neq 1$ bei geometrischer Symmetrie ($\gamma = 1$) ein Minimum auf, sodass hier der kleinste Zuwachs an Verformung auftritt. Mit abnehmendem γ nimmt der Faktor stärker zu als mit zunehmendem γ. Je größer die Nichtlinearität r des Bodens, umso mehr macht sich der Einfluss der Asymmetrie des Fahrzeugs bemerkbar.

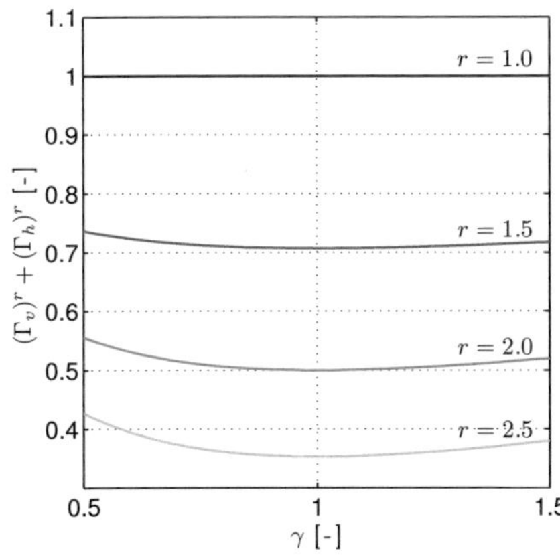

Abbildung 7.8: Einfluss von r und γ auf die Entwicklung des Konstantanteils des Straßenverlaufs

Entwicklung der Längsunebenheiten

Die normierten Eigenkreisfrequenzen und die zugehörige Modalmatrix hängen nun zusätzlich von den Asymmetrieparametern ξ und γ ab. Da die entsprechenden Ausdrücke nun recht länglich sind, wird auf eine explizite Angabe verzichtet.
Werden die zu diesem Modell gehörenden Kontaktkräfte wieder in die Form von Gleichung (7.16) und Gleichung (7.17) gebracht, so gilt zwar $p^*_{vc} \neq p^*_{hc}$, jedoch weiterhin $p^*_{vs} = -p^*_{hs}$. Dennoch werden die Bodenwellen für $r \neq 1$ durch die dynamischen Kontaktkräfte verschoben, da wegen der geometrischen Asymmetrie Γ_v und Γ_h nicht identisch sind. Die Phasenverschiebung aus Gleichung (7.37) vereinfacht sich auf

$$\Delta\varphi = \arctan \frac{\tilde{\mathcal{C}}_{eff} p^*_{vs} \left(\Gamma_v^{r-1} - \Gamma_h^{r-1}\right)}{1 - \tilde{\mathcal{C}}_{eff} \left(\Gamma_v^{r-1} p^*_{vc} + \Gamma_h^{r-1} p^*_{hc}\right)} \tag{7.54}$$

und die Vergrößerungsfunktion aus Gleichung (7.36) zu

$$V_h = \sqrt{\left[1 - \tilde{\mathcal{C}}_{eff} \left(\Gamma_v^{r-1} p^*_{vc} + \Gamma_h^{r-1} p^*_{hc}\right)\right]^2 + \left[\tilde{\mathcal{C}}_{eff} p^*_{vs} \left(\Gamma_v^{r-1} - \Gamma_h^{r-1}\right)\right]^2}. \tag{7.55}$$

Inwieweit die Asymmetrie die Verformung der Straße im Vergleich zu einem symmetrischen Fahrzeug verändert, ist eine komplexe Frage. Die Wahl der einzelnen Parameter hat auf die Beantwortung dieser Frage einen sehr starken Einfluss. In den jeweils linken Diagrammen von Abbildung 7.9 sind diejenigen Grenzflächen in Abhängigkeit von den Asymmetrieparametern ξ und γ und der normierten Anregungsfrequenz η für $\mu = \frac{1}{6}$ dargestellt, bei denen die Vergrößerung der Unebenheitsamplitude infolge eines unsymmetrischen Fahrzeugs gleich der entsprechenden Vergrößerung eines symmetrischen Fahrzeugs ist und somit

$$\Delta V_{h,asym/sym} = V_{h,asym} - V_{h,sym} = 0 \tag{7.56}$$

gilt. Jenseits dieser Grenzflächen sorgt die Asymmetrie entweder für eine stärkere oder aber für eine geringere Verformung. Die drei Abbildungen unterscheiden sich lediglich durch die Wahl des Parameters $\frac{s_v+s_h}{\lambda}$, welcher das Verhältnis zwischen Radstand und Anregungswellenlänge repräsentiert. Es wurden Werte gewählt, welche im Falle eines symmetrischen Fahrzeugs für eine gemischte Hub- und Nickbewegung ($\frac{s_v+s_h}{\lambda} = \frac{3}{4}$), eine reine Hubbewegung ($\frac{s_v+s_h}{\lambda} = 1$) und eine reine Nickbewegung stehen ($\frac{s_v+s_h}{\lambda} = \frac{1}{2}$) stehen.
In den jeweils rechten Abbildungen ist ein Schnitt für $\xi = 1$ durch die Grenzflächen dargestellt. Durch $\oplus$ sind die Bereiche markiert, in denen $\Delta V_{h,asym/sym} > 0$ ist, während $\ominus$ die Bereiche kennzeichnet, in denen $\Delta V_{h,asym/sym} < 0$ gilt. In den $\oplus$-Bereichen führt Asymmetrie folglich zu einem schlechteren Verhalten hinsichtlich Straßenschädigung, da sich entweder die Unebenheit stärker vergrößert oder sie weniger ausgeprägt abgebaut wird. In den $\ominus$-Bereichen ist der Einfluss der Asymmetrie hingegen positiv zu bewerten.
Anzumerken ist noch, dass sich in der Regel in den Schnitten für $\xi = 1$ die Bereiche abwechseln, in denen $\Delta V_{h,asym/sym} > 0$ und $\Delta V_{h,asym/sym} < 0$ gilt, da die Schnitte die Grenzfläche schneiden. Abbildung 7.9d zeigt einen singulären Fall, da die Gerade durch $\xi = 1$ und $\gamma = 1$ eine doppelte Nullstelle darstellt und von der Grenzfläche berührt wird.

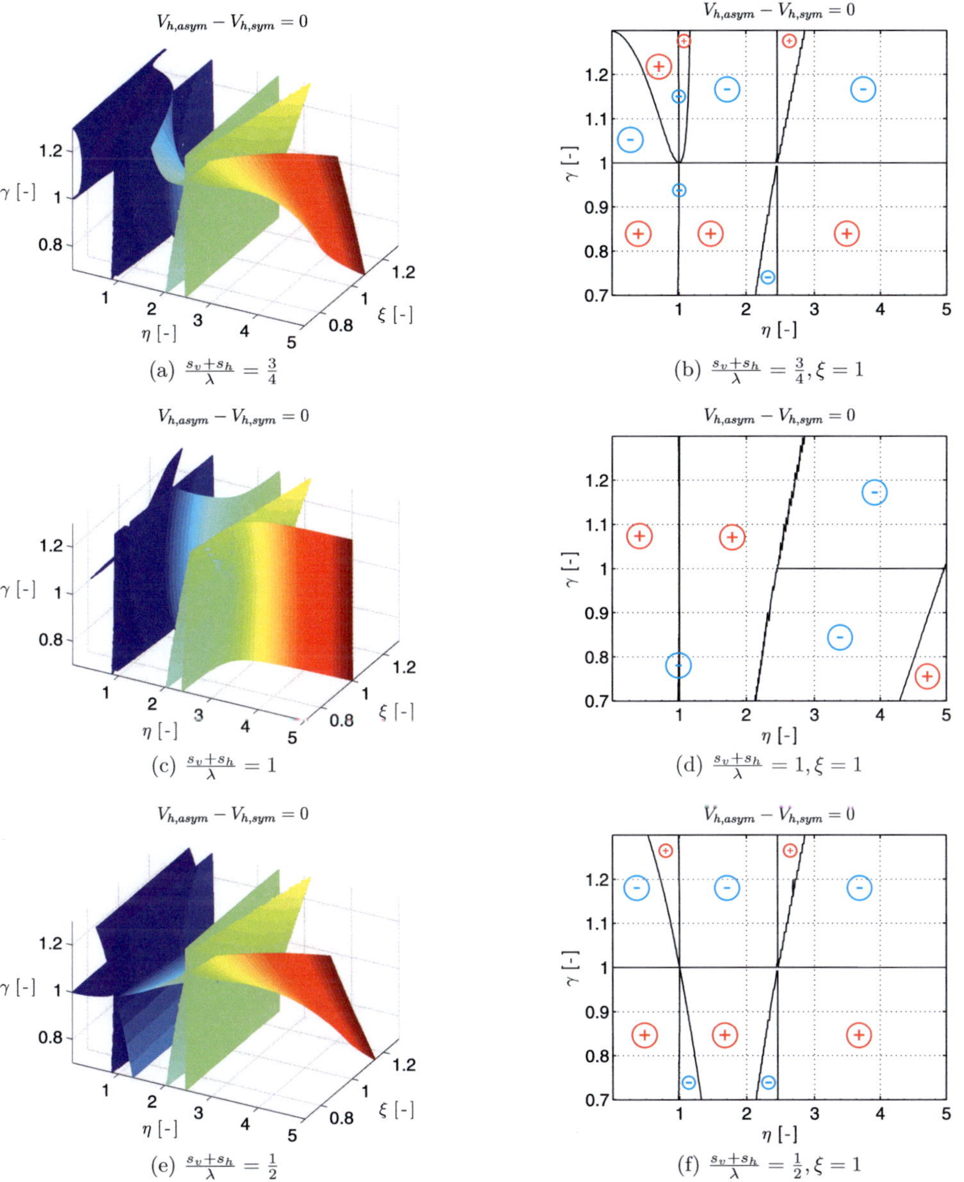

(a) $\frac{s_v+s_h}{\lambda} = \frac{3}{4}$

(b) $\frac{s_v+s_h}{\lambda} = \frac{3}{4}, \xi = 1$

(c) $\frac{s_v+s_h}{\lambda} = 1$

(d) $\frac{s_v+s_h}{\lambda} = 1, \xi = 1$

(e) $\frac{s_v+s_h}{\lambda} = \frac{1}{2}$

(f) $\frac{s_v+s_h}{\lambda} = \frac{1}{2}, \xi = 1$

Abbildung 7.9: Vergleich der Veränderung der Oberfläche in Abhängigkeit der Fahrzeugasymmetrie und Dämpfung für unterschiedliche Radstand-Wellenlängen-Verhältnisse. (a), (c), (e): Grenzfläche, auf der ein symmetrisches und asymmetrisches Fahrzeug zu einer gleich starken Veränderung der Straßenamplitude führen. (b), (d), (f): Schnitt für $\xi = 1$.
(Die Farben in den jeweils linken Abbildungen repräsentieren Werte von η und dienen der besseren Darstellung.)

Abbildung 7.10 stellt für $\mu = \frac{1}{6}$ und $\frac{s_v+s_h}{\lambda} = \frac{3}{4}$ die Differenz der Vergrößerung der Amplitude nach $\Delta N = 6 \cdot 10^5$ Fahrten für vorgegebene normierte Anregungsfrequenzen dar. Die Höhenlinien, auf denen $\Delta V_{h,asym/sym} = 0$ beziehungsweise $(\Delta V_{h,asym/sym})_{\Delta 6 \cdot 10^5} = 0$ gilt, ergeben sich jeweils durch einen Schnitt bei der entsprechenden normierten Anregungsfrequenz η durch die Grenzflächen in Abbildung 7.9. Auch hier gilt, dass eine positive Differenz hinsichtlich Schädigung der Straße nachteilig ist.

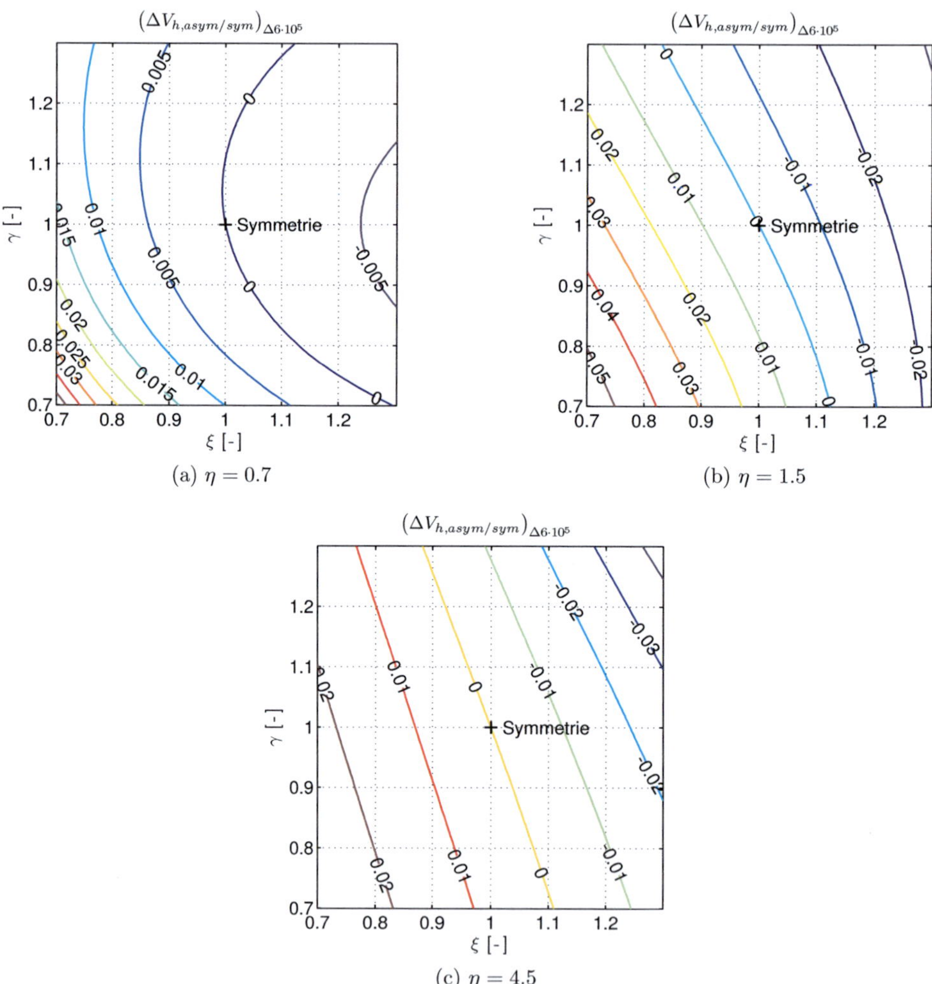

(a) $\eta = 0.7$

(b) $\eta = 1.5$

(c) $\eta = 4.5$

Abbildung 7.10: Vergleich der Veränderung der Oberfläche infolge von $\Delta N = 6 \cdot 10^5$ Überfahrten in Abhängigkeit der Fahrzeugasymmetrie für $\frac{s_v+s_h}{\lambda} = \frac{3}{4}$ und unterschiedlich vorgegebene Anregungsfrequenzen

Aus den bisherigen Abbildungen lässt sich erkennen, dass die zu erwartende Veränderung des Straßenverlaufs für ein bestimmtes Fahrzeug, für das die Asymmetrieparameter ξ und γ im Normalfall gegeben sind, wesentlich von dem Radstand-Wellenlängen-Verhältnis und insbesondere von der normierten Anregungsfrequenz abhängt. Bei dem symmetrischen, ungedämpften Modell in Abschnitt 7.1.1 wurde festgestellt, dass es aufgrund der Achsstandfilterung bei bestimmten Verhältnissen zwischen Radstand und Wellenlänge der Bodenunebenheit trotz Anregung mit einer der Eigenfrequenzen des Fahrzeugs nicht zu Resonanz kommt. Im Folgenden soll untersucht werden, ob dieser Effekt auch für asymmetrische Fahrzeuge auftritt. Hierzu wird zunächst ein Fahrzeug mit asymmetrischen Steifigkeiten betrachtet: Abbildung 7.11a zeigt die Verstärkung- und Abschwächungsbereiche der Welligkeitsamplitude in Abhängigkeit von der normierten Anregungsfrequenz η und dem Parameter $\frac{s_v+s_h}{\lambda}$. In Abbildung 7.11b ist die Vergrößerung der Welligkeitsamplitude infolge von $\Delta N = 6 \cdot 10^5$ Überfahrten für $\frac{s_v+s_h}{\lambda} = \frac{1}{2}$ dargestellt. Beide Abbildungen lassen zusammen erkennen, dass bei beiden Eigenkreisfrequenzen ein Wechsel von Verstärkung zu Abschwächung oder umgekehrt stattfindet – unabhängig vom Radstand-Wellenlängen-Verhältnis. Achsstandfilterung tritt nicht mehr auf: offensichtlich steht das Verhalten hier im Gegensatz zum symmetrischen Fahrzeugmodell.
Auch geometrische Asymmetrie lässt das Achsstandfiltern verschwinden, wie anhand Abbildung 7.12 zu erkennen ist: in (a) sind wiederum die Bereiche der Verstärkung und Abschwächung abgebildet und (b) zeigt die Vergrößerung infolge von $\Delta N = 6 \cdot 10^5$ Überfahrten für $\frac{s_v+s_h}{\lambda} = 1$.
Folglich tritt bei Asymmetrie in der Steifigkeit oder in der Geometrie keine Achsstandfilterung mehr auf, wobei geometrische Asymmetrie einen größeren Einfluss hat.

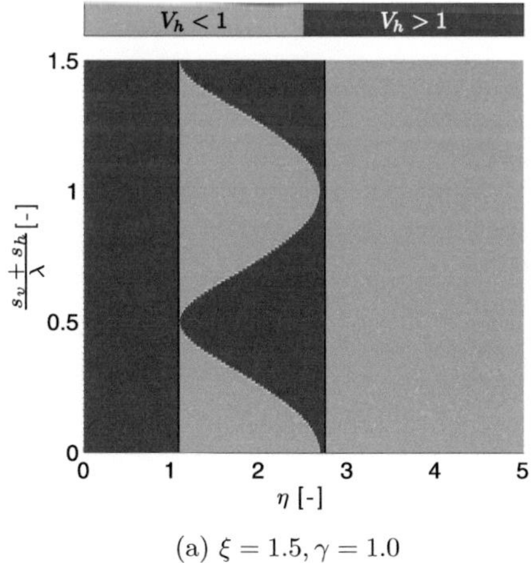

(a) $\xi = 1.5, \gamma = 1.0$

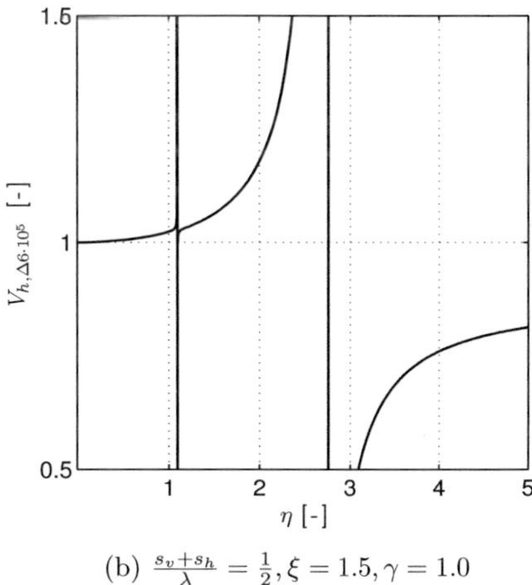

(b) $\frac{s_v+s_h}{\lambda} = \frac{1}{2}, \xi = 1.5, \gamma = 1.0$

Abbildung 7.11: Vergrößerung der Welligkeitsamplitude für $\mu = \frac{1}{6}, \xi = 1.5, \gamma = 1.0$
(a) Einfluss von η und $\frac{s_v+s_h}{\lambda}$ auf Verstärkung und Abschwächung
(b) Einfluss von η für $\frac{s_v+s_h}{\lambda} = \frac{1}{2}$ bei $\Delta N = 6 \cdot 10^5$ Überfahrten

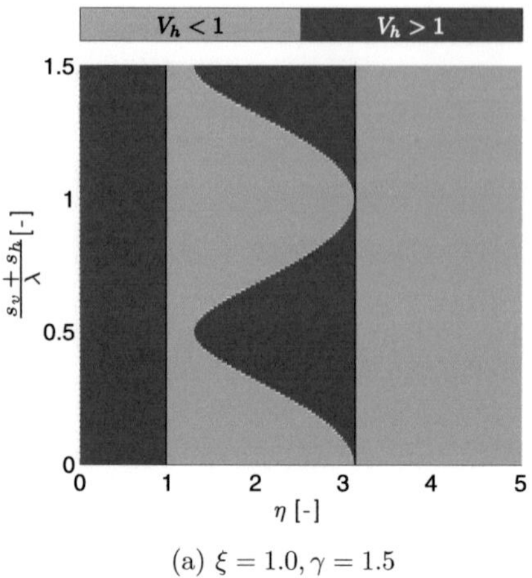

(a) $\xi = 1.0, \gamma = 1.5$

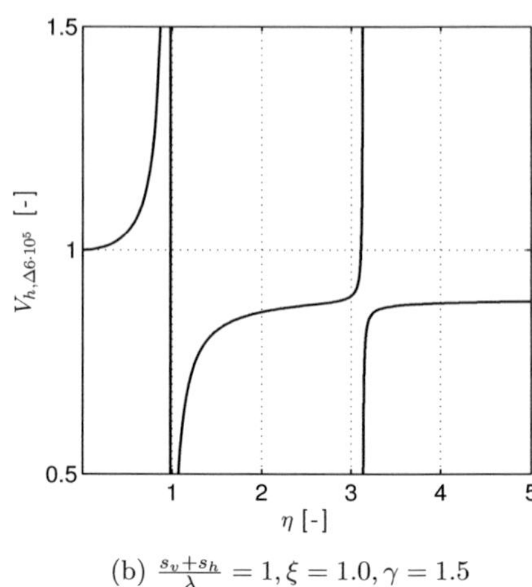

(b) $\frac{s_v+s_h}{\lambda} = 1, \xi = 1.0, \gamma = 1.5$

Abbildung 7.12: Vergrößerung der Welligkeitsamplitude für $\mu = \frac{1}{6}, \xi = 1.0, \gamma = 1.5$
(a) Einfluss von η und $\frac{s_v+s_h}{\lambda}$ auf Verstärkung und Abschwächung
(b) Einfluss von η für $\frac{s_v+s_h}{\lambda} = 1$ bei $\Delta N = 6 \cdot 10^5$ Überfahrten

7.1.3 Symmetrisches, gedämpftes Fahrzeug

Nachdem der Einfluss von Asymmetrie von Geometrie und Steifigkeit untersucht wurde, gilt nun das Interesse der Auswirkung von zusätzlicher viskoser Dämpfung auf die Veränderung der Unebenheiten in der Straße. Asymmetrie wird außer Acht gelassen, sodass das in Abbildung 7.13 dargestellte Fahrzeugmodell betrachtet wird.

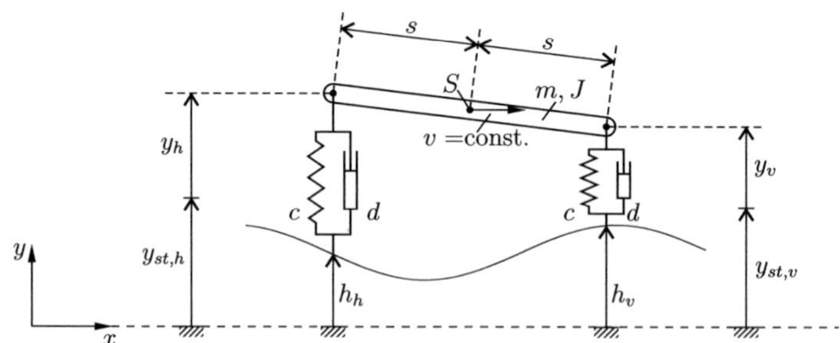

Abbildung 7.13: Symmetrisches, gedämpftes Zweifreiheitsgradmodell

Da Dämpfung keinen Einfluss auf die Gewichtskraft und folglich die statischen Kontaktkräfte hat, ergibt sich kein Unterschied in der Entwicklung des Konstantanteils der Straße zum ungedämpften, symmetrischen Fahrzeugmodell. Die Entwicklung des Konstantanteils wird dementsprechend weiterhin durch Gleichung (7.52) beschrieben.

Entwicklung der Längsunebenheiten

Durch Entkoppelung mit der normierten Modalmatrix (7.45) des ungedämpften, symmetrischen Fahrzeugmodells lassen sich die normierten Koeffizienten der Kontaktkräfte wiederum durch den in Abschnitt 7.1 beschriebenen Weg berechnen. Es gilt $\hat{\omega}_1 = 1$, $\hat{\omega}_2 = \sqrt{\frac{1}{\mu}}$ und damit für die Dämpfungsmaße der Hub- und der Nickeigenform

$$D_1 = \frac{\hat{\beta}}{2} \tag{7.57}$$

$$D_2 = \frac{\hat{\beta}}{2}\sqrt{\frac{1}{\mu}}. \tag{7.58}$$

Da von $\mu < 1$ ausgegangen werden kann, ist in der Regel $D_2 > D_1$ und somit die Nickeigenform stärker gedämpft als die Hubeigenform. Damit beide Moden tatsächlich schwingungsfähig sind, muss somit

$$\hat{\beta} < 2\sqrt{\mu} \tag{7.59}$$

erfüllt sein. Aufgrund der Dämpfung gilt $p^*_{vc} \neq p^*_{hc}$ und $p^*_{vs} \neq -p^*_{hs}$. Mit der vorliegenden Symmetrie des Fahrzeugmodells folgt für die Vergrößerung der Unebenheitsamplitude

$$V_h = \sqrt{\left[1 - 2^{1-r}\tilde{\mathcal{C}}_{eff}\left(p^*_{vc} + p^*_{hc}\right)\right]^2 + \left[2^{1-r}\tilde{\mathcal{C}}_{eff}\left(p^*_{vs} + p^*_{hs}\right)\right]^2} \tag{7.60}$$

und für die Phasenverschiebung der Unebenheit

$$\Delta\varphi = \arctan\frac{2^{1-r}\tilde{\mathcal{C}}_{eff}\left(p^*_{vs} + p^*_{hs}\right)}{1 - 2^{1-r}\tilde{\mathcal{C}}_{eff}\left(p^*_{vc} + p^*_{hc}\right)}. \tag{7.61}$$

Wie schon beim ungedämpften Fahrzeugmodell sind die beiden folgenden Sonderfälle hervorzuheben, in denen sich eine reine Hub- oder Nickbewegung des Fahrzeugs einstellt (Achsstandfilterung). Für $\frac{2s}{\lambda} = n$, $n = 1, 2, 3, \ldots$ liegt eine reine Hubbewegung vor und es gilt

$$\underline{q}^*_{vc} = \underline{q}^*_{hc} = -\frac{(\eta^2 - \hat{\omega}_1^2)\eta^2}{(\eta^2 - \hat{\omega}_1^2)^2 + (\hat{\beta}\eta\hat{\omega}_1^2)^2}, \tag{7.62}$$

$$\underline{q}^*_{vs} = \underline{q}^*_{hs} = -\frac{\hat{\beta}\eta^3\hat{\omega}_1^2}{(\eta^2 - \hat{\omega}_1^2)^2 + (\hat{\beta}\eta\hat{\omega}_1^2)^2}. \tag{7.63}$$

Die Größen hängen offensichtlich nur von der Hubeigenkreisfrequenz $\hat{\omega}_1$ ab. Eine reine Nickbewegung tritt hingegen bei $\frac{2s}{\lambda} = \frac{2n-1}{2}$, $n = 1, 2, 3, \ldots$ auf, wodurch die normierten Koeffizienten der Relativbewegung der Radaufhängungspunkte

$$\underline{q}^*_{vc} = \underline{q}^*_{hc} = -\frac{(\eta^2 - \hat{\omega}_2^2)\eta^2}{(\eta^2 - \hat{\omega}_2^2)^2 + (\hat{\beta}\eta\hat{\omega}_2^2)^2}, \tag{7.64}$$

$$\underline{q}^*_{vs} = \underline{q}^*_{hs} = -\frac{\hat{\beta}\eta^3\hat{\omega}_2^2}{(\eta^2 - \hat{\omega}_2^2)^2 + (\hat{\beta}\eta\hat{\omega}_2^2)^2} \tag{7.65}$$

nur von der Nickeigenkreisfrequenz $\hat{\omega}_2$ abhängen. Für die Koffizienten der normierten Kräfte gilt für beide Sonderfälle

$$p^*_{cv} = p^*_{ch}, \tag{7.66}$$
$$p^*_{sv} = p^*_{sh}. \tag{7.67}$$

Abbildung 7.14 veranschaulicht für $\mu = \frac{1}{6}$ den Einfluss der Dämpfung $\hat{\beta}$ auf die Gebiete, in denen Abschwächung oder Verstärkung der Unebenheitsamplitude stattfindet. Die vertikal verlaufenden, schwarzen Linien kennzeichnen, wo bei einem ungedämpften Fahrzeug mit einem Wechsel von Verstärkung zu Abschwächung oder umgekehrt zu rechnen ist. In (a) und (b) sind sowohl die Hub- als auch die Nickeigenform angeregt. Das Radstand-Wellenlängen-Verhältnis in (c) hingegen führt zu einer reinen Hubbewegung, für die in (d) gewählten Parameter nickt das Fahrzeug ausschließlich. Sowohl bei der reinen Hub- als auch reinen Nickbewegung nehmen durch Dämpfung die Bereiche zu, in denen eine Verstärkung der Unebenheit erfolgt. Bei der reinen Nickbewegung ist der Einfluss der Dämpfung wesentlich ausgeprägter, was möglicherweise an dem höheren Dämpfungsmaß der Nickbewegung liegt. Auch für das Radstand-Wellenlängen-Verhältnis in (b) führt Dämpfung zu einer Verringerung der Bereiche, in denen ein Abbau der Unebenheiten möglich ist. Bei der gemischten Hub- und Nickbewegung in (a) gibt es hingegen sogar auch Bereiche zwischen den beiden normierten Eigenkreisfrequenzen des ungedämpften Systems, in denen im Vergleich zum ungedämpften Fahrzeug keine Verstärkung, sondern aufgrund der Dämpfung eine Abschwächung der Unebenheit erfolgt. Direkt oberhalb der normierten Hubeigenfrequenz im ungedämpften Fall bei $\eta = 1$ führt jedoch für alle Fälle eine zunehmende Dämpfung dazu, dass die Unebenheiten nicht abgebaut, sondern weiterhin verstärkt werden. Dies entspricht den Ergebnissen für das Einfreiheitsgradmodell in Abschnitt 6.3.2, welches nur die Hubbewegung abbilden kann. Im Allgemeinen erschwert das Wechselspiel zwischen Hub- und Nickeigenform es jedoch, eine allgemeingültige Aussage hinsichtlich der Auswirkung von viskoser Dämpfung in den Radaufhängungen zu treffen: Abbildung 7.14a unterstreicht dies deutlich.

Die Vergrößerung der Unebenheitsamplitude $\hat{\underline{h}}$ infolge von $\Delta N = 6 \cdot 10^5$ Überfahrten als Funktion der normierten Anregungsfrequenz η für $\mu = \frac{1}{6}$ und zwei unterschiedliche Dämpfungswerte $\hat{\beta}$ sowie den ungedämpften Fall sind in Abbildung 7.15 dargestellt. Es wurden die gleichen Verhältnisse zwischen Radstand und Anregungswellenlänge wie in Abbildung 7.14 gewählt. Wie auch beim Einfreiheitsgradmodell wird deutlich, dass zunehmende Dämpfung zwar in den meisten Fällen die Vergrößerung der Unebenheitsamplitude abschwächt. Doch häufig führt Dämpfung in den Bereichen, in denen im ungedämpften Fall mit einer Abschwächung der Amplitude zu rechnen ist, zu einer Minderung der Abschwächung oder gar zu verstärkendem Verhalten. Bei einer Anregung zwischen oder nahe den beiden Eigenkreisfrequenzen kommt es stark auf die gewählte Anregungsfrequenz an, ob die Dämpfung einen positiven oder negativen Effekt hat. Hier ist keine so eindeutige Aussage mehr möglich wie deutlich unterhalb der ersten oder stark oberhalb der zweiten Eigenkreisfrequenz des ungedämpften Systems. Unterhalb von $\eta = 1$ vermindert sich jedoch das Fortschreiten der Schädigung infolge der Reduktion der Schwingungsamplituden. Die in Abschnitt 6.3.2 getroffenen Aussagen für das Einfreiheitsgradmodell lassen sich

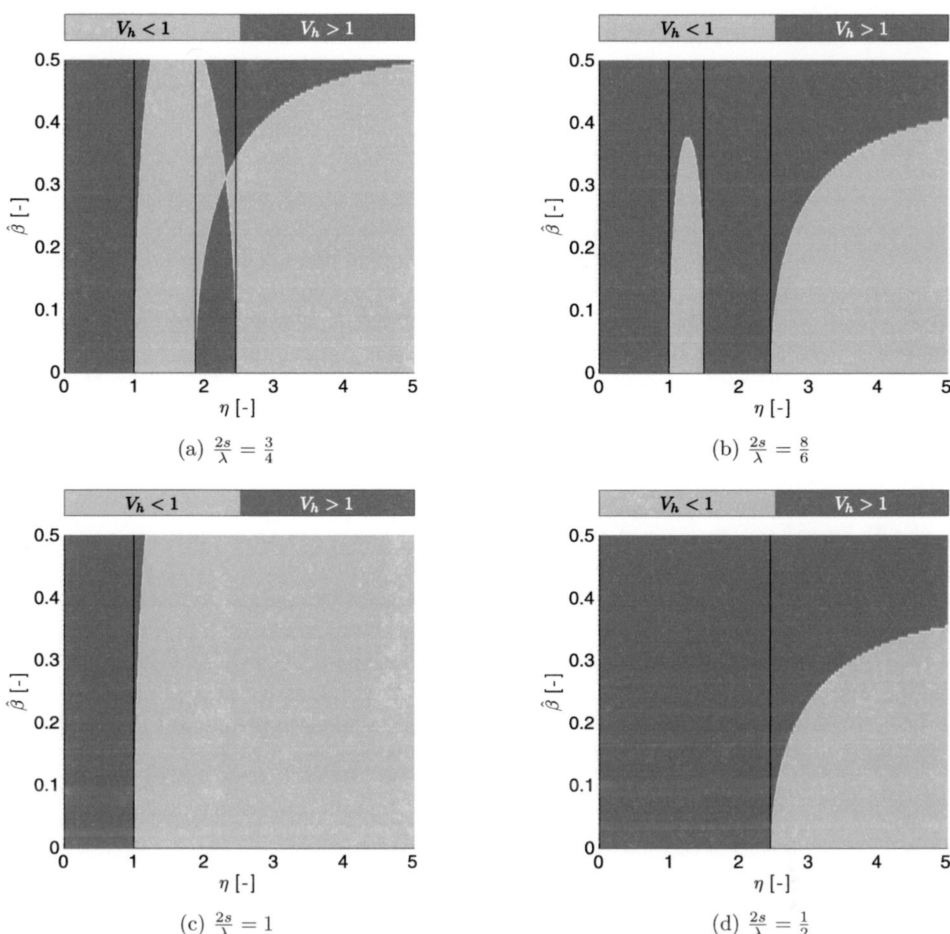

(a) $\frac{2s}{\lambda} = \frac{3}{4}$ (b) $\frac{2s}{\lambda} = \frac{8}{6}$

(c) $\frac{2s}{\lambda} = 1$ (d) $\frac{2s}{\lambda} = \frac{1}{2}$

Abbildung 7.14: Verstärkung der Unebenheitsamplitude abhängig von $\hat{\beta}$ und η für unterschiedliche Verhältnisse $\frac{2s}{\lambda}$ und $\mu = \frac{1}{6}$; (a), (b): gemischte Hub- und Nickbewegung, (c): reine Hubbewegung, (d): reine Nickbewegung

natürlich im Falle einer reinen Hubbewegung (Abbildung 7.15c) genau auf das Zweifreiheitsgradmodell übertragen.

Wie schon beim Einfreiheitsgradmodell spielt auch hier der Parameter $\tilde{\mathcal{C}}_{eff} = \mathcal{F}\chi\mathcal{C}^r r = \mathcal{F}\tilde{\mathcal{C}}$ eine zentrale Rolle (vergleiche Abschnitt 6.3.2), der eine Zusammenfassung einiger Straßenparameter und Fahrzeugparameter darstellt. Zu diesem Zwecke ist analog zu Abbildung 6.9 der maximale und minimale Wert der Vergrößerung der Amplitude durch $\Delta N = 6 \cdot 10^5$ Überfahrten als Funktion der Dämpfung für unterschiedliche Werte von $\tilde{\mathcal{C}}_{eff}$ in Abbildung 7.16 dargestellt. Ein zunehmendes $\tilde{\mathcal{C}}_{eff}$ erhöht den maximalen Wert der Vergrößerung

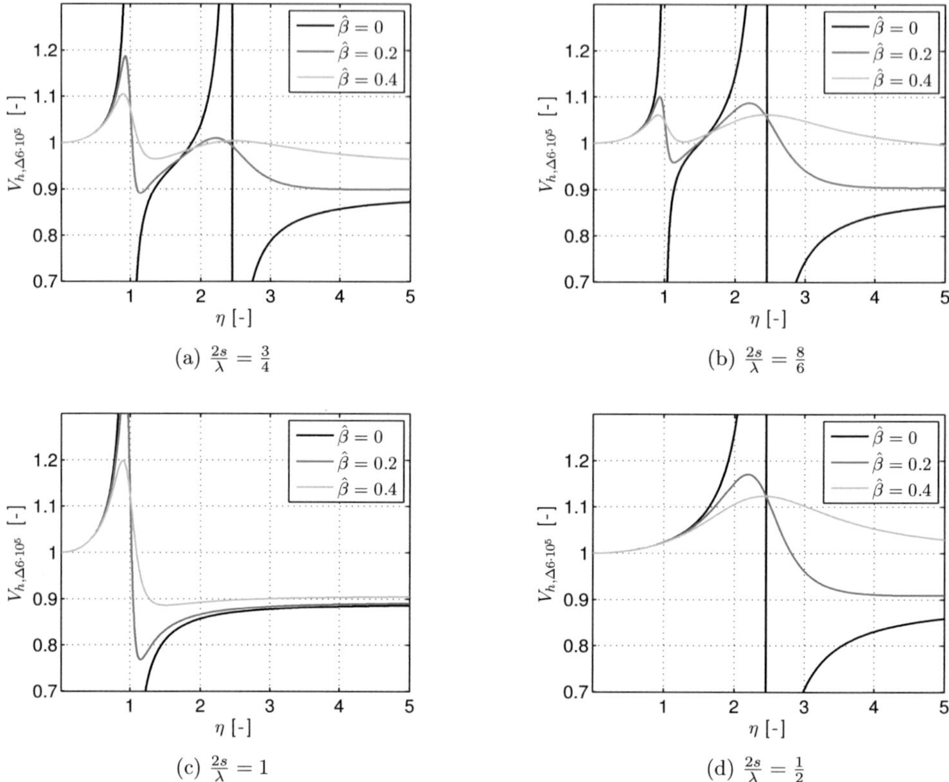

(a) $\frac{2s}{\lambda} = \frac{3}{4}$

(b) $\frac{2s}{\lambda} = \frac{8}{6}$

(c) $\frac{2s}{\lambda} = 1$

(d) $\frac{2s}{\lambda} = \frac{1}{2}$

Abbildung 7.15: Vergrößerung der Unebenheitsamplitude im Laufe von $6 \cdot 10^5$ Überfahrten abhängig von η für unterschiedlich starke Dämpfung und unterschiedliche Verhältnisse $\frac{2s}{\lambda}$ und $\mu = \frac{1}{6}$; (a), (b): gemischte Hub- und Nickbewegung, (c): Hubbewegung, (d): Nickbewegung

der Unebenheitsamplitude und somit die Straßenschädigung, während der minimale Wert reduziert wird und damit folglich ein stärkerer Abbau der Unebenheit einhergeht. Diese Wirkung des Parameters $\tilde{\mathcal{C}}_{eff}$ wurde auch schon beim Einfreiheitsgradmodell festgestellt.

Des Weiteren ist das Wachstumsverhalten der Unebenheitsamplitude infolge der dynamischen Kontaktkräfte in Abbildung 7.17 als Funktion des Massenverteilungsparameters μ und der normierten Anregungsfrequenz η dargestellt für $\hat{\beta} = 0.4$ und $\hat{\beta} = 0.6$ sowie drei unterschiedliche Verhältnisse zwischen Radstand und Anregungswellenlänge. Die unterschiedlichen Verhältnisse stehen wiederum für eine gemischte Hub- und Nickbewegung sowie jeweils eine reine Hub- und eine reine Nickbewegung. Die schwarzen Linien markieren, wo im Fall des ungedämpften Fahrzeugs ein Wechsel von Verstärkung zu Abschwächung oder umgekehrt erfolgt. Die Abbildungen lassen sich mit Abbildung 7.3 und Abbildung 7.4

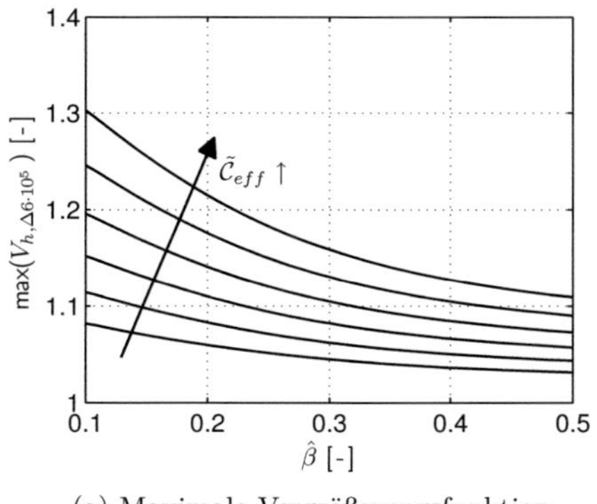

(a) Maximale Vergrößerungsfunktion

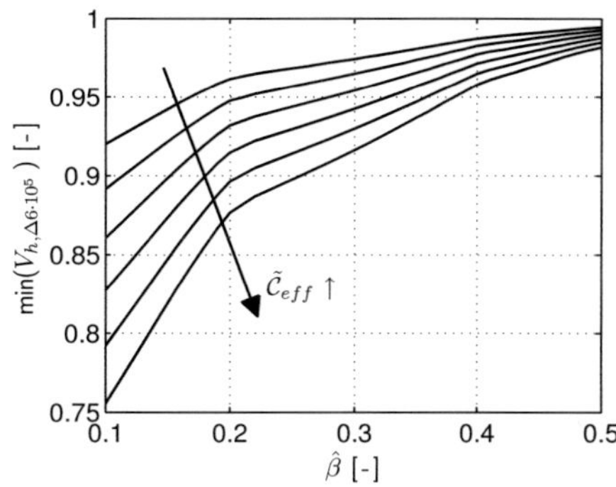

(b) Minimale Vergrößerungsfunktion

Abbildung 7.16: Einfluss des Dämpfungsparameters $\hat{\beta}$ und des Parameters $\tilde{C}_{eff}$ auf den maximalen Wert (a) bzw. den minimalen Wert (b) der Vergrößerung der Unebenheitsamplitude im Laufe von $\Delta N = 6 \cdot 10^5$ Fahrten; $\mu = \frac{1}{6}, \frac{2s}{\lambda} = \frac{3}{4}$

für das ungedämpfte Fahrzeug vergleichen: es bestätigt sich, dass im Fall der reinen Hub- und Nickbewegung Dämpfung zu einer Vergrößerung der Bereiche führt, in denen die Unebenheiten verstärkt werden. Bei der gemischten Bewegung lässt sich in (a) eine Verschiebung der Trennlinien zwischen Verstärkung und Abschwächung erkennen, sodass es nun auch Parameterbereiche gibt, die ohne Dämpfung mit einer Verstärkung der Unebenheit einhergehen und jetzt mit einem Abbau der Unebenheit verbunden sind. Für starke Dämpfung (b) ist jedoch auch hier eine starke Zunahme der Vergrößerungsbereiche festzustellen.

Abschließend sind im Vergleich zum ungedämpften Fall in Abbildung 7.5 die Bereiche der Verstärkung oder Abschwächung als Funktion der Anregungsfrequenz und des Verhältnisses zwischen Radstand und Anregungswellenlänge in Abbildung 7.18 illustriert. Die schwarzen Linien markieren wiederum, wo im Falle des ungedämpften Fahrzeugs ein Wechsel von Verstärkung zu Abschwächung oder umgekehrt stattfindet. Durch die Dämpfung gibt es auch oberhalb der normierten zweiten Eigenkreisfrequenz Bereiche, in denen die Unebenheit zunimmt. Liegt jedoch überwiegend eine Hubbewegung vor, werden auch oberhalb dieser Eigenkreisfrequenz die Unebenheiten für die gewählten Dämpfungsmaße weiterhin durch den Einfluss der dynamischen Kontaktkräfte abgebaut. Je größer die Dämpfung, desto ausgedehnter sind die Bereiche der Verstärkung jenseits der zweiten Eigenkreisfrequenz des ungedämpften Systems. Es wird deutlich, dass sich die Bereiche direkt oberhalb von $\eta = 1$, in denen Verstärkung stattfindet, im Vergleich zum ungedämpften Fahrzeug ausdehnen. Direkt unterhalb der zweiten Eigenkreisfrequenz des ungedämpften Systems weiten sich hingegen die Bereiche aus, in denen die Unebenheit verringert wird, und zwar eher für die durch die Hubmode dominierten Bewegungen. Offensichtlich tritt weiter eine Achsstandfilterung auf. Die Grenzen zwischen Verstärkung und Abschwächung können durch Dämpfung deutlich verschoben werden.

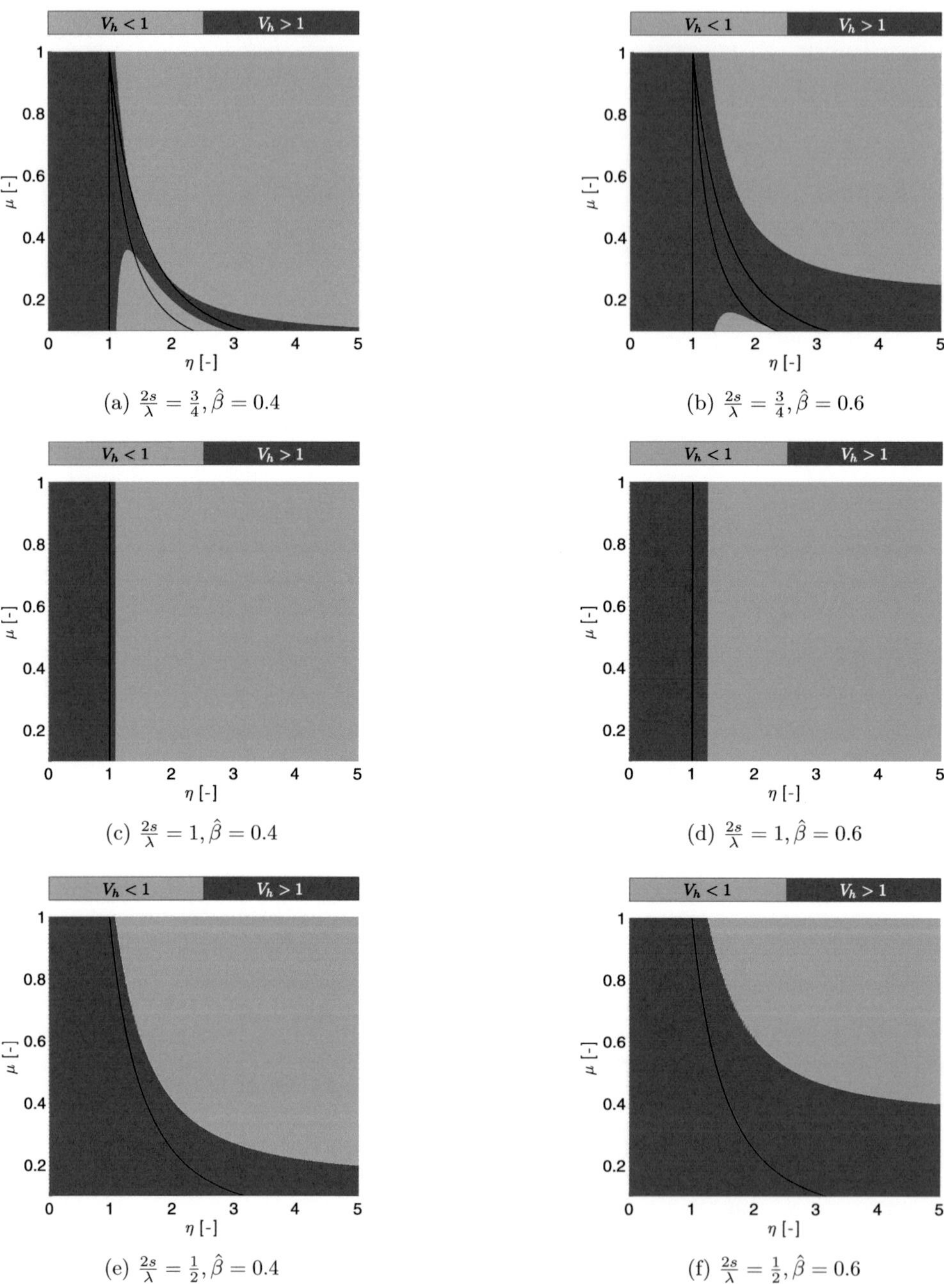

(a) $\frac{2s}{\lambda} = \frac{3}{4}, \hat{\beta} = 0.4$

(b) $\frac{2s}{\lambda} = \frac{3}{4}, \hat{\beta} = 0.6$

(c) $\frac{2s}{\lambda} = 1, \hat{\beta} = 0.4$

(d) $\frac{2s}{\lambda} = 1, \hat{\beta} = 0.6$

(e) $\frac{2s}{\lambda} = \frac{1}{2}, \hat{\beta} = 0.4$

(f) $\frac{2s}{\lambda} = \frac{1}{2}, \hat{\beta} = 0.6$

Abbildung 7.17: Verstärkung oder Abschwächung der Unebenheitsamplitude abhängig von η und μ für unterschiedlich starke Dämpfung

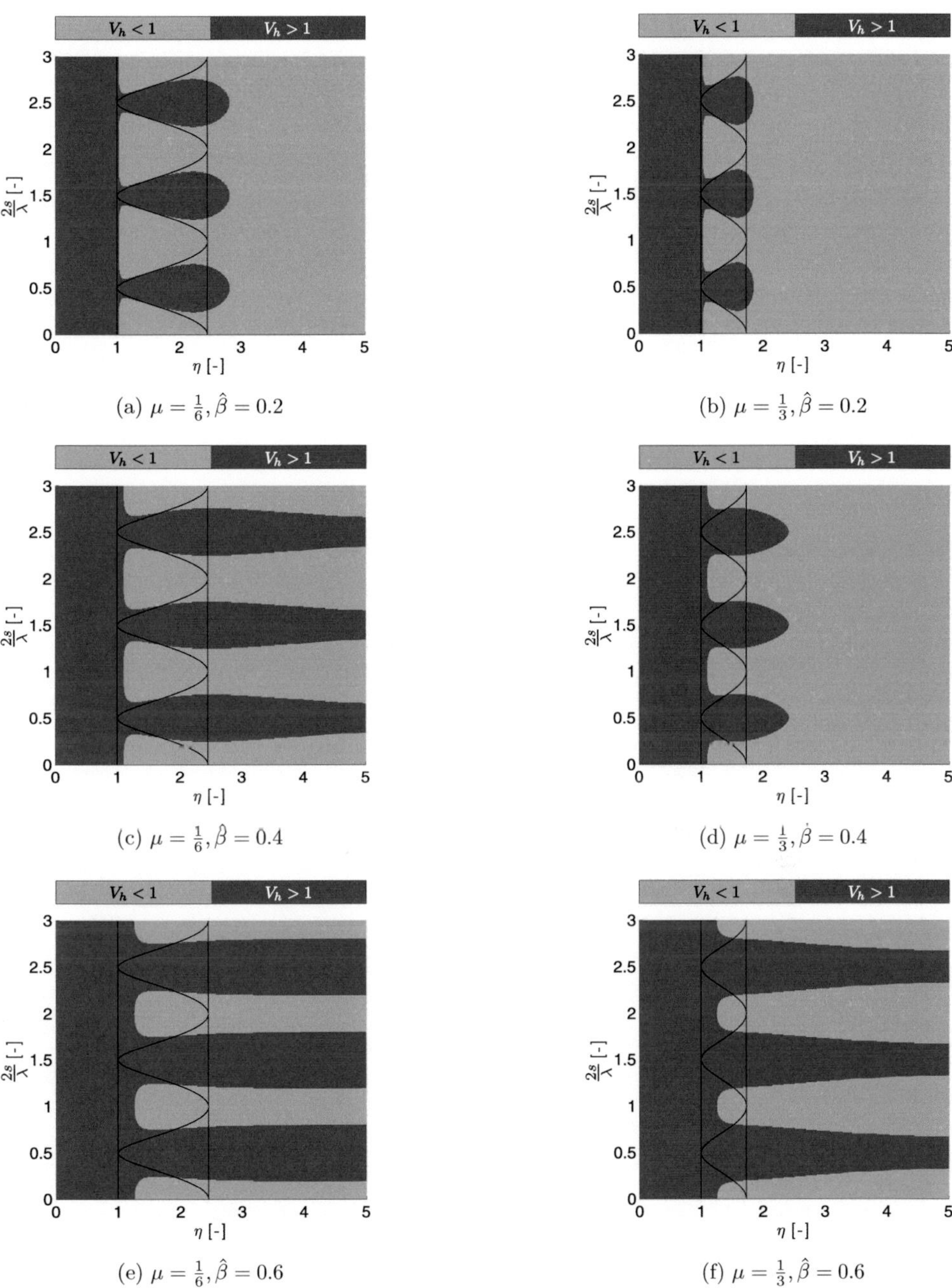

(a) $\mu = \frac{1}{6}, \hat{\beta} = 0.2$

(b) $\mu = \frac{1}{3}, \hat{\beta} = 0.2$

(c) $\mu = \frac{1}{6}, \hat{\beta} = 0.4$

(d) $\mu = \frac{1}{3}, \hat{\beta} = 0.4$

(e) $\mu = \frac{1}{6}, \hat{\beta} = 0.6$

(f) $\mu = \frac{1}{3}, \hat{\beta} = 0.6$

Abbildung 7.18: Verstärkung oder Abschwächung der Unebenheitsamplitude abhängig von η und $\frac{2s}{\lambda}$ für zwei unterschiedliche Massenverteilungsparameter und unterschiedlich starke Dämpfung

7.1.4 Asymmetrisches, gedämpftes Fahrzeug

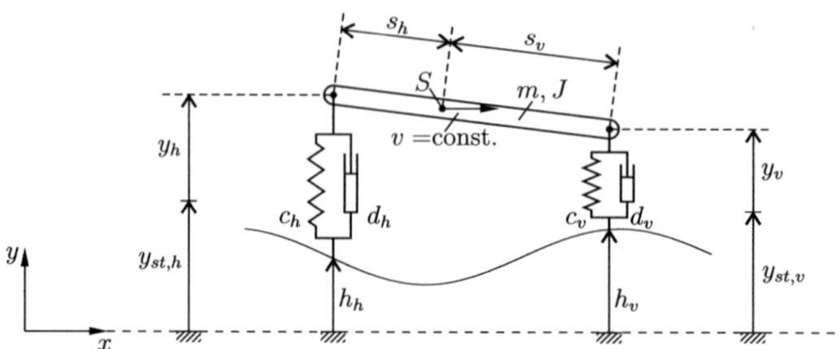

Abbildung 7.19: Asymmetrisches, gedämpftes Zweifreiheitsgradmodell mit linearer Radaufhängung

Als abschließendes Fahrzeugmodell mit linearer Radaufhängung wird jenes in Abbildung 7.19 betrachtet, welches eine Asymmetrie in der Federsteifigkeit und dem Abstand der Radaufhängungspunkte zum Schwerpunkt aufweist. Es unterscheidet sich vom Fahrzeugmodell in Abschnitt 7.1.2 lediglich durch die zusätzliche Dämpfung. Die Entwicklung des Konstantanteils folgt wie auch schon im ungedämpften Fall Gleichung (7.9). Die Vergrößerung der Unebenheitsamplitude der Straße und die Phasenverschiebung sind durch (7.36) und (7.37) gegeben, da nun kein einfacher Zusammenhang mehr zwischen den Koeffizienten p^*_{vc} und p^*_{hc} beziehungsweise p^*_{vs} und p^*_{hs} der normierten Kontaktkräfte besteht, das heißt weitere Vereinfachungen sind nicht möglich.

Im Folgenden soll untersucht werden, inwiefern Asymmetrie das Straßenverhalten eines Fahrzeugs mit gedämpftem Fahrwerk verändert. Hierzu werden für $\mu = \frac{1}{6}$ die Grenzflächen $V_{h,asym} - V_{h,sym} = 0$ dargestellt, welche Parameterkombinationen kennzeichnen, für die ein gedämpftes, symmetrisches Fahrzeug und ein gedämpftes, unsymmetrisches Fahrzeug die gleiche Verformung hervorrufen. Abbildung 7.20 zeigt die Grenzflächen in Abhängigkeit von der normierten Anregung η, der Asymmetrie der Federsteifigkeiten ξ und dem Parameter γ, welcher das Verhältnis der Radaufhängungsabstände zum Schwerpunkt erfasst, sowie einen Schnitt für $\xi = 1$ für das Radstand-Wellenlängen-Verhältnis $\frac{s_v+s_h}{\lambda} = \frac{3}{4}$. Abbildung 7.21 stellt die gleichen Zusammenhänge für $\frac{s_v+s_h}{\lambda} = 1$ dar und Abbildung 7.22 für $\frac{s_v+s_h}{\lambda} = \frac{1}{2}$. Es wurden dabei die gleichen Radstand-Wellenlängen-Verhältnisse wie in Abschnitt 7.1.2 gewählt. Jenseits dieser Grenzflächen ist Asymmetrie entweder positiv zu bewerten (markiert durch$\ominus$), da hier $V_{h,asym} < V_{h,sym}$ gilt, oder aber negativ (markiert durch$\oplus$) wegen $V_{h,asym} > V_{h,sym}$. Für alle drei gewählten Verhältnisse zwischen Radstand $s_v + s_h$ und Oberflächenwellenlänge λ fällt auf, dass sich mit zunehmender Dämpfung die Grenzen zwischen Verstärkung und Abschwächung verschieben (siehe im Vergleich dazu die Diagramme für ein ungedämpftes Fahrzeug in Abbildung 7.9). Insbesondere für große Anregungsfrequenzen findet ein kompliziertes räumliches Verdrehen oder Umklappen der Grenzfläche statt. Wie auch schon im ungedämpften Fall verändert Asymmetrie das Verhalten hinsichtlich Verformung der Straße auf sehr komplexe Weise, sodass offensichtlich keine generellen Aussagen getroffen werden können, sondern die interessierenden Parameterkombinationen einzeln betrachtet werden müssen.

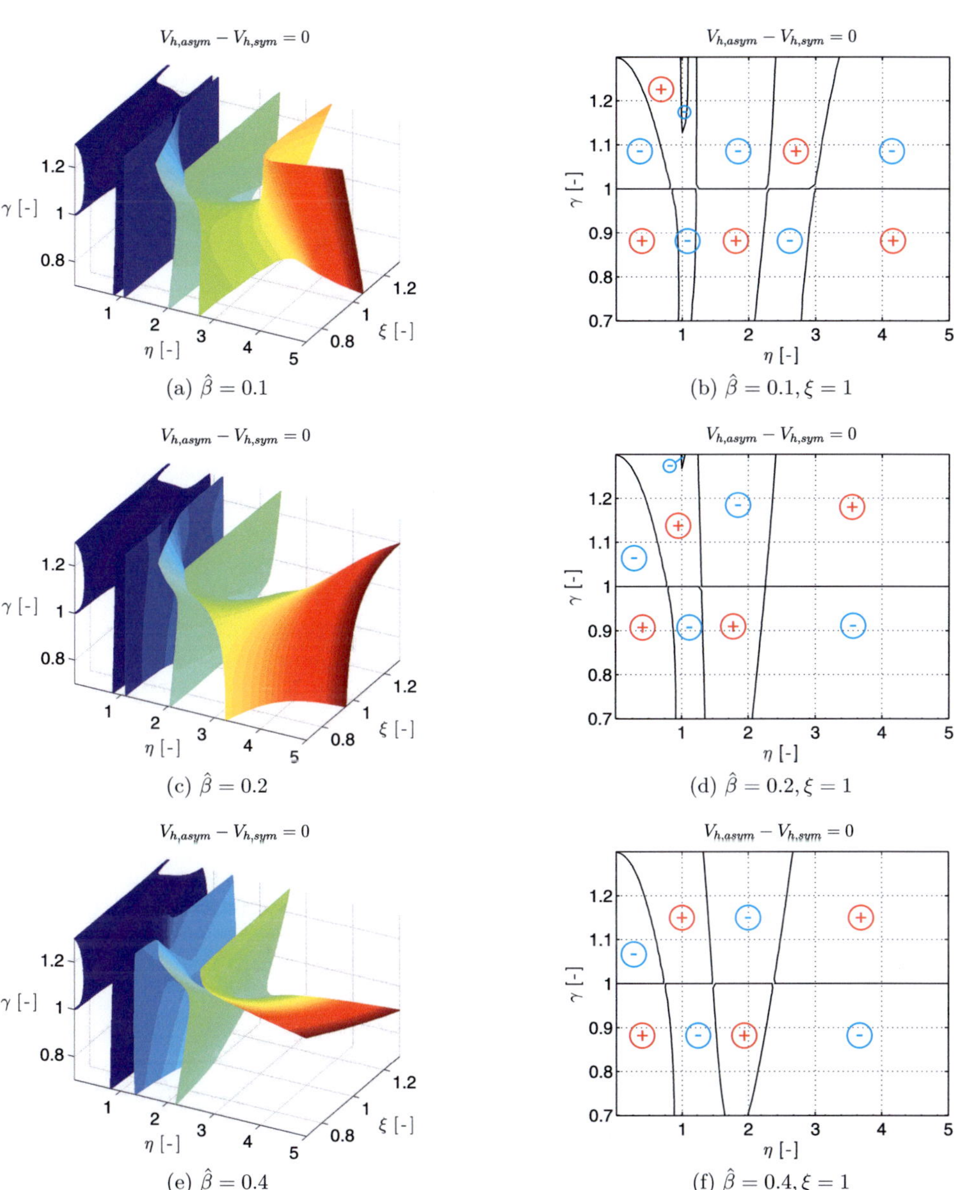

(a) $\hat{\beta} = 0.1$ (b) $\hat{\beta} = 0.1, \xi = 1$

(c) $\hat{\beta} = 0.2$ (d) $\hat{\beta} = 0.2, \xi = 1$

(e) $\hat{\beta} = 0.4$ (f) $\hat{\beta} = 0.4, \xi = 1$

Abbildung 7.20: Vergleich der Veränderung der Oberfläche in Abhängigkeit der Fahrzeugasymmetrie und Dämpfung für $\frac{s_v+s_h}{\lambda} = \frac{3}{4}$
(a), (c), (e): Grenzfläche, auf der ein symmetrisches und asymmetrisches Fahrzeug zu einer gleich starken Veränderung der Straßenamplitude führen
(b), (d), (f): Schnitt für $\xi = 1$
(Die Farben in den jeweils linken Abbildungen repräsentieren Werte von η und dienen der besseren Darstellung.)

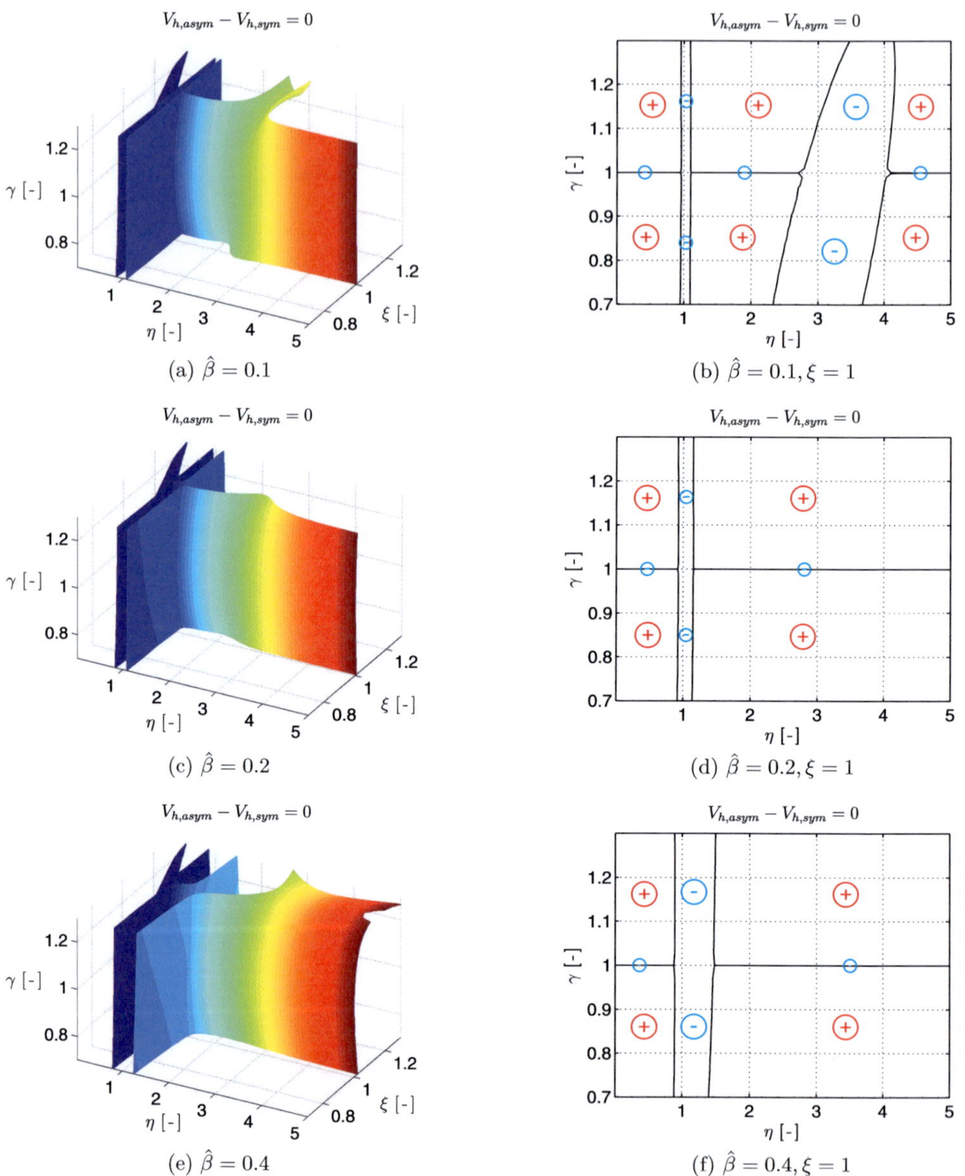

(a) $\hat{\beta} = 0.1$

(b) $\hat{\beta} = 0.1, \xi = 1$

(c) $\hat{\beta} = 0.2$

(d) $\hat{\beta} = 0.2, \xi = 1$

(e) $\hat{\beta} = 0.4$

(f) $\hat{\beta} = 0.4, \xi = 1$

Abbildung 7.21: Vergleich der Veränderung der Oberfläche in Abhängigkeit der Fahrzeugasymmetrie und Dämpfung für $\frac{s_v+s_h}{\lambda} = 1$.
(a), (c), (e): Grenzfläche, auf der ein symmetrisches und asymmetrisches Fahrzeug zu einer gleich starken Veränderung der Straßenamplitude führen
(b), (d), (f): Schnitt für $\xi = 1$
(Die Farben in den jeweils linken Abbildungen repräsentieren Werte von η und dienen der besseren Darstellung.)

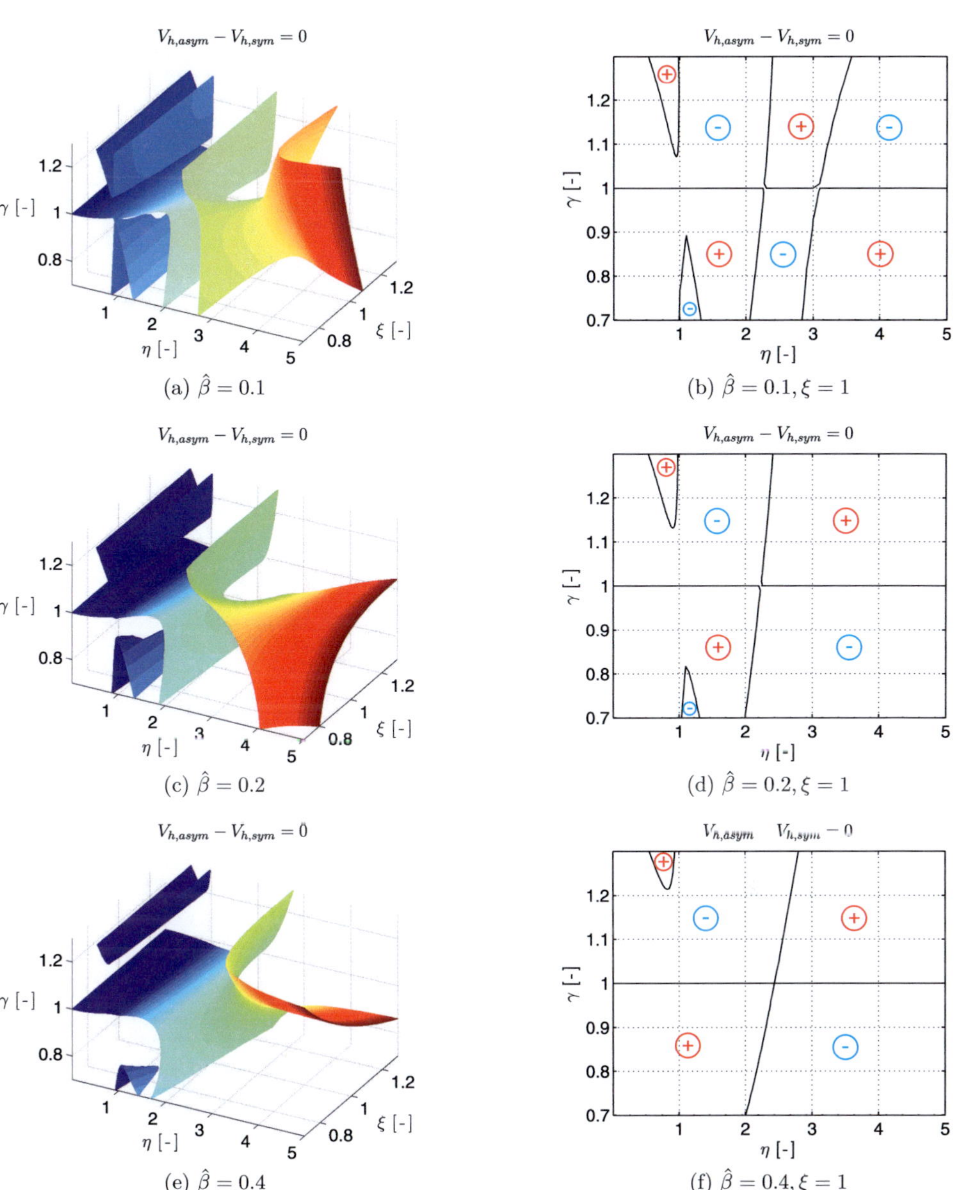

(a) $\hat{\beta} = 0.1$

(b) $\hat{\beta} = 0.1, \xi = 1$

(c) $\hat{\beta} = 0.2$

(d) $\hat{\beta} = 0.2, \xi = 1$

(e) $\hat{\beta} = 0.4$

(f) $\hat{\beta} = 0.4, \xi = 1$

Abbildung 7.22: Vergleich der Veränderung der Oberfläche in Abhängigkeit der Fahrzeugasymmetrie und Dämpfung für $\frac{s_v+s_h}{\lambda} = \frac{1}{2}$
(a), (c), (e): Grenzfläche, auf der ein symmetrisches und asymmetrisches Fahrzeug zu einer gleich starken Veränderung der Straßenamplitude führen
(b), (d), (f): Schnitt für $\xi = 1$
(Die Farben in den jeweils linken Abbildungen repräsentieren Werte von η und dienen der besseren Darstellung.)

Im Normalfall wechseln sich hier ⊕- und ⊖-Bereiche in den Schnitten für $\xi = 1$ ab, da die Grenzfläche durch diese Schnitte durchstoßen wird (siehe auch Abbildung 7.9b, f). Für $\frac{s_v+s_h}{\lambda} = n$, $n = 1, 2, 3, \ldots$ wird hingegen die Gerade $\xi = 1, \gamma = 1$ berührt oder die Grenzfläche in dem Bereich minimal durchschnitten, sodass nahezu eine doppelte Nullstelle vorliegt – dies war schon beim asymmetrischen, ungedämpften Fahrzeug beobachtet worden.
Analog zum ungedämpften Fall beeinflusst neben dem Radstand-Wellenlängen-Verhältnis vor allem die normierte Anregungsfrequenz, ob bei gegebener Fahrzeugkonfiguration die Asymmetrie zu einem besseren oder schlechteren Verhalten hinsichtlich Straßenschädigung als bei einem symmetrischen Fahrzeug führt.

7.2 Nichtlineare Radaufhängung

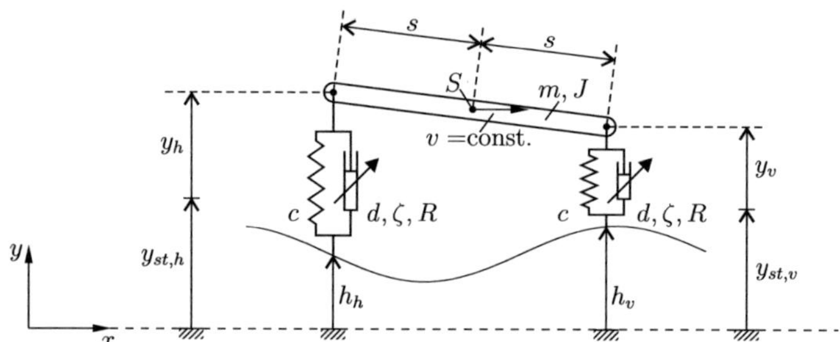

Abbildung 7.23: Symmetrisches, gedämpftes Zweifreiheitsgradmodell mit nichtlinearer Radaufhängung

Nachdem der Einfluss von viskoser Dämpfung und Asymmetrie auf die Entwicklung der Unebenheitsamplitude untersucht wurde, gilt nun das Interesse nichtlinearen Einflüssen in der Radaufhängung in Form von bilinearer Dämpfung und Coulombscher Reibung. Hierzu wird das bezüglich Massenverteilung und Position der Radaufhängungspunkte symmetrische Fahrzeug in Abbildung 7.23 betrachtet, welches jedoch eine in vorderer und hinterer Radaufhängung identische nichtlineare Dämpfung aufweist. Die Bilinearität wird durch den Parameter ζ gemäß Gleichung (3.5) beschrieben, während die Coulombsche Reibung in beiden Radaufhängungen durch $r_Z = \frac{R}{c_v \hat{u}}$ charakterisiert wird. Die Reibkraft wird wie beim Einfreiheitsgradmodell proportional zur (gesamten) statischen Last angenommen, sodass

$$r_Z = \rho \frac{2g}{\kappa^2 \hat{u}} \tag{7.68}$$

gilt. Die Reibkraft in der einzelnen Radaufhängung ist folglich proportional zur doppelten dort wirksamen statischen Last $p_{stat,v} = p_{stat,h}$. Das Verhalten des Systems wird in normierter und entdimensionierter Form durch Gleichung (5.27) beschrieben mit

$$\mathbf{Z} = \begin{pmatrix} \zeta & 0 \\ 0 & \zeta \end{pmatrix}, \quad \hat{\mathbf{R}}_C = \begin{pmatrix} r_Z & 0 \\ 0 & r_Z \end{pmatrix}. \tag{7.69}$$

Untersucht wird im Folgenden die Auswirkung der Nichtlinearitäten auf die Fahrzeugbewegung, die dynamischen Kontaktkräfte und vor allem die bleibende Verformung der Straßenoberfläche. Dabei interessiert weiterhin lediglich eine monofrequente Straßenoberfläche und es wird auch nur die Grundharmonische der Schwingungsantwort des Fahrzeugs betrachtet, da sich höhere Harmonische im Straßenverlauf im Vergleich zur Grundharmonischen nur relativ schwach verändern und zudem der Einfluss der höheren Harmonischen auf die Veränderung der Grundharmonischen des Straßenverlaufs gering ist: dies wurde in Abschnitt 6.4 für das Einfreiheitsgradmodell festgestellt. Es wird weiterhin das in N lineare Schädigungsgesetz Gleichung (7.2) verwendet, das aus den in Abschnitt 5.1.2 und Abschnitt 6.4.2 genannten Gründen bei der Untersuchung der Unebenheitsentwicklung nach dem linearen Glied abgebrochen werden kann.
Des Weiteren werden Fahrzeuge mit unterschiedlichen Parametern hinsichtlich Straßenfreundlichkeit anhand der Veränderung der Unebenheitsamplitude durch eine einzige Überfahrt bewertet: beim Einfreiheitsgradmodell wurde festgestellt, dass sich das prinzipielle Schwingungs- und Schädigungsverhalten des Fahrzeugs in Abhängigkeit von der Unebenheitsamplitude zwar quantitativ, jedoch nicht qualitativ ändert. Dies begründet das gewählte Vorgehen beim Zweifreiheitsgradmodell.

7.2.1 Berechnung der Bewegung

Zur Annäherung der Grundharmonischen der Vertikalbewegungen des Fahrzeugs wird die Harmonische Balance im Sinne eines Galerkin-Verfahrens angewendet. Unter der Annahme einer periodischen Bewegung der beiden Radaufhängungspunkte wird der Ansatz

$$\underline{\mathbf{q}}(\tau) = \begin{bmatrix} \overline{a}_v + \hat{a}_v \cos(\eta\tau + \varphi_N - \theta_v) \\ \overline{a}_h + \hat{a}_h \cos(\eta\tau + \varphi_N - \theta_h) \end{bmatrix} \tag{7.70}$$

für die normierte vertikale Relativbewegung während der $(N+1)$-ten Fahrt gewählt. Einsetzen dieses Ansatzes in Gleichung (7.2), Multiplikation mit $1, \cos(\eta\tau + \varphi_N), \sin(\eta\tau + \varphi_N)$ und Integration über eine Periode liefert ein algebraisches Gleichungssystem für die sechs Unbekannten $\overline{a}_i, \hat{a}_i, \theta_i,\ i = v, h$.
Liegt ausschließlich bilineare Dämpfung und keine Coulombsche Reibung vor, lässt sich das algebraische Gleichungssystem nach den Unbekannten auflösen; bei vorhandener Coulombscher Reibung gelingt dies nicht mehr. Deswegen wird unter der Annahme, dass die Reibung klein ist, ein Störungsansatz der Form

$$\overline{a}_i = \overline{a}_{i0} + \varepsilon \overline{a}_{i1} \tag{7.71}$$
$$\hat{a}_i = \hat{a}_{i0} + \varepsilon \hat{a}_{i1} \tag{7.72}$$
$$\theta_i = \theta_{i0} + \varepsilon \theta_{i1} \tag{7.73}$$

für $i = v, h$ eingeführt. Aus den Störungsgleichungen der nullten und zweiten Ordnung lässt sich ein rekursiv lösbares Gleichungssystem gewinnen und die zwölf Unbekannten $\overline{a}_{i0}, \overline{a}_{i1}, \hat{a}_{i0}, \hat{a}_{i1}, \theta_{i0}, \theta_{i1}, i = v, h$ bestimmen, wobei die Lösung der nullten Näherung der ungestörten Lösung und somit der Näherungslösung für reine bilineare Dämpfung entspricht. Es lassen sich wieder die beiden Sonderfälle betrachten, in denen eine reine Hub- oder reine

Nickbewegung vorliegt. Für $\frac{2s}{\lambda} = n$, $n = 1, 2, 3, \ldots$ liegt eine reine Hubbewegung vor und es gilt

$$\overline{a}_v = \overline{a}_h, \quad \hat{a}_v = \hat{a}_h, \quad \theta_v = \theta_h.$$

Für $\frac{2s}{\lambda} = \frac{2n-1}{2}$, $n = 1, 2, 3, \ldots$ nickt das Fahrzeug ausschließlich und die Bewegung der Radaufhängungspunkte lässt sich über

$$\overline{a}_v = \overline{a}_h, \quad \hat{a}_v = \hat{a}_h, \quad \theta_v = \theta_h + \pi$$

beschreiben.

Einfluss der Parameter auf die Lösung

	$\overline{a}_{v0}$	$\overline{a}_{v1}$	$\hat{a}_{v0}$	$\hat{a}_{v1}$	θ_{v0}	θ_{v1}	$\overline{a}_{h0}$	$\overline{a}_{h1}$	$\hat{a}_{h0}$	$\hat{a}_{h1}$	θ_{h0}	θ_{h1}
ζ	✓	✓					✓	✓				
ρ		✓	✓	✓	✓	✓		✓	✓	✓	✓	✓

Tabelle 7.1: Abhängigkeit der Koeffizienten der Näherungslösung von ρ und ζ

Die zwölf Unbekannten der Näherungslösung können zwar noch explizit bestimmt werden, da sie jedoch sehr lange Ausdrücke annehmen, werden hier die Lösungen nicht ausgeschrieben. Dennoch gestatten die Ausdrücke einen Einblick in den Einfluss der einzelnen Parameter. Tabelle 7.1 fasst die Abhängigkeit der Koeffizienten der Näherungslösung von den beiden Parametern ζ und ρ (siehe Gleichung (7.68)) zusammen, welche ein Maß für die bilineare Dämpfung und die Coulombsche Reibung darstellen. Es fällt auf, dass bei Betrachtung ausschließlich einer Frequenz gemäß dieser Näherungslösung bilineare Dämpfung sich nicht auf die Schwingungsamplituden der Bewegung der Radaufhängungspunkte auswirkt und genausowenig auf die Phasenverschiebungen: zur gleichen Erkenntnis führte bereits das Einfreiheitsgradmodell. Bilineare Dämpfung führt ebenso wie beim Einfreiheitsgradmodell zu einer Absenkung der Radaufhängungspunkte in negative y-Richtung, wie aus zwei der Störungsgleichungen

$$\frac{2\overline{a}_{i0}\pi}{\eta} + 4\zeta\hat{\beta}\hat{a}_{i0} = 0, \quad i = v, h \tag{7.74}$$

der nullten Ordnung sowie zwei der Störungsgleichungen

$$\frac{2\overline{a}_{i1}\pi}{\eta} + 4\zeta\hat{\beta}\hat{a}_{i1} = 0, \quad i = v, h \tag{7.75}$$

erster Ordnung unter Voraussetzung positiver Schwingungsamplituden zu erkennen ist. Analog zum Einfreiheitsgradmodell hängt zwar die Mittelwertverschiebung über die Näherungslösung erster Ordnung auch von der Coulombschen Reibung ab, doch kommt es überhaupt nur dann zu dieser Mittelwertverschiebung, falls bilineare Dämpfung vorhanden ist. Zudem sind die Mittelwertverschiebungen direkt proportional zu ζ, da die Schwingungsamplituden keine Abhängigkeit von ζ aufweisen. Coulombsche Reibung verändert

im Vergleich zur Lösung des linearen Systems die Schwingungsamplituden der Radaufhängungspunkte und die zugehörige Phasenverschiebungen. Durch Coulombsche Reibung sind sowohl die Mittelwertverschiebungen als auch die Schwingungsamplituden nicht mehr proportional zur Unebenheitsamplitude. Wie auch bei linearen Radaufhängungen hängt die vertikale Bewegung des Fahrzeugs zudem von den Parametern $\hat{\beta}, \eta, \eta\Delta\tau$ und μ ab.

Mittelwertverschiebung

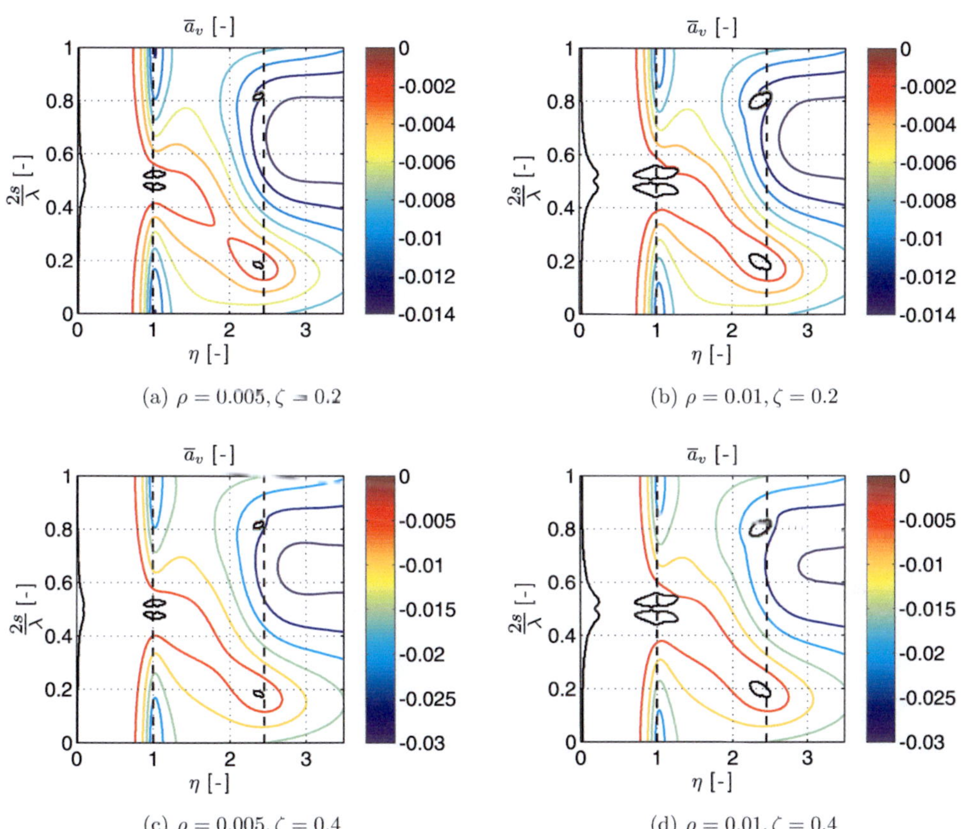

(a) $\rho = 0.005, \zeta = 0.2$

(b) $\rho = 0.01, \zeta = 0.2$

(c) $\rho = 0.005, \zeta = 0.4$

(d) $\rho = 0.01, \zeta = 0.4$

Abbildung 7.24: Mittelwertverschiebung des vorderen Radaufhängungspunktes abhängig von η und $\frac{2s}{\lambda}$ für unterschiedlich starke Coulombsche Reibung und bilineare Dämpfung; $\underline{\hat{h}} = 0.1$, $\hat{\beta} = 0.2$, $\mu = \frac{1}{6}$

Bei Betrachtung der Mittelwertverschiebung des vorderen und des hinteren Radaufhängungspunkts (Abbildung 7.24 und Abbildung 7.25) für unterschiedlich starke Coulombsche Reibung und bilineare Dämpfung fällt auf, dass sich die hintere Mittelwertabsenkung durch

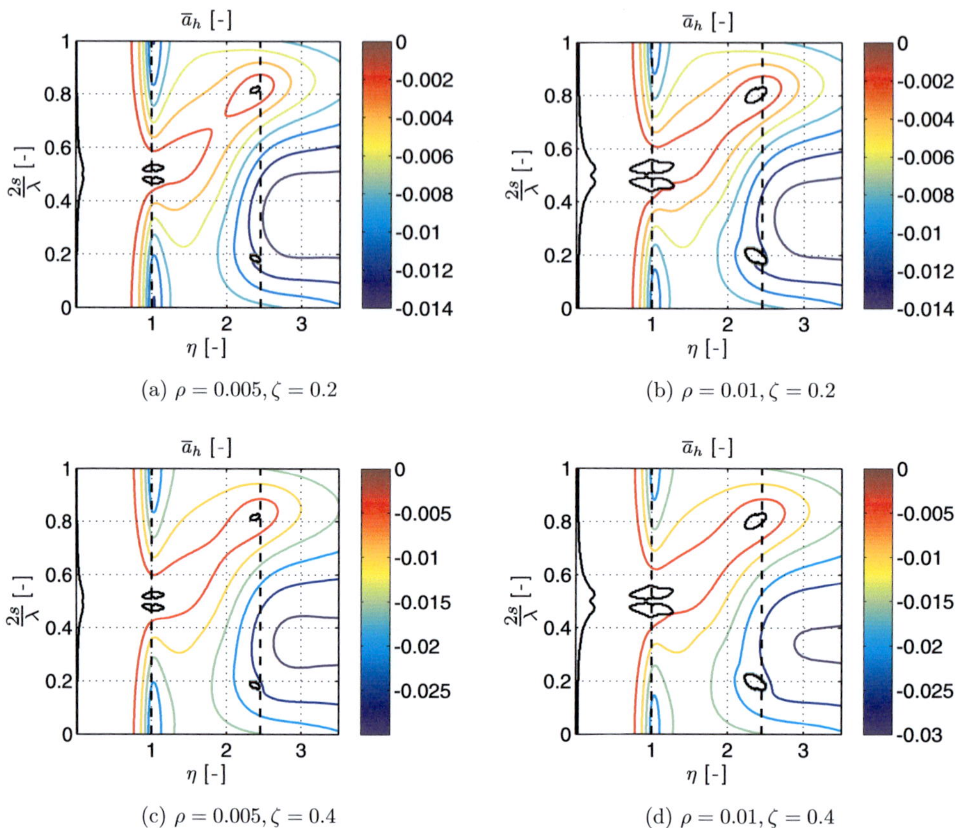

(a) $\rho = 0.005, \zeta = 0.2$

(b) $\rho = 0.01, \zeta = 0.2$

(c) $\rho = 0.005, \zeta = 0.4$

(d) $\rho = 0.01, \zeta = 0.4$

Abbildung 7.25: Mittelwertverschiebung des hinteren Radaufhängungspunktes abhängig von η und $\frac{2s}{\lambda}$ für unterschiedlich starke Coulombsche Reibung und bilineare Dämpfung; $\underline{\hat{h}} = 0.1$, $\hat{\beta} = 0.2$, $\mu = \frac{1}{6}$

Spiegelung an der Gerade $\frac{2s}{\lambda} = \frac{1}{2}$ ergibt. Eine Erhöhung der Reibung führt zu einer geringeren Mittelwertabsenkung, während eine größere bilineare Dämpfung zu einer deutlichen betragsmäßigen Zunahme der Mittelwertabsenkung führt. Bilineare Dämpfung beeinflusst folglich bei den gewählten Werten der Coulombschen Reibung die Mittelwertabsenkung des Fahrzeugs wesentlich stärker als die Coulombsche Reibung. Die Bereiche, in denen nichtperiodische Lösungen auftreten, sind durch die schwarzen Linien eingegrenzt: diese Parameterkombinationen führen zu Bewegungen, die durch den periodischen Ansatz (7.70) nicht erfasst werden können. Sie treten in der Nähe der normierten Eigenkreisfrequenzen des ungedämpften Systems auf, die mit schwarzen, gestrichelten Linien gekennzeichnet sind.

Wird der Massenverteilungsparameter μ geändert, dann verschieben sich die Bereiche minimaler beziehungsweise maximaler Absenkung in der Nähe der normierten, zweiten Eigen-

kreisfrequenz in Richtung der neuen zweiten Eigenkreisfrequenzen, wie anhand der Mittelwertverschiebung des vorderen Radaufhängungspunktes für $\mu = \frac{1}{3}$ in Abbildung 7.26 zu sehen ist. Die Mittelwertverschiebung des hinteren Radaufhängungspunktes ergibt sich wieder durch Spiegelung an der Geraden $\frac{2s}{\lambda} = \frac{1}{2}$.

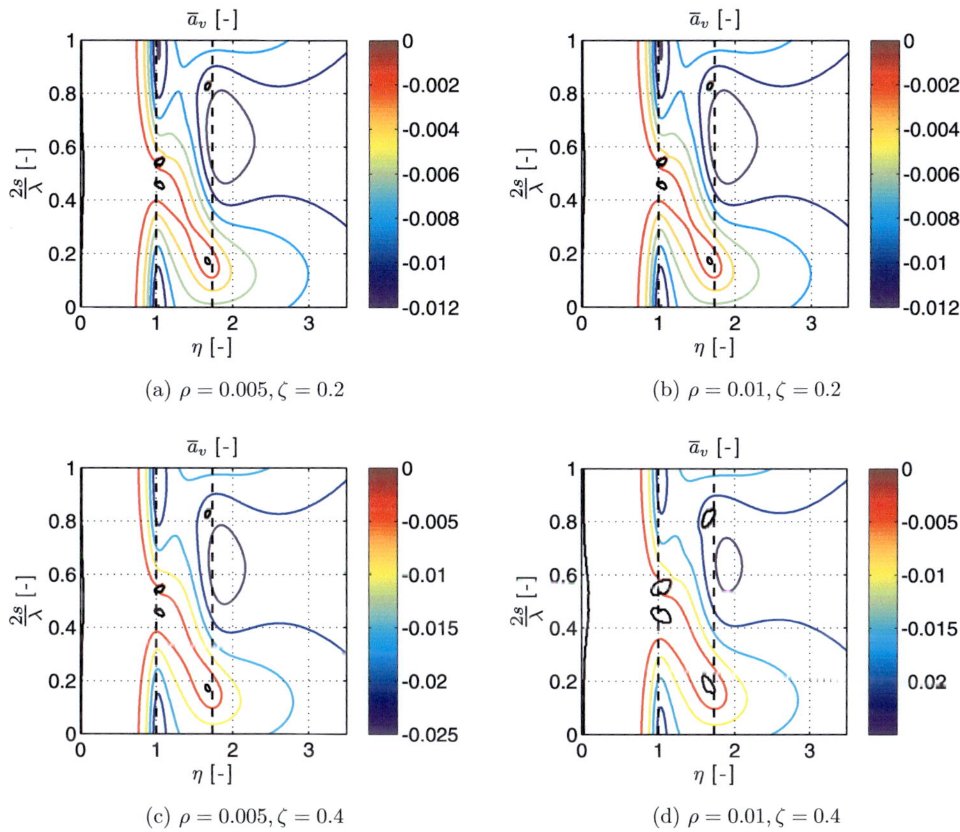

(a) $\rho = 0.005, \zeta = 0.2$

(b) $\rho = 0.01, \zeta = 0.2$

(c) $\rho = 0.005, \zeta = 0.4$

(d) $\rho = 0.01, \zeta = 0.4$

Abbildung 7.26: Mittelwertverschiebung des vorderen Radaufhängungspunktes abhängig von η und $\frac{2s}{\lambda}$ für unterschiedlich starke Coulombsche Reibung und bilineare Dämpfung; $\underline{\hat{h}} = 0.1$, $\hat{\beta} = 0.2$, $\mu = \frac{1}{3}$

Schwingungsamplituden der Radaufhängungspunkte

Der Einfluss der Coulombschen Reibung auf die normierte Schwingungsamplituden ist für den vorderen Radaufhängungspunkt in Abbildung 7.27 und für den hinteren in Abbildung 7.28 dargestellt. Zudem wurden zwei unterschiedliche Massenverteilungsverhältnisse μ und drei unterschiedliche Verhältnisse zwischen Radstand und Anregungswellenlänge gewählt, welche für eine gemischte Hub- und Nickbewegung ($\frac{2s}{\lambda} = \frac{3}{4}$), eine reine Hubbewegung ($\frac{2s}{\lambda} = 1$) und eine reine Nickbewegung ($\frac{2s}{\lambda} = \frac{1}{2}$) im linearen Fall stehen.

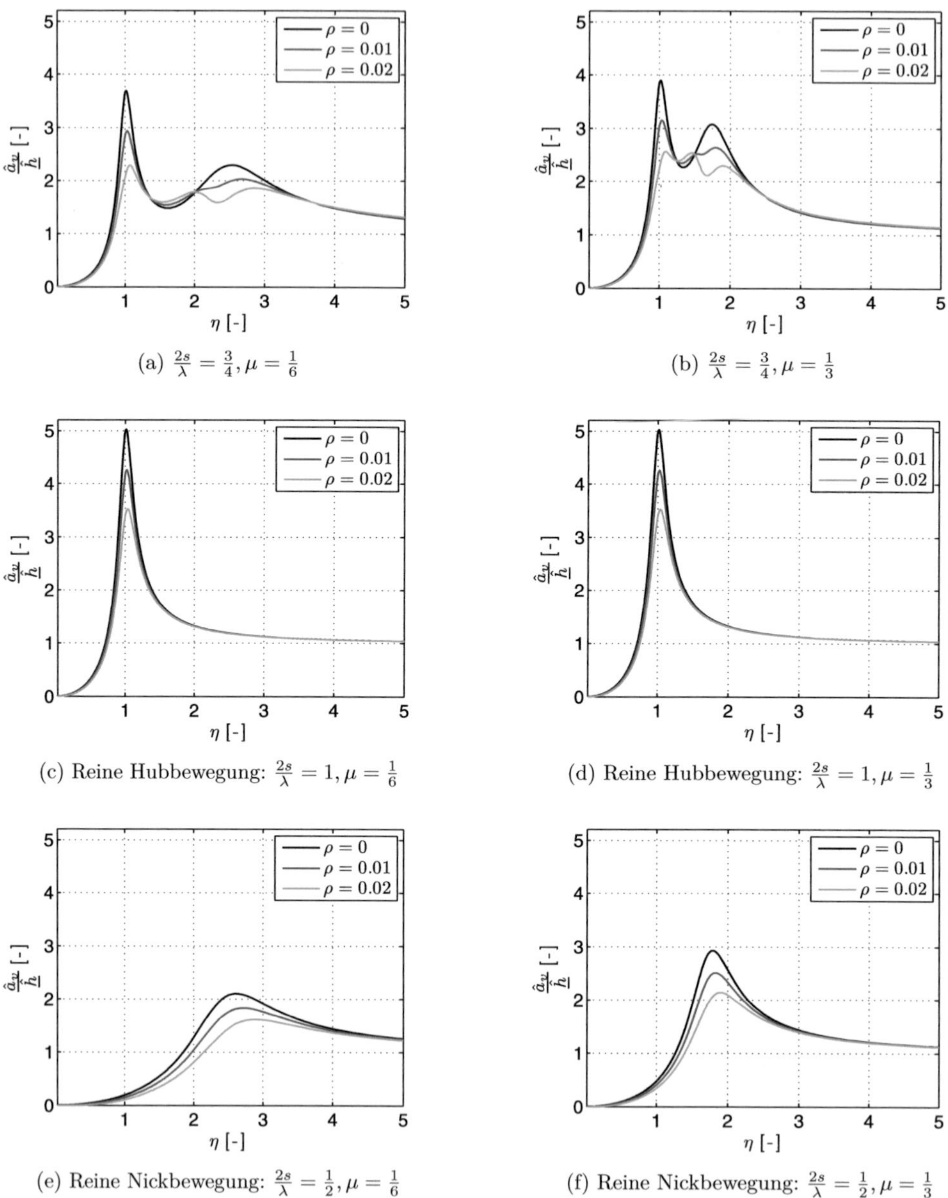

(a) $\frac{2s}{\lambda} = \frac{3}{4}, \mu = \frac{1}{6}$

(b) $\frac{2s}{\lambda} = \frac{3}{4}, \mu = \frac{1}{3}$

(c) Reine Hubbewegung: $\frac{2s}{\lambda} = 1, \mu = \frac{1}{6}$

(d) Reine Hubbewegung: $\frac{2s}{\lambda} = 1, \mu = \frac{1}{3}$

(e) Reine Nickbewegung: $\frac{2s}{\lambda} = \frac{1}{2}, \mu = \frac{1}{6}$

(f) Reine Nickbewegung: $\frac{2s}{\lambda} = \frac{1}{2}, \mu = \frac{1}{3}$

Abbildung 7.27: Normierte Schwingungsamplitude des vorderen Radaufhängungspunkts als Funktion der Anregungsfrequenz η für unterschiedlich starke Coulombsche Reibung sowie Massenverteilungsparameter μ und Radstand-Wellenlängenverhältnisse $\frac{2s}{\lambda}$; $\underline{\hat{h}} = 0.1$, $\hat{\beta} = 0.2$

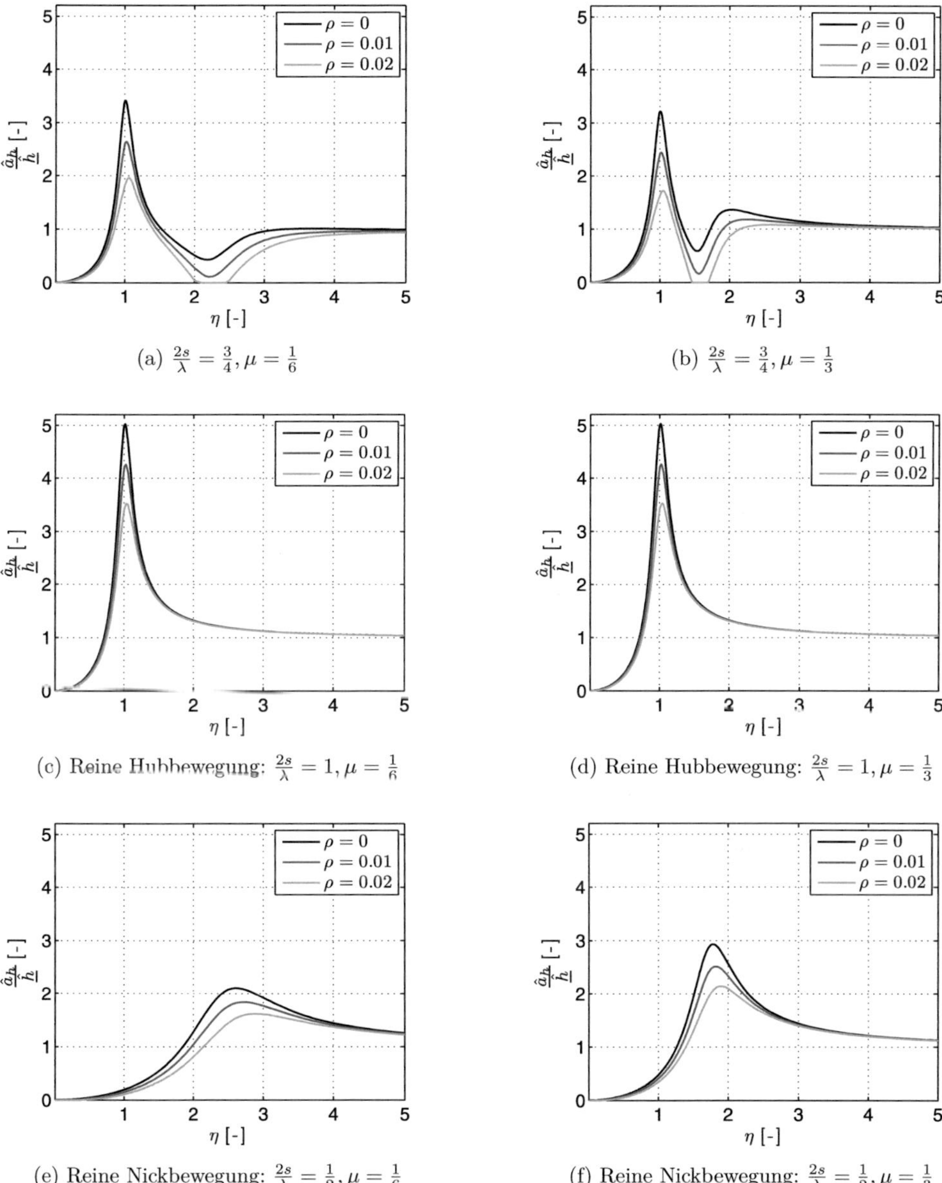

(a) $\frac{2s}{\lambda} = \frac{3}{4}, \mu = \frac{1}{6}$

(b) $\frac{2s}{\lambda} = \frac{3}{4}, \mu = \frac{1}{3}$

(c) Reine Hubbewegung: $\frac{2s}{\lambda} = 1, \mu = \frac{1}{6}$

(d) Reine Hubbewegung: $\frac{2s}{\lambda} = 1, \mu = \frac{1}{3}$

(e) Reine Nickbewegung: $\frac{2s}{\lambda} = \frac{1}{2}, \mu = \frac{1}{6}$

(f) Reine Nickbewegung: $\frac{2s}{\lambda} = \frac{1}{2}, \mu = \frac{1}{3}$

Abbildung 7.28: Normierte Schwingungsamplitude des hinteren Radaufhängungspunkts als Funktion der Anregungsfrequenz η für unterschiedlich starke Coulombsche Reibung sowie Massenverteilungsparameter μ und Radstand-Wellenlängenverhältnisse $\frac{2s}{\lambda}$; $\hat{\underline{h}} = 0.1$, $\hat{\beta} = 0.2$

Falls es zu Haften und folglich nichtperiodischen Lösungen in einem der beiden Radaufhängungspunkte kommt, ist der Näherungsansatz (7.70) für die entsprechende Radaufhängung nicht mehr in der Lage, die Bewegung zu approximieren, da er nur für harmonische Bewegungen gilt. In diesem Fall wird die Lösung für die Bewegung des Radaufhängungspunkts zu Null (siehe Abbildung 7.27 und Abbildung 7.28).
Bei einer reinen Hub- oder Nickbewegung führt zunehmende Coulombsche Reibung zu kleineren Schwingungsamplituden. Bei reiner Hubbewegung lässt sich das Ergebnis mit jenem für das Einfreiheitsgradmodell vergleichen (siehe Abbildung 6.22b). Bei der hinteren Radaufhängung führt Coulombsche Reibung für die gewählten Parameter auch bei einer gemischten Hub- und Nickbewegung zu geringeren Amplituden im gesamten Anregungsbereich. Hingegen hängt es bei der vorderen Radaufhängung bei der gemischten Bewegung davon ab, welcher Anregungsfrequenzbereich betrachtet wird. Zunächst ist die Schwingungsamplitude mit Reibung geringer als diejenige ohne Reibung. Oberhalb der ersten Eigenkreisfrequenz des linearen Systems findet jedoch ein Wechsel statt, sodass das System mit Reibung stärker schwingt als das ohne Reibung. Es folgen zwei weitere Wechsel im Verhalten, wobei für große Anregungsfrequenzen der Unterschied in den Schwingungsamplituden mit und ohne Reibung sehr gering ist.
Wie oben beschrieben ist zu erkennen, dass die vordere und die hintere Schwingungsamplitude für eine reine Nick- oder Hubbewegung gleich sind. Zudem sind die Amplituden bei einer reinen Hubbewegung unabhängig vom Massenverteilungsparameter μ.

7.2.2 Berechnung der Kontaktkräfte

Mit der Näherungslösung $\underline{\mathbf{q}}$ der Relativbewegung des Fahrzeugs lassen sich die dynamischen Kontaktkräfte berechnen, die vom $(N+1)$-ten Fahrzeug auf die Straße wirken, wobei die Kräfte für die weitere Rechnung in die Darstellung von Gleichung (7.16) und Gleichung (7.17) gebracht werden. Die zugehörigen Koeffizienten der Kräfte lauten

$$p_{vc,N} = -\frac{1}{2}\eta^2 \left\{(1+\mu)\left[\hat{a}_v \cos\theta_v + \hat{\underline{h}}_N\right] + (1-\mu)\left[\hat{a}_h \cos\theta_h + \hat{\underline{h}}_N \cos(\eta\Delta\tau)\right]\right\}, \tag{7.76}$$

$$p_{vs,N} = -\frac{1}{2}\eta^2 \left\{(1+\mu)\hat{a}_v \sin\theta_v + (1-\mu)\left[\hat{a}_h \sin\theta_h + \hat{\underline{h}}_N \sin(\eta\Delta\tau)\right]\right\}, \tag{7.77}$$

$$\begin{aligned} p_{hc,N} = &-\frac{1}{2}\eta^2 \left\{(1-\mu)\left[\hat{a}_v \cos(\theta_v - \eta\Delta\tau) + \hat{\underline{h}} \cos(\eta\Delta\tau)\right]\right. \\ &\left.+(1+\mu)\left[\hat{a}_h \cos(\theta_h - \eta\Delta\tau) + \hat{\underline{h}}\right]\right\}, \end{aligned} \tag{7.78}$$

$$\begin{aligned} p_{hs,N} = &-\frac{1}{2}\eta^2 \left\{(1-\mu)\left[\hat{a}_v \sin(\theta_v - \eta\Delta\tau) + \hat{\underline{h}} \sin(\eta\Delta\tau)\right]\right. \\ &\left.+ (1+\mu)\hat{a}_h \sin(\theta_h - \eta\Delta\tau)\right\}. \end{aligned} \tag{7.79}$$

Für die beiden Sonderfälle der reinen Hub- und Nickbewegung ergibt sich unter Berücksichtigung von $\hat{a}_v = \hat{a}_h$ und $\theta_v = \theta_h$ für eine reine Hubbewegung und $\theta_v = \theta_h + \pi$ für eine reine Nickbewegung

$$p_{vc,N} = p_{hc,N}, \quad p_{vs,N} = p_{hs,N}. \tag{7.80}$$

Die statischen Kontaktkräfte werden durch die Nichtlinearitäten in der Radaufhängung nicht beeinflusst.

7.2.3 Berechnung des neuen Straßenverlaufs

Da ein symmetrisches Fahrzeug betrachtet wird und sich die statischen Kontaktkräfte im Vergleich zur linearen Radaufhängung nicht ändern, wird die Entwicklung des Konstantanteils des Straßenverlaufs durch Gleichung (7.52) beschrieben, welche für ein symmetrisches, ungedämpftes Fahrzeug eingeführt wurde.
Mit $\Gamma^v = \Gamma^h = \frac{1}{2}$ lässt sich die Entwicklung der Amplitude nach der $(N+1)$-ten Belastung durch die dynamischen Kontaktkräfte rekursiv über

$$\underline{\hat{h}}_{N+1} = \sqrt{\left[\underline{\hat{h}}_N - 2^{1-r}\tilde{C}_{eff}(p_{vc,N} + p_{hc,N})\right]^2 + \left[2^{1-r}\tilde{C}_{eff}(p_{vs,N} + p_{hs,N})\right]^2} \tag{7.81}$$

und die Phasenverschiebung über

$$\Delta\varphi_N = \arctan \frac{2^{1-r}\tilde{C}_{eff}(p_{vs,N} + p_{hs,N})}{\underline{\hat{h}}_N - 2^{1-r}\tilde{C}_{eff}(p_{vc,N} + p_{hc,N})} \tag{7.82}$$

berechnen. Die Vergrößerung der Amplitude durch eine Überfahrt ist durch

$$V_{h,N} = \frac{\underline{\hat{h}}_{N+1}}{\underline{\hat{h}}_N} = \sqrt{\left[1 - 2^{1-r}\tilde{C}_{eff}\underline{\hat{h}}_N^{-1}(p_{vc,N} + p_{hc,N})\right]^2 + \left[2^{1-r}\tilde{C}_{eff}\underline{\hat{h}}_N^{-1}(p_{vs,N} + p_{hs,N})\right]^2} \tag{7.83}$$

bestimmt. Da die Koeffizienten der Kontaktkräfte wegen der Nichtlinearität in der Radaufhängung nicht proportional zur Unebenheitsamplitude $\underline{\hat{h}}_N$ sind, ist die Vergrößerung der Amplitude erwartungsgemäß eine Funktion der aktuellen Amplitude $\underline{\hat{h}}_N$.

In Abbildung 7.29 sind für unterschiedlich starke Reibungswerte und zwei unterschiedliche Massenverteilungsparameter μ diejenigen Bereiche in der $\frac{2s}{\lambda}$-η-Ebene markiert, für welche Verstärkung und Abschwächung vorliegt. Die weißen Bereiche kennzeichnen Parameterkombinationen, für die sich keine harmonische Lösung ergibt. Die normierte Amplitude der Straßenunebenheit beträgt vor der Überfahrt $\underline{\hat{h}} = 0.1$. Das Verhältnis zwischen Radstand und Anregungswellenlänge wurde lediglich zwischen 0 und 1 variiert, da sich danach das Verhalten wiederholt. Die viskose Dämpfung beträgt $\hat{\beta} = 0.2$.
Nichtperiodische Lösungen treten im Wesentlichen in der Nähe der normierten Hubeigenkreisfrequenz des ungedämpften Systems leicht unter- und oberhalb von $\frac{2s}{\lambda} = \frac{1}{2}$ und für einen kleinen $\frac{2s}{\lambda}$-Bereich in der Nähe der zweiten normierten Eigenkreisfrequenz des ungedämpften Systems auf. Die durchgehende, schwarze Linie kennzeichnet die Grenze zwischen Verstärkung und Abschwächung für das gedämpfte lineare System, wie sie in Abschnitt 7.1.3 diskutiert wurde (siehe auch Abbildung 7.18a). Durch die Coulombsche Reibung nimmt zwischen den beiden Eigenkreisfrequenzen zunächst für η nahe der ersten Eigenkreisfrequenz der Bereich zu, in dem die Unebenheit durch die dynamischen Kontaktkräfte verstärkt wird, und für größere η in der Nähe der zweiten Eigenkreisfrequenz ab. Oberhalb der zweiten Eigenkreisfrequenz tritt innerhalb eines größeren Bereichs als im linearen Fall Verstärkung auf. In diesem Bereich scheint die Veränderung bei $\mu = \frac{1}{3}$ größer zu sein als bei dem kleinen Massenverteilungsparameter. Mit zunehmender Coulombscher Reibung ändern sich die Bereiche stärker im Vergleich zum linearen System.

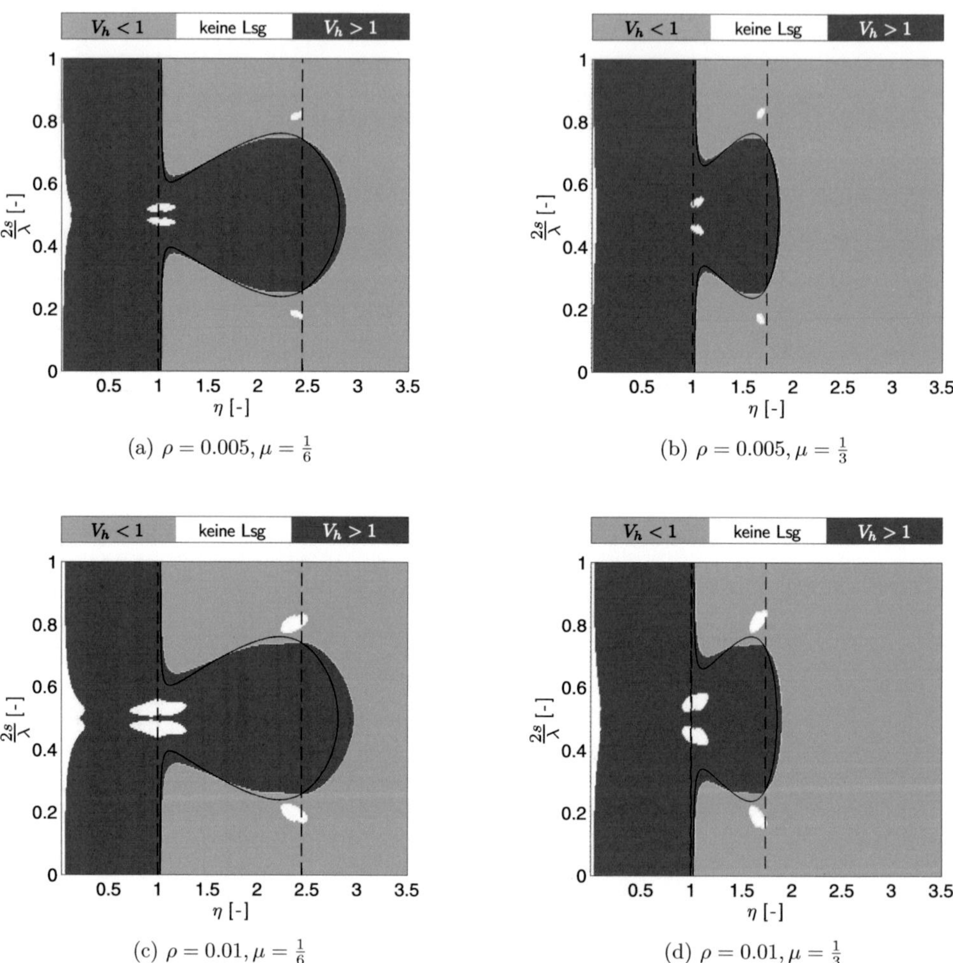

(a) $\rho = 0.005, \mu = \frac{1}{6}$

(b) $\rho = 0.005, \mu = \frac{1}{3}$

(c) $\rho = 0.01, \mu = \frac{1}{6}$

(d) $\rho = 0.01, \mu = \frac{1}{3}$

Abbildung 7.29: Verstärkung oder Abschwächung der Unebenheitsamplitude abhängig von η und $\frac{2s}{\lambda}$ für unterschiedliche Massenverteilungsparameter μ und Coulombsche Dämpfung charakterisiert durch ρ; gestrichelte Linien: normierte Eigenkreisfrequenzen $\hat{\omega}_1, \hat{\omega}_2$ des ungedämpften linearen Systems

Abbildung 7.30 verdeutlicht, welche Auswirkung Coulombsche Reibung in den einzelnen Bereichen auf die Veränderung der Unebenheitsamplitude im Vergleich zu einer linearen Radaufhängung hat. Hierzu sind die Bereiche unterschiedlich markiert, in denen $\Delta V_h = V_{h,lin} - V_{h,nlin} > 0$ beziehungsweise $\Delta V_h < 0$ gilt. Im Fall $\Delta V_h = V_{h,lin} - V_{h,nlin} > 0$ ist der Einfluss der Reibung positiv zu bewerten, da dann durch Coulombsche Reibung eine geringe Verstärkung bis hin zu Abbau oder ein größerer Abbau der Unebenheit stattfindet als im linearen Fall. Hingegen ist für $\Delta V_h = V_{h,lin} - V_{h,nlin} < 0$ der Einfluss der Reibung als negativ anzusehen, da hier die Reibung mit einer größeren Verstärkung oder einem geringerer Abbau bis hin zu Verstärkung einhergeht.

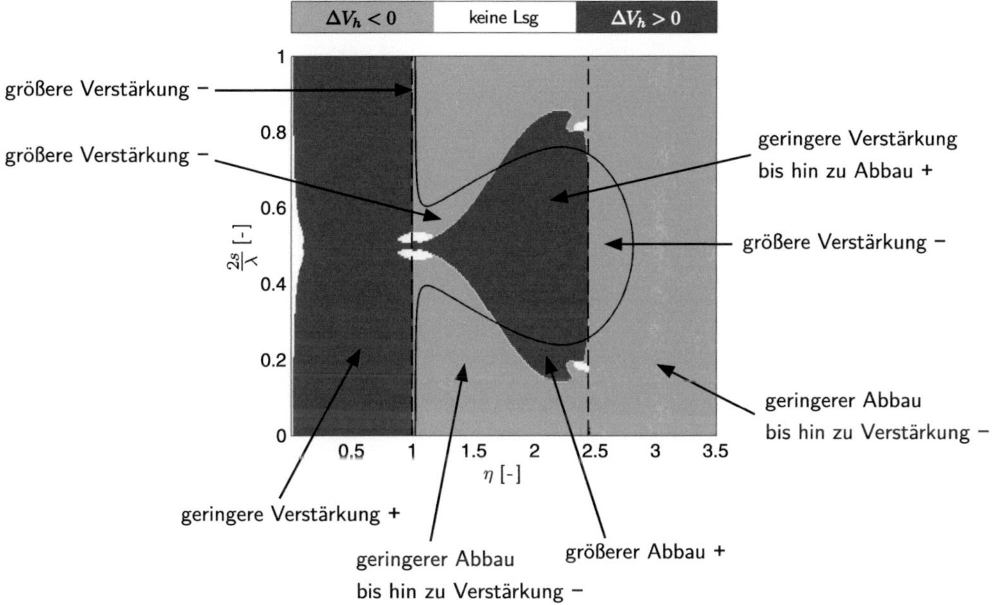

Abbildung 7.30: Auswirkung von Coulombscher Reibung auf die Veränderung der Unebenheitsamplitude im Vergleich zu einer linearen Radaufhängung; dargestellt ist $\Delta V_h = V_{h,lin} - V_{h,nlnin}$ für $\rho = 0.005$ und $\mu = \frac{1}{6}$

Die gleiche Darstellung der einzelnen Bereiche, in denen $\Delta V_h > 0$ oder $\Delta V_h < 0$ gilt, ist für die Parameter aus Abbildung 7.29 in Abbildung 7.31 zu sehen. Bemerkenswert sind die Wechsel von $\Delta V_h > 0$ zu $\Delta V_h < 0$ in äußerster Nähe zu den beiden normierten Eigenkreisfrequenzen des ungedämpften Systems.

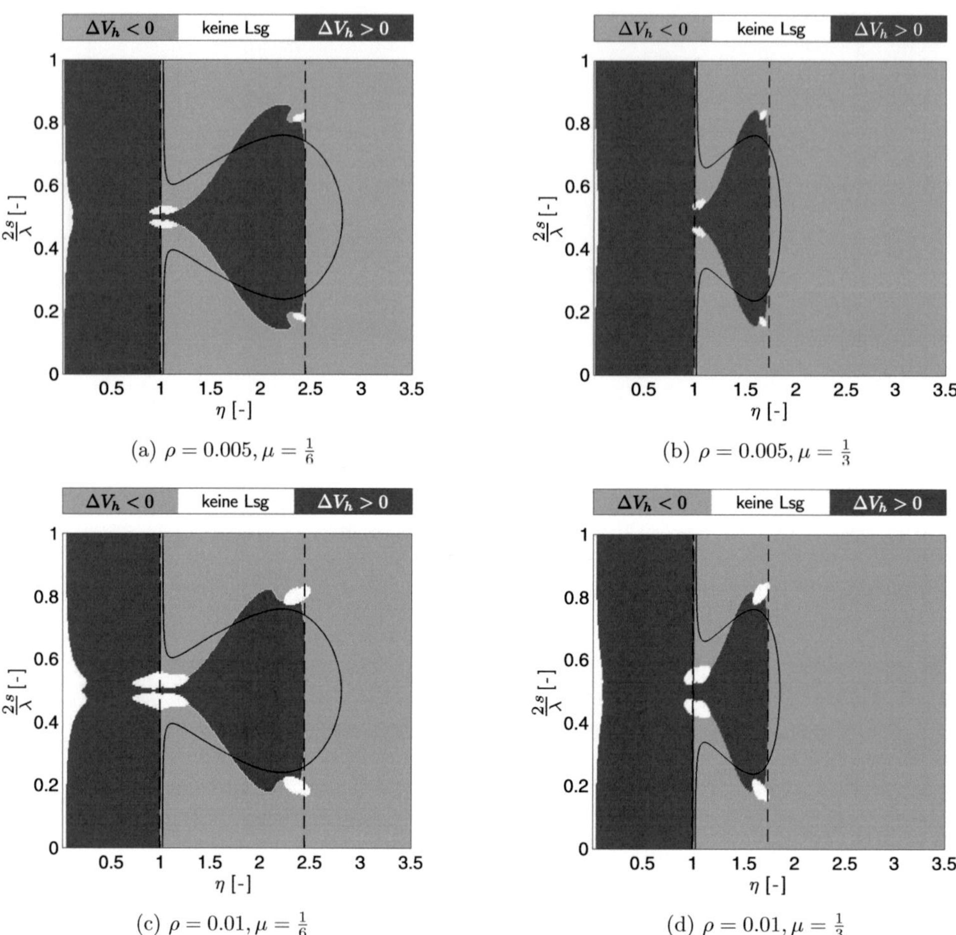

(a) $\rho = 0.005, \mu = \frac{1}{6}$

(b) $\rho = 0.005, \mu = \frac{1}{3}$

(c) $\rho = 0.01, \mu = \frac{1}{6}$

(d) $\rho = 0.01, \mu = \frac{1}{3}$

Abbildung 7.31: Differenz der Vergrößerung der Amplitude zwischen einer linearen und nichtlinearen Raufaufhängung abhängig von η und $\frac{2s}{\lambda}$ für unterschiedliche Massenverteilungsparameter μ und Coulombsche Dämpfung charakterisiert durch ρ; gestrichelte Linien: normierte Eigenkreisfrequenzen des ungedämpften Systems, durchgezogene Linie: Wechsel von Verstärkung zu Abschwächung oder umgekehrt im linearen Fall

7.3 Zusammenfassung und Diskussion der Ergebnisse

7.3.1 Lineare Radaufhängung

Erwartungsgemäß führt auch beim Zweifreiheitsgradmodell das Erhöhen der Fahrzeugmasse zu einer größeren mittleren Spurrinnentiefe, was direkt aus dem Schädigungsgesetz

folgt. Aufgrund der Nichtlinearität des Bodens in der Belastung für $r \neq 1$ führen jedoch die beiden Einzelkräfte in den Kontakpunkten beim Zweifreiheitsgradmodell zu einer geringeren mittleren Verformung als die Einzelkraft beim Einfreiheitsgradmodell. Für ein in der Belastung lineares Schädigungsgesetz mit $r = 1$ ist hingegen kein Unterschied festzustellen, worauf auch in [86] hingewiesen wird.

Bezüglich des Zweifreiheitsgradmodells mit linearen Radaufhängungen konnte in den vorangegangenen Kapiteln anhand analytischer Untersuchungen gezeigt werden, dass sich die prinzipiellen Aussagen hinsichtlich der Entwicklung der longitudinalen Unebenheiten mit denen des Einfreiheitsgradmodells decken.
Beim ungedämpften, symmetrischen Fahrzeug ist bei einer Anregung unterhalb der ersten Eigenkreisfrequenz mit einer Verstärkung der Unebenheitsamplituden zu rechnen, während bei einer Anregung oberhalb der zweiten Eigenkreisfrequenz, zum Beispiel durch eine Kombination von kurzen Wellenlängen mit hohen Fahrgeschwindigkeiten, ein Abbau erfolgt. Wie schon beim Einfreiheitsgradmodell findet bei den Eigenkreisfrequenzen ein Wechsel im Verformungsverhalten statt: neu hinzu kommt nun der Wechsel zwischen den beiden Eigenkreisfrequenzen. Bei einer Anregung zwischen den Eigenkreisfrequenzen hängt es stark vom Verhältnis zwischen Radstand und Wellenlänge sowie der genauen Anregungsfrequenz ab, ob eine Verstärkung oder Abschwächung erfolgt. Des Weiteren werden die Unebenheiten durch die Einwirkung der dynamischen Kontaktkräfte nicht verschoben, was auch beim ungedämpften Einfreiheitsgradmodell festgestellt wurde.

In der vorliegenden Arbeit konnte zudem gezeigt werden, dass Hinzufügen von Dämpfung zu einer Verschiebung der Unebenheiten im Boden führt, was jedoch für den Fahrkomfort unbedeutend ist. Bei reinen Hub- oder Nickbewegungen vergrößert Dämpfung analog zum Einfreiheitsgradmodell die Bereiche, in denen Verstärkung stattfindet. Hingegen ist es bei gemischten Hub- und Nickbewegungen möglich, dass die Verstärkungsbereiche sogar verkleinert werden, was sich jedoch nur auf den Bereich zwischen den Eigenkreisfrequenzen bezieht. Werden allerdings hauptsächlich langwellige Unebenheiten betrachtet, die zu normierten Anregungsfrequenzen unterhalb der ersten Eigenkreisfrequenz führen, kann die positive Wirkung von Dämpfung hervorgehoben werden, welche die Verformung pro Überfahrt reduziert und somit das Anwachsen der Unebenheiten verlangsamt. In diesem Anregungsbereich bestätigt dies die Aussagen der bereits in Abschnitt 6.3.4 genannten Arbeiten [161, 175, 190, 216, 228], wonach Dämpfung das Anwachsen der Rauigkeit vermindert oder zu kleineren dynamischen Radkräften führt. Auch in [100] wird beispielsweise die positive Wirkung von Dämpfung bei der Reduzierung des dynamischen Belastungskoeffizienten aus einer Simulation mit einem Mehrfreiheitsgradmodell auf einer rauen Straße genannt. Jedoch zeigen die Ergebnisse aus der vorliegenden Arbeit, dass diese allgemeine Aussage eben nicht für alle Spektralanteile gültig ist.
Generell bestätigt sich allerdings, dass sowohl beim ungedämpften als auch beim gedämpften Zweifreiheitsgradmodell der Faktor $\tilde{\mathcal{C}}_{eff} = \mathcal{F}\tilde{\mathcal{C}} = \mathcal{F}\chi\mathcal{C}^r r$ maßgeblich für das Maß der Verstärkung oder Abschwächung ist: hieraus folgt beispielsweise, dass eine geringere Federsteifigkeit oder eine erhöhte Festigkeit der Straße im langwelligen Anregungsbereich, der mit $\eta < 1$ und einem Anwachsen der Unebenheiten verbunden ist, dieses Anwachsen vermindert.

Beim Zweifreiheitsgradmodell ist es im Gegensatz zum Einfreiheitsgradmodell möglich, den Einfluss von Asymmetrie von Steifigkeiten und Abständen der Radaufhängungspunkte zum Schwerpunkt zu untersuchen: diese Asymmetrie kann das Schädigungsverhalten durch die Radaufstandskräfte verändern.
Die mittlere Spurrinnentiefe wird nur durch die geometrische Asymmetrie und nicht durch jene der Federsteifigkeiten beeinflusst und nimmt aufgrund der Asymmetrie für ein in der Belastung nichtlineares Schädigungsgesetz ($r \neq 1$) stärker zu als im symmetrischen Fall. In [35] wird auf einige Arbeiten verwiesen, in denen eine ungleiche Lastverteilung innerhalb einer Achsgruppe als straßenunfreundlicher bezeichnet wird, da sie beispielsweise zu größeren bleibenden Verformungen führen. Zwar geht es hierbei um die Lastverteilung innerhalb einer Achsgruppe, doch lässt sich das Ergebnis auf die Lastverteilung zwischen den beiden Achsen in dem hier verwendeten Modell bei einem in der Last nichtlinearen Schädigungsgesetz übertragen.
Anhand der in dieser Arbeit hergeleiteten Gleichung für die Verschiebung der Bodenwellen konnte gezeigt werden, dass durch geometrische Asymmetrie selbst für ein ungedämpftes Fahrzeug eine Verschiebung der Bodenwellen durch den Einfluss der dynamischen Kontaktkräfte erfolgt. Außerdem wurde deutlich, dass die Frage, inwieweit sich ungleiche Federsteifigkeiten und Abstände der Radaufhängungspunkte zum Schwerpunkt auf die Verstärkung der Unebenheiten auswirken, sehr komplex ist und keine allgemeingültigen Aussagen erlaubt. Für vorgegebene Asymmetrieparameter ξ und γ, welche ein bestimmtes Fahrzeug charakterisieren, zeigt sich in den durchgeführten Untersuchungen, dass die Straßenfreundlichkeit beziehungsweise das Schädigungsverhalten auch wesentlich vom Radstand-Wellenlängen-Verhältnis und der betrachteten Anregungsfrequenz abhängt.
In der Literatur finden sich widersprüchliche Aussagen zur optimalen Steifigkeitsverteilung zwischen vorderer und hinterer Radaufhängung. Eine Faustregel von Olley besagt beispielsweise, dass für einen optimalen Fahrkomfort bei Automobilen die hintere Feder steifer als die vordere sein sollte, um die Nickbewegungen zu unterdrücken [84]. Für hohe Fahrgeschwindigkeiten wird dies von Sharp [199] bestätigt, jedoch für geringere Fahrgeschwindigkeiten wird der positiven Wirkung dieser Steifigkeitskombination hinsichtlich der Fahrzeugbewegung widersprochen. Hingegen betonen Odhams und Cebon [174] die Gültigkeit dieser Faustregel, was die Minimierung von dynamischen Radkräften angeht. Doch auch sie weisen auf die Bedeutung der Fahrgeschwindigkeit und des Radstand-Wellenlängen-Verhältnisses bei der Bewertung hin. Ferner wird in [100] der Einfluss der Lage des Schwerpunktes eines bestimmten Fahrzeugs auf den dynamischen Lastkoeffizienten untersucht. Es zeigt sich, dass keine generelle Aussage über die optimale Lage des Aufbauschwerpunktes getroffen werden kann, da die Auswirkung einer Verschiebung desselben abhängig von anderen Parametern die Varianz der dynamischen Lasten vergrößern oder verkleinern kann. Dies bestätigt das Ergebnis aus den vorangegangenen Abschnitten dieser Arbeit, wonach festgestellt wurde, dass die Auswirkung von Asymmetrie vielschichtig ist und nur für einen konkreten Parametersatz bei einer bestimmten Anregungsfrequenz bewertet werden kann.
Zusätzliche Dämpfung bei einem asymmetrischen Fahrzeug führt zu Verschiebung der Grenzflächen, welche im Parameterraum Verstärkung und Abschwächung trennen. Auch mit Dämpfung lassen sich keine allgemeingültigen Aussagen hinsichtlich der Auswirkung der Asymmetrie auf die Straßenschädigung treffen.

Ein weiterer Effekt, der durch die Anregung in zwei Kontaktpunkten des Zweifreiheitsgradmodells im Vergleich zum Einfreiheitsgradmodell hinzukommt, ist das Achsstandfiltern. Dessen Wirkung auf die Bewegung des Fahrzeugs und die dynamischen Kontaktkräfte wurde in der Vergangenheit vielfach untersucht (siehe zum Beispiel [35, 42, 100, 186]). In Erweiterung der aus der Literatur bekannten Ergebnisse wurde in der vorliegenden Arbeit explizit gezeigt, dass sich die Achsstandfilterung auch im Schädigungsverhalten bemerkbar macht: Kombinationen aus Fahrgeschwindigkeit und Wellenlängen, die eigentlich zu einer Resonanzanregung führen müssten und damit eine extrem große Verformung der Straße zur Folge hätten, haben aufgrund der Achsstandfilterung bei einem symmetrischen Fahrzeug keine besondere Auswirkung. Für leicht andere Radstand-Wellenlängen-Verhältnisse tritt jedoch tatsächlich Resonanz auf, sodass eine bestimmte Parameterkombination nicht ausreicht, um eine generelle Bewertung der Straßenfreundlichkeit eines Fahrzeugs vorzunehmen, was beispielsweise auch in [186] angemerkt wird.
Des Weiteren wurde in den vorangegangenen Untersuchungen dieser Arbeit festgestellt, dass bei Asymmetrie in den Federsteifigkeiten oder im Verhältnis der Abstände der Radaufhängungspunkte zum Schwerpunkt nicht mehr der Fall auftritt, dass eine reine Hub- oder Nickbewegung vorliegt. Dies wurde bereits von Cole und Cebon in [45] für ein Zweifreiheitsgradmodell mit ungleicher Federsteifigkeit erkannt. Sie betrachteten zudem die Auswirkung unterschiedlicher Federsteifigkeiten auf die dynamischen Kontaktkräfte. Der Schwerpunkt ihrer Arbeit liegt jedoch in der Untersuchung, wie stark die Federsteifigkeiten in den Radaufhängungen die Kräfte in der jeweils anderen Radaufhängung beeinflussen, sodass kein direkter Vergleich mit hier vorgenommenen Untersuchungen gezogen werden kann.

7.3.2 Nichtlineare Radaufhängung

Die in diesem Kapitel vorgestellten Ergebnisse für ein Zweifreiheitsgradmodell mit nichtlinearen Radaufhängungen durch bilineare Dämpfung und Coulombsche Reibung ähneln jenen des Einfreiheitsgradmodells in Kapitel 6, wenn man sich auf die Bereiche unterhalb der ersten und oberhalb der zweiten Eigenkreisfrequenz konzentriert. Über die bekannten Ergebnisse aus der Literatur für ein Einfreiheitsgradmodell hinaus (siehe [81, 248]) konnte in der vorliegenden Arbeit auch für das Zweifreiheitsgradmodell eine Absenkung beider Radaufhängungspunkte im Falle periodischer Lösungen mittels einer analytischen Näherung nachgewiesen werden. Zudem wurde der Einfluss der Reibung auf die Mittelwertabsenkung untersucht und die Ergebnisse des Einfreiheitsgradmodells im Wesentlichen bestätigt: zunehmende bilineare Dämpfung vergrößert die Absenkung, während Reibung sie reduziert. Der Einfluss der Reibung auf die Fahrzeugbewegung ist im Bereich der Eigenkreisfrequenzen besonders hoch. Auch für das Zweifreiheitsgradmodell konnte gezeigt werden, dass bilineare Dämpfung näherungsweise keinen Einfluss auf die Grundharmonische der Bewegung des Fahrzeugs hat.
Der Einfluss der Reibung auf die Entwicklung der Unebenheiten ist jedoch aufgrund der Wechselwirkung der Schwingungsmoden komplexer als beim Einfreiheitsgradmodell. Liegen reine Hub- oder Nickbewegungen vor, reduzieren sich die Schwingungsamplituden und es vergrößern sich die Bereiche der Anregungsfrequenz, in denen mit einer Verstärkung

der Unebenheit zu rechnen ist. Bei gemischten Moden hingegen treten auch Parameterbereiche auf, die mit größeren Schwingungsamplituden und einem Abbau der Unebenheit statt einer Verstärkung der Unebenheit im Vergleich zum linearen Fall verbunden sind. Welche Auswirkung die Reibung genau hat, hängt folglich stark von der betrachteten Anregungsfrequenz und dem Verhältnis zwischen Radstand und Anregungswellenlänge ab. Insbesondere bei einer Anregung zwischen den Eigenkreisfrequenzen spielen diese beiden Parameter eine entscheidende Rolle. Unterhalb der normierten ersten Eigenkreisfrequenz und oberhalb der normierten zweiten Eigenkreisfrequenz des ungedämpften Systems bestätigen sich jedoch die Ergebnisse vom Einfreiheitsgradmodell, wonach sich Reibung im erstgenannten Bereich positiv auswirkt und im zweitgenannten Bereich negativ. Auch beim Zweifreiheitsgradmodell kann folglich festgehalten werden, dass Reibung ähnlich der viskosen Dämpfung dazu führt, dass die Unebenheiten langsamer anwachsen. Dies gilt allerdings nur, solange kein Blockieren in der Reibstelle auftritt und periodische Lösungen möglich sind.

Unter diesen Voraussetzungen bestätigen sich mit den in dieser Arbeit angewandten Methoden die Aussagen der bereits in Abschnitt 6.4.3 genannten Quellen [67, 152, 158, 161, 170], dass Reibung positive Wirkung haben kann. Darüber hinaus konnte in dieser Arbeit gezeigt werden, dass es gerade bei Mehrfreiheitsgradmodellen auch von der genauen Wahl anderer Parameter wie normierte Anregungsfrequenz, Massenverteilung oder Radstand-Wellenlängen-Verhältnis abhängt, ob Reibung positiv oder negativ zu bewerten ist. Deswegen reicht es beispielsweise – wie übrigens auch bei der linearen Radaufhängung – nicht aus, die Straßenfreundlichkeit eines Fahrzeugs alleine anhand des dynamischen Lastkoeffizienten zu beurteilen, der zudem für ausgiebige Parameterstudien ungeeignet ist. Hingegen ist es mit der in dieser Arbeit vorgestellten analytischen Näherung möglich, unter Berücksichtigung sämtlicher Parameter die Veränderung der Entwicklung eines Spektralanteils in der Straßenoberfläche durch Reibung zu untersuchen.

8 Zusammenfassung und Ausblick

Das Ziel der vorliegenden Arbeit war die Untersuchung des Einflusses unterschiedlicher Fahrzeug- und Straßenparameter auf die Entwicklung von longitudinalen Unebenheiten in der Straßenoberfläche. Hierzu wurde zum einen ein geeignet abstrahiertes Fahrzeugmodell formuliert, welches die wesentlichen Aspekte der Vertikaldynamik eines Lastkraftwagen abbilden kann, und zum anderen ein phänomenologisches Gesetz zur Berechnung der bleibenden Verformung infolge der Lasteinwirkung ausgewählt. Konkreter Gegenstand der Betrachtungen war die Entwicklung von Straßenoberflächen im Verlauf einer großen Anzahl von Überfahrten.
Da die Hub- und Nickeigenschwingungen eines Lkw als wesentlich für die Ausbildung und Entwicklung von longitudinalen Unebenheiten angesehen werden, wurde ein allgemeines Zweifreiheitsgradmodell aufgestellt, welches die Hub- und Nickschwingungen abbildet. Um die Entwicklung der longitudinalen Unebenheiten infolge von Radaufstandskräften beschreiben zu können, wurden verschiedene, gängige Gesetze zur Modellierung bleibender Verformungen vorgestellt und nach einem Vergleich für die weiteren Untersuchungen ein geeignetes Modell ausgewählt, welches die bleibende Verformung in Abhängigkeit der Last und der Anzahl der Belastungszyklen angibt. Ausgehend von der ursprünglichen Formulierung wurde dieses Gesetz für entlang der Straßenoberfläche veränderliche und von Belastung zu Belastung variierende Lasten erweitert (siehe Kapitel 4). Zudem wurde ein inkrementelles Vorgehen auf Basis eines einseitig gekoppelten Ansatzes formuliert, welches für jede Überfahrt eines Fahrzeugs die dynamischen Kontaktkräfte und die resultierende bleibende Verformung berechnet. Es wurde gezeigt, wie sich durch die Einwirkung der Radkräfte prinzipiell die mittlere Spurrinnentiefe und die Unebenheitsamplitude entwickeln sowie sich die Unebenheiten verschieben.

Nach der Darstellung der Grundlagen und des allgemeinen Vorgehens wurde zuerst anhand eines *Einfreiheitsgradmodells* die Interaktion zwischen Fahrzeug und Straße hinsichtlich Ausbildung von longitudinalen Unebenheiten untersucht. Dabei wurde zunächst ein allgemeines, in der Anzahl der Belastungen nichtlineares Schädigungsgesetz gewählt, welches eine Art Verfestigung des Bodens berücksichtigt; hierauf aufbauend wurde zudem ein in der Anzahl der Belastungen lineares Gesetz abgeleitet, welches nach Abschluss der anfänglichen Kompressionsphase über die Hauptnutzungsdauer einer Straße in guter Näherung gilt.
Bei Wahl eines linearen Fahrzeugmodells in Kombination mit dem in der Anzahl der Belastungen linearen Schädigungsgesetz, das zusätzlich für vergleichsweise kleine dynamische Lasten linearisiert wurde, liegt ein vollständig lineares Problem vor, sodass die Amplitudenentwicklung der Unebenheiten von der Anzahl der Überfahrten unabhängig ist. Das Wachstumsverhalten der Unebenheiten ist dann invariant und lässt sich durch einmalige Auswertung der Vergrößerungsfunktion beurteilen. Dies ermöglicht eine direkte Bewertung

der Straßenfreundlichkeit eines Fahrzeugs. Gleiches gilt für die Verschiebung der Bodenunebenheit, die jedoch für den Fahrkomfort und die Schädigung uninteressant ist.
Wird hingegen die Nichtlinearität des Schädigungsgesetzes in der Anzahl der Überfahrten berücksichtigt, so zeigt sich, dass theoretisch eine Umkehr des Wachstumsverhaltens während der Belastungsdauer der Straße möglich ist: hierbei kann sich eine anfängliche Verstärkung im Laufe der Überfahrten in Abschwächung verkehren – ein Wechsel von Abschwächung zu Verstärkung kommt jedoch prinzipiell nicht vor. Diese Wechsel treten allerdings nur für „gedämpfte Fahrzeuge" und für Parameterkombinationen auf, die äußerst nahe an der Grenze zwischen Verstärkung und Abschwächung liegen. Abgesehen von diesen Sonderfällen zeigt sich, dass das in der Anzahl der Belastungen nichtlineare Schädigungsgesetz keine neuen Erkenntnisse liefert und qualitativ dasselbe Verhalten wie das lineare Schädigungsgesetz prognostiziert. Dies bedeutet, dass offenbar nur bei Interesse an quantitativen Aussagen das nichtlineare Schädigungsgesetz ausgewertet werden muss – für qualitative Aussagen auch über lange Zeiträume genügt nach Abschluss der Kompressionsphase der Straße ein in der Anzahl der Überfahrten linearisiertes Schädigungsmodell.
Grundsätzlich ist festzustellen, dass das Schwingungsverhalten stark von der Erregerfrequenz abhängt, welche sich wiederum in Abhängigkeit von der Fahrgeschwindigkeit und der Wellenlänge der Oberfläche ergibt, über welche das Fahrzeug fährt.
Beim *ungedämpften Einfreiheitsgradmodell* werden Unebenheitsamplituden, die in Kombination mit der Fahrgeschwindigkeit zu einer unterkritischen Anregung führen, verstärkt, während jene, die in Kombination mit der Fahrgeschwindigkeit mit einer überkritischen Anregung des Fahrzeugs verbunden sind, abgeschwächt werden. Für verschwindende oder ausreichend kleine Dämpfung kann diese Unterteilung in unterkritische und überkritische Anregung noch als Anhaltspunkt zur Beurteilung der Auswirkung der dynamischen Achslasten herangezogen werden. Bei größeren Dämpfungswerten ist die Gültigkeit dieser Aussage nicht mehr gewährleistet: es ist sogar möglich, dass für sämtliche Anregungsfrequenzen eine Verstärkung der Unebenheiten erfolgt.
Es zeigt sich, dass die Parameterbereiche, in denen mit einer Verstärkung der Unebenheit zu rechnen ist, durch *Dämpfung* generell vergrößert werden. Für unterkritische, langwellige Anregungen werden Straßenunebenheiten durch Überfahren mit ungedämpften Fahrzeugen verstärkt und Hinzufügen von Dämpfung führt zu einer Minderung dieser Verstärkungstendenz, was als positiv zu bewerten ist. Für überkritische, eher kurzwellige Anregungen hingegen werden Unebenheiten beim Überfahren mit einem ungedämpften Fahrzeug abgebaut: auch hier führt Hinzufügen von Dämpfung zunächst zu einer Minderung der Veränderungs- beziehungsweise Abschwächungsrate, kann aber schließlich sogar zu einer Umkehr des Verhaltens hin zu Verstärkung der Unebenheiten führen: im Hinblick auf solche Anregungen kann zu große Dämpfung also negative Auswirkungen haben. Die hier gezeigten Ergebnisse deuten darauf hin, dass es offenbar nicht möglich ist, eine für alle Wellenlängen optimale Lösung zu finden. Die übliche Auslegungsrichtlinie einer möglichst hohen Fahrwerkdämpfung ist offensichtlich vor dem Hintergrund zu interpretieren, dass Straßenoberflächen in aller Regel sehr stark durch langwellige Komponenten geprägt sind und Dämpfung zu einer Verlangsamung des Wachstums dieser Anteile führt. Dies wird zwar dadurch erkauft, dass bei dieser Auslegung die kurzwelligen Anteile weniger abgebaut werden oder sogar anwachsen: da diese jedoch sowieso von eher geringer Intensität

sind, ist dies zumeist über die Lebensdauer der Straße vernachlässigbar, sodass in der Summe eine verlängerte Lebensdauer der Straße erreicht wird.
Abgesehen von den vorgenannten dynamischen Effekten wurde in der vorliegenden Arbeit festgestellt, dass aufgrund des gewählten Schädigungsgesetzes mit zunehmender Fahrzeugmasse auch die Straßenschädigung infolge der statischen Achslasten zunimmt – bei Wahl eines in der Belastung nichtlinearen Schädigungsgesetzes sogar überproportional. Der negative Einfluss der Fahrzeugmasse ist offensichtlich plausibel und entspricht der Erfahrung. Des Weiteren ergab sich, dass kleine Eigenkreisfrequenzen das Fortschreiten der Schädigung durch die dynamischen Radlasten minimieren: hieraus lässt sich die Forderung nach möglichst geringen Federsteifigkeiten der Radaufhängungen ableiten. Eine Absenkung der Eigenkreisfrequenzen durch höheren Massen stellt keine Option dar, da hierdurch die statischen Radlasten vergrößert und würden, was zu einem stärkeren Wachstum der mittleren Spurrinnentiefe führen würde.

Für die Untersuchung der Auswirkungen *nichtlinearer Dämpfung* im Fahrwerk wurde ein bilineares Gesetz gewählt. Die aus der Literatur bekannte Tatsache, dass bilineare Dämpfung zu einer Absenkung des Fahrzeugs führt, konnte bestätigt werden – ebenso, dass bilineare Dämpfung in erster Näherung die Amplitude und Phase des dominierenden Spektralanteils der Fahrzeugschwingung nicht beeinflusst. Darüber hinaus wurde in dieser Arbeit gezeigt, dass auch *Coulombsche Reibung* die Mittelwertabsenkung beeinflusst, wobei das Vorhandensein von bilinearer Dämpfung eine notwendige Voraussetzung darstellt. Durch Coulombsche Reibung wird diese Absenkung jedoch reduziert. Bei der Betrachtung der trockenen Reibung wurde im Rahmen dieser Arbeit davon ausgegangen, dass die Anregungsintensität im Vergleich zur Reibung ausreichend hoch ist und sich periodische Lösungen einstellen. Für derartige Lösungen konnte bestätigt werden, dass Coulombsche Reibung ohne viskose Dämpfung im Resonanzfall die Amplituden nicht zu begrenzen vermag – ist jedoch neben der Reibung auch viskose Dämpfung vorhanden, werden die Schwingungsamplituden des Einfreiheitsgradmodells reduziert.
Über die Betrachtung der Fahrzeugschwingungen hinaus wurde in der vorliegenden Arbeit der Einfluss von Reibung in Kombination mit den anderen Fahrzeugparametern auf die Entwicklung der einzelnen Unebenheitsamplituden untersucht. Dabei wurde nicht – wie meist üblich – nur die Varianz der dynamischen Kontaktkraft oder die spektrale Dichte betrachtet, sondern tatsächlich für unterschiedliche Parameterkombinationen die Entwicklung des neuen Straßenverlaufs in Ort und Zeit berechnet. Da neben dem Betrag der Kontaktkraft auch deren Phasenlage für die Veränderung der Straßenoberfläche durch die dynamische Kontaktkraft entscheidend ist, ermöglicht dies folglich eine genauere Prognose hinsichtlich der Wirkung von Coulombscher Reibung in Radaufhängungen. Es konnte gezeigt werden, dass sich Coulombsche Reibung ähnlich wie viskose Dämpfung auswirkt und tendenziell zu einer Vergrößerung der Parameterbereiche führt, in denen eine Verstärkung der Unebenheiten erfolgt. Allerdings hat Coulombsche Reibung im niederfrequenten Anregungsbereich – der im linearen, ungedämpften Fall mit Verstärkung verbunden ist – den Vorteil, dass sie die Wachstumsrate der Unebenheit reduziert. Im höherfrequenten Anregungsbereich hingegen reduziert sie wie viskose Dämpfung den Abbau der Unebenheiten und kann sogar zu Verstärkung dieser führen.

Des Weiteren wurde ein *Schädigungsgesetz* betrachtet, welches *nichtlinear in der Belastung* ist. Dies führt selbst bei einer monofrequenten Kontaktkraft zur Ausbildung von höheren Harmonischen im Straßenverlauf, wenn dieser ursprünglich eine einzige dominierende Wellenlänge aufweist. Die Näherungslösung für die Fahrzeugschwingung wurde daher ebenfalls um höhere Harmonische erweitert, um die Ausbildung und Entwicklung dieser Lösungsanteile zu approximieren. Es konnte gezeigt werden, dass für kleine Nichtlinearitäten des Bodens und des Fahrwerks die höheren Harmonischen im Straßenverlauf von der Größenordnung her klein bleiben und auch im Laufe sehr vieler Belastungen nicht die Größenordnung des ursprünglich dominierenden Spektralanteils erreichen. Zudem ist ihre Rückwirkung auf diesen dominierenden Spektralanteil gering. Deswegen wurde im Folgenden weiterhin nur die Entwicklung des dominierenden Spektralanteils untersucht.

In der Folge wurden die Untersuchungen auf ein *Fahrzeugmodell mit zwei Freiheitsgraden* ausgeweitet, welches neben der Hubbewegung zusätzlich die Nickbewegung des Aufbaus erfasst. Mit Hilfe dieses Modells konnte über das Einfreiheitsgradmodell hinaus der Einfluss des Radstand-Wellenlängen-Verhältnisses, der Massenverteilung sowie der Asymmetrie der Federsteifigkeiten und des Abstands der Radaufhängungspunkte zum Schwerpunkt untersucht werden.
Beim symmetrischen Zweifreiheitsgradmodell trat deutlich das bekannte Phänomen der Achsstandfilterung zu Tage: dies beruht auf der Tatsache, dass die Zwangsschwingungsantwort nicht nur von der Frequenz, sondern auch vom Radstand, der Wellenlänge und der Fahrgeschwindigkeit abhängt. Während in der Literatur zumeist nur die Auswirkung des Achsstandfilterns auf die dynamischen Kontaktkräfte untersucht wird, wurde im Rahmen dieser Arbeit die direkte Auswirkung auf die Verformung der Straße aufgezeigt.
Beim symmetrischen, *ungedämpften Fahrzeug* zeigte sich, dass die dynamischen Kontaktkräfte ausschließlich zu einer Verstärkung oder Abschwächung der Unebenheit führen, diese jedoch nicht verschieben. Beim asymmetrischen, ungedämpften Modell hingegen tritt eine solche Verschiebung im Allgemeinen, das heißt für $r \neq 1$, auf: diese Verschiebung basiert auf Termen, die aus der Linearisierung der Nichtlinearität des Schädigungsgesetzes in der Last herrühren. Aufgrund der Verteilung der statischen Last auf zwei Kontaktpunkte ist die Zunahme der mittleren Spurrinnentiefe für $r \neq 1$ kleiner als im Fall des Einfreiheitsgradmodells. Doch es bestätigten sich die Ergebnisse vom Einmassenschwinger, dass eine zunehmende Fahrzeugmasse, ein größeres r und eine Zunahme des Parameters $\tilde{C}_{eff}$ – welcher Fahrzeug- und Bodeneigenschaften zusammenfasst – die Verformung pro Überfahrt vergrößert. Es konnte gezeigt werden, dass bei Vorliegen von reinen Hub- oder Nickbewegungen, jeweils bei der zugehörigen Eigenkreisfrequenz ein Wechsel von Verstärkung zu Abschwächung stattfindet – dies entspricht den Ergebnissen beim Einfreiheitsgradmodell. Bei gemischten Moden hingegen stellt sich ein zusätzlicher Wechsel des Verhaltens zwischen den Eigenkreisfrequenzen ein. Letztendlich bleibt jedoch der grundsätzliche Zusammenhang bestehen, dass im langwelligen Anregungsbereich die Unebenheitsamplituden eher verstärkt, während im kurzwelligen Bereich (hier oberhalb der zweiten Eigenkreisfrequenz) die Unebenheiten abgebaut werden.
Asymmetrie in den Federsteifigkeiten oder im Abstand der Radaufhängungspunkte zum Schwerpunkt verändert die Verformung der Straße auf sehr komplexe Weise. Die hier gezeigten Untersuchungen machen deutlich, dass generelle Aussagen über Vor- oder Nachteile

von Asymmetrie im Vergleich zu einem symmetrischen Fahrzeug hinsichtlich des Schädigungsverhaltens in Abhängigkeit von Wellenlängen des Untergrunds nicht mehr möglich sind, da unter anderem das Verhältnis zwischen Radstand und Wellenlängen eine entscheidende Rolle spielt. Allgemeine Daumenregeln zur Gestaltung von Fahrzeugen sind daher hinsichtlich ihrer Wirksamkeit als fraglich anzusehen – dieses Ergebnis mag auch als Erklärung dienen, warum die Literatur zum Thema straßenfreundliche Gestaltung von Fahrzeugen teilweise widersprüchliche Designregeln vorschlägt.
Der Einfluss der *Dämpfung* in Radaufhängungen auf die Verformung der Straße ist komplexer als beim Einfreiheitsgradmodell. Bei reinen Hub- oder Nickbewegungen bestätigt sich, dass die Dämpfung die Bereiche vergrößert, die eine Verstärkung der Unebenheit zur Folge haben – bei gemischten Moden können diese jedoch sogar reduziert werden. Allerdings konnte gezeigt werden, dass weiterhin für Anregungen unterhalb der Eigenkreisfrequenz des ungedämpften Systems Dämpfung grundsätzlich positive Wirkung hat, da die Verstärkung der Unebenheit infolge der dynamischen Radkräfte reduziert wird.
Auch für asymmetrische Systeme mit Dämpfung bestätigt sich, dass keine generellen Aussagen über Vor- oder Nachteile von Asymmetrie getroffen werden können.
Schließlich wurden auch beim Zweifreiheitsgradmodell *Nichtlinearitäten* in Form von bilinearer Dämpfung und Coulombscher Reibung in den Radaufhängungen untersucht. Die vom Einfreiheitsgradmodell her bekannte Mittelwertabsenkung des Fahrzeugs konnte auch beim Zweifreiheitsgradmodell nachgewiesen werden. Der Einfluss unterschiedlicher Parameter auf diese Absenkung wurde gezeigt; es wurde erkannt, dass sich die Mittelwertabsenkung des hinteren Radaufhängungspunkts durch Spiegelung an $\frac{2s}{\lambda} = \frac{1}{2}$ ergibt, wenn unterschiedliche Anregungsfrequenzen und Radstand-Wellenlängen-Verhältnisse $0 \leq \frac{2s}{\lambda} \leq 1$ betrachtet werden. Reibung verringert wie auch beim Einfreiheitsgradmodell diese Absenkung, wenn sie im Zusammenhang mit viskoser Dämpfung auftritt. Aufgrund des Zusammenspiels der beiden Eigenschwingungsmoden sind durch Reibung nicht mehr generell beide Schwingungsamplituden der Radaufhängungspunkte kleiner als für reibungsfreie Radaufhängungen, wie es noch beim Einfreiheitsgradmodell der Fall war. Jedoch wird auch beim Zweifreiheitsgradmodell wie schon beim Einfreiheitsgradmodell die Veränderung der dominierenden Unebenheit in der Straße in erster Näherung nur durch Coulombsche Reibung und nicht durch bilineare Dämpfung beeinflusst. Insbesondere im Anregungsbereich zwischen den beiden Eigenkreisfrequenzen des ungedämpften Systems hängt der Einfluss der Reibung stark von der genauen Anregungsfrequenz und dem Radstand-Wellenlängen-Verhältnis ab: Reibung kann sich hier positiv und negativ auswirken. Unterhalb der ersten Eigenkreisfrequenz reduziert Reibung jedoch das Anwachsen der Unebenheit, was zu begrüßen ist. Eine unbegrenzt große Reibung muss jedoch vermieden werden, um ein Blockieren der Reibstellen und damit hohe Radlasten zu vermeiden.

Zusammenfassend lässt sich sagen, dass in der vorliegenden Dissertation systematisch der Einfluss einzelner Parameter auf die Entwicklung bereits vorhandener Unebenheiten in einer Straßenoberfläche untersucht wurde. Mit Hilfe des vorgestellten Fahrzeug- und Straßenmodells ist es möglich, die Entwicklung einzelner Spektralanteile der Unebenheit zu prognostizieren, ohne aufwändige Zeitintegrationen durchführen zu müssen. Es wurde festgestellt, dass für qualitative Untersuchungen ein in der Anzahl der Belastungen lineares Schädigungsgesetz ausreicht – vorausgesetzt, die Kompressionsphase der Straße ist ab-

geschlossen und eher unnatürliche Sonderfälle, in denen eine Umkehr von Verstärkung zu Abschwächung stattfinden kann, werden ausgeschlossen. Zudem konnte der Einfluss einiger grundsätzlicher Parameter des Fahrzeugs und der Straße aufgezeigt werden. Insbesondere konnte dargelegt werden, dass das Verformungsverhalten infolge dynamischer Radlasten wesentlich vom Parameter $\tilde{\mathcal{C}}_{eff} = \mathcal{F}\tilde{\mathcal{C}} = \mathcal{F}\chi\mathcal{C}^r r$ mit $\chi = \frac{b\kappa^2}{2g}$ bestimmt wird, welcher Fahrzeug- und Straßenparameter zusammenfasst. Grundsätzlich sollte ein möglichst geringer Wert angestrebt werden: hieraus folgt zum einen die Forderung nach einer möglichst geringen Hubeigenfrequenz (respektive geringen Fahrwerkssteifigkeiten) sowie einer möglichst geringen Nachgiebigkeit b und einem möglichst niedrigen Nichtlinearitätsexponenten r (für $\mathcal{C} > 1$). Darüber hinaus konnte gezeigt werden, dass Dämpfung und Reibung die Verstärkung von langwelligen Unebenheiten tendenziell abschwächt, es jedoch auch Betriebsbereiche gibt, in denen sich Dämpfung und Reibung tendenziell negativ auswirken. Integral über alle Betriebsbereiche betrachtet führt Dämpfung im Allgemeinen jedoch zu einer Verringerung der Veränderungsraten: hohe Dämpfung unterbindet damit zwar „Selbstheilung“ der Straße durch Abbau kurzwelliger Unebenheiten, führt jedoch im Gegenzug zu einem insgesamt verlangsamten Fortschreiten der Schädigungen. Es sollte daher eine möglichst hohe Fahrwerksdämpfung angestrebt werden, welche die Schwingungsfähigkeit des Fahrzeugs aber nicht unterbindet. Des Weiteren wurde in dieser Arbeit hervorgehoben, dass generelle Aussagen über eine positive oder negative Auswirkung von Asymmetrie nicht möglich sind, da diese nur in Gesamtschau aller Parameter und konkreter Frequenzbereiche bewertet werden kann: als grundsätzliche Aussage ist somit abzuleiten, dass prinzipielle Gestaltungsrichtlinien hinsichtlich Symmetrie und Anordnung kaum möglich sind.

Die in dieser Arbeit gewonnenen Erkenntnisse geben Auskunft darüber, welche Spektralanteile sich infolge der Lasteinwirkung eines bestimmten Fahrzeugs auf welche Weise ändern. Bei Vorhandensein einer rauen Straßen mit unbegrenzt vielen Wegfrequenzen müssten sich einzelne Spektralanteile dementsprechend im Laufe der Überfahrten besonders stark ausbilden, während andere abgebaut werden. Dies könnte im Anschluss an diese Arbeit überprüft werden und Vergleiche beispielsweise mit [49, 50, 51, 228, 231] vorgenommen werden.
Darüber hinaus deuten die hier vorgestellten Ergebnisse auf einen starken Einfluss der dynamischen Fahrwerkseigenschaften auf das Fortschreiten von Straßenschädigungen hin: da dieser zumeist nur im Kontext mit den konkreten vorliegenden Anregungsspektren bewertet werden kann, könnten zukünftige Untersuchungen zur aktiven Regelung von Fahrwerkseigenschaften diesen Aspekt konkret berücksichtigen. Insbesondere die Beobachtung, dass es bei geschickter Abstimmung des Fahrwerks auf das Anregungsspektrum sogar zum Abbau der Verformung („Selbstheilung“) kommen kann, könnte zu interessanten Entwicklungstendenzen für aktive Fahrwerke führen.

Anhang

A Modellparameter

Für ein Standardfahrzeugmodell werden – falls nicht anders angegeben – folgende gängige Parameter verwendet (siehe Kapitel 3). Sie beschreiben einen Lkw mit 18 t und einer Hubfrequenz $f = 2\,\text{Hz}$ (im Fall eines symmetrischen, ungedämpften Fahrzeugs):

- $m = 9000\,\text{kg}$,
- $\kappa = 4\pi\,\frac{1}{\text{s}}$.

Die verwendeten Standardparameter für das Schädigungsgesetz wurden [109] entnommen und lauten

- $r = 1.75$,
- $P_S = 44\,\text{kN}$,
- $b = 9.16 \cdot 10^{-6}\,\text{m}$,
- $k = 0.45$.

Für die in N lineare Form des Schädigungsgesetzes wird die Steigung im Arbeitspunkt

- $N_g = 400000$

ermittelt.

Symbolverzeichnis

Symbole

α	Neigung der Straßenoberfläche
$\alpha = \frac{r}{k}$	Parameter im Schädigungsgesetz
α_T	Temperaturfunktion
β	Proportionalitätsfaktor zwischen Feder- und Dämpferkonstanten
$\hat{\beta}$	Normierte lineare Dämpfung
$\hat{\beta}_{grenz}$	Grenzkurve, welche im η-$\hat{\beta}$–Diagramm Bereiche der Verstärkung und Abschwächung voneinander abtrennt
γ	Parameter zur Beschreibung der geometrischen Asymmetrie
Δh	Bleibende Verformung
$\Delta \nu$	Phasenverschiebung zwischen der Relativkoordinate q und der Straßenanregung h
$\Delta \tau$	Normierte Zeitverschiebung zwischen vorderem und hinterem Radaufhängungspunkt
$\Delta \varphi$	Phasenverschiebung der Unebenheit
δW	Virtuelle Arbeit
δq	Virtuelle Verrückung der generalisierten Koordinate q
ε_p	Bleibende Dehnung
ε_{vp}	Viskoplastische Dehnung
ζ	Dimensionsloser Parameter zur Beschreibung des Anteils der bilinearen Dämpfung
η	Dimensionslose Anregungsfrequenz
$\eta \Delta \tau$	Parameter zur Beschreibung des Verhältnisses zwischen Radstand und Wellenlänge
η_i	Viskosität des i-ten Newtonschen Körpers

η_{SP}	Gemeinsamer Schnittpunkt der Vergrößerungsfunktionen V_h bei unterschiedlichen Dämpfungswerten
$\kappa = \sqrt{\frac{2c_v}{m}}$	Kreisfrequenz zur Normierung der Anregung
$\mathbf{\Lambda}$	Matrix, welche die Eigenwertquadrate enthält
λ	Wellenlänge
μ	Massenverteilungsparameter
ν	Koeffizient zur Emittlung der Anzahl an äquivalenten Standardachslasten
ξ	Parameter zur Beschreibung der Asymmetrie der Federn
ρ	Koeffizient zur Beschreibung der bleibenden Verformung (Kapitel 2)
ρ	Proportionalitätsfaktor zwischen Gewichtskraft und Reibkraft
σ	Spannung
σ	Amplitude einer Wechselspannung
σ'	Bezugsspannung
σ_p	Äußere Belastung / Spannung
σ_z	Vertikale Spannung an der Oberseite des Unterbaus
τ	Dimensionslose Zeit
Φ	Spektrale Dichte
φ	Phasenlage
ψ	Verdrehung des Fahrzeugs bezüglich der Horizontalen
Ω	Wegkreisfrequenz
ω	Kreisfrequenz
A, B	Parameter zur Beschreibung der Spurbildungsrate
A_i	Parameter im Näherungsansatz für die multifrequente Harmonische Balance
A_k	Anzahl der Achsen eines Fahrzeugs
a, b	Koeffizienten zur Bestimmung der viskoplastischen Verformung
a_i	Koeffizienten zur Beschreibung der bleibenden Verformung

a_0, a_1, θ	Parameter im Näherungsansatz für die Harmonische Balance
B_i	Parameter im Näherungsansatz für die multifrequente Harmonische Balance
b	Parameter im Schädigungsgesetz, abhängig von Bauweise und Materialeigenschaften
b_i	Koeffizienten zur Beschreibung der bleibenden Verformung
$\mathbf{C}$	Steifigkeitsmatrix
$\hat{\mathbf{C}}$	Normierte Steifigkeitsmatrix
c	Federkonstante
D	Lehrsches Dämpfungsmaß
$\mathbf{D}$	Dämpfungsmatrix
d	Dämpferkonstante
E	Elastizitätsmodul
E_∞	Glasmodul
F	Kraft
F_{BD}	Dämpferkraft infolge bilinearer Dämpfung
F_{CD}	Dämpferkraft infolge Coulombscher Reibung
F_D	Dämpferkraft
F_F	Federkraft
F_{stat}	Statischer Anteil der Kraft
$\mathcal{F}$	Faktor im Schädigungsgesetz
$\hat{\mathbf{F}}$	Normierte Frequenzgangmatrix
f	Frequenz
g	Erdgravitationsfeldstärke
$\mathcal{H}$	Komplexes Amplitudenspektrum
h	Impulsantwort
h	Straßenoberfläche, Straßenverlauf
$\hat{h}$	Amplitude der Straßenunebenheit

h_0	Konstantanteil des Straßenverlaufs
h_c	Komplexe Anregung durch Straßenverlauf
h_∞	Stationäre Impulsantwort
$h(t)$	Gleichmäßig regelloser Vorgang
$h_T(t)$	Zeitlich begrenzter regelloser Vorgang
$\hat{h}_{Terz}$	Gemittelte Unebenheitsamplitude
J	Massenträgheitsmoment bezüglich des Schwerpunkts
j	Imaginäre Einheit
k	Potenz im Schädigungsgesetz
L	Lagrange-Funktion
ℓ	Entspannte Länge der Feder
M	Anzahl an Einzellastzyklen
$\mathbf{M}$	Massenmatrix
$\hat{\mathbf{M}}$	Normierte Massenmatrix
m	Masse des Fahrzeugmodells
N	Anzahl der Überfahrten
N	Anzahl der Belastungszyklen (Kapitel 2)
N_0	Anzahl an Überfahrten, bei der ein Wechsel von Verstärkung zu Abschwächung stattfindet
N_{ESAL}	Anzahl an äquivalenten Standardachslasten ESAL
P	Äußere Last auf Straßenoberfläche, Kontaktkraft, Radaufstandskraft
P_{ESAL}	Standardachslast
P_S	Bezugslast im Schädigungsgesetz
P_n	Anteil der Radlast normal zur Straßenoberfläche
P_v	Anteil der Radlast in vertikaler Richtung
p	Normierte Kontaktkraft, Radaufstandskraft
q	Generalisierte Koordinate

$q = y - h$	Relativkoordinate
R	Reibkraft
RD	Spurrinnentiefe ('rut depth')
RR	Spurbildungsrate ('rutting rate')
$\mathbf{R}_C$	Matrix zur Beschreibung der Coulombschen Reibung
$\hat{\mathbf{R}}_C$	Normierte Matrix zur Beschreibung der Coulombschen Reibung
r	Potenz im Schädigungsgesetz
r_E	Normierte Reibung beim Einfreiheitsgradmodell
r_i	Normierte Reibung in der i-ten Radaufhängung
r_Z	Normierte Reibung beim Zweifreiheitsgradmodell
S	Schwerpunkt
s	Abstand des Radaufhängungspunkts zum Schwerpunkt
T	Kinetische Energie
T	Periodendauer
T	Temperatur
T_R	Referenztemperatur
t	Zeit
$\hat{u}$	Charakteristische Referenzamplitude der Straßenoberfläche zur Normierung
V	Potentielle Energie
V_h	Vergrößerung der Unebenheitsamplitude
V_q	Vergrößerung der Relativkoordinate q
v	Geschwindigkeit
v_0	Referenzgeschwindigkeit
w_p	Spurrinnentiefe
x	Horizontale Position des Radaufhängungspunkts
y	Verschiebung des Radaufhängungspunkts aus dem statischen Gleichgewicht heraus

$\tilde{y}_i$	Verschiebung des Radaufhängungspunkts beginnend bei $y = 0$
y_{st}	Verschiebung des Radaufhängungspunkts im statischen Gleichgewicht
$\mathbf{Z}$	Matrix zur Beschreibung der bilinearen Dämpfung
z	Federweg
z	Hauptkoordinate
z	Verschiebung der Straßenoberfläche

Indizes

$asym$	asymmetrisch
c	Cosinusanteil
dyn	dynamisch
ex	Extremalstelle
HB	Harmonische Balance
HHB	Höhere Harmonische Balance
h	hinten
lin	linear
M	zur M-ten Einzelbelastung gehörend
N	zur N-ten Überfahrt gehörend
s	Sinusanteil
$stat$	statisch
sym	symmetrisch
T	Taylorentwicklung einer Größe
v	vorne

Notation

$\tilde{()}$	*Nicht* im statischen Gleichgewicht beginnend
$\underline{()}$	mit $\hat{u}$ normiert
$()^*$	mit $\hat{\underline{h}}$ normiert

Zusammengefasste Parameter

$\Gamma_h = \frac{1}{1+\gamma}$

$\Gamma_v = \frac{\gamma}{1+\gamma}$

$\chi = \frac{b\kappa^2}{2g} = \frac{bc}{mg}$

$\tilde{b} = \frac{b}{(P_S)^r}$

$b_{eff} = \mathcal{F}b$

$\mathcal{C} = \frac{mg}{P_S}$

$\tilde{\mathcal{C}} = \chi\mathcal{C}^r r$

$\tilde{\mathcal{C}}_{eff} = \mathcal{F}\tilde{\mathcal{C}}$

Literaturverzeichnis

[1] European Cooperation in the Field of Scientific and Technical Research: COST 333, Development of new bituminous pavement design method: final report of the action. Luxembourg : Office for Official Publications of the European Communities, 1999. (Transport research). – Forschungsbericht

[2] *Richtlinien für die Standardisierung des Oberbaues von Verkehrsflächen: RStO 01.* Ausg. 2001. Köln : Forschungsgesellschaft für Straßen- und Verkehrswesen, 2001 (FGSV ; 499)

[3] Achenbach, J.D. ; Keshava, S.P. ; Herrmann, G.: Moving load on a plate resting on an elastic half space. *Journal of Applied Mechanics* 34 (1967), S. 910

[4] Achenbach, J.D. ; Sun, C.T.: Moving load on a flexibly supported Timoshenko beam. *International Journal of Solids and Structures* 1 (1965), Nr. 4, S. 353–370

[5] Agardh, S.: *Rut Depth Prediction on Flexible Pavements – Calibration and Validation of Incremental-Recursive Models*, Department of Technology and Society, Lund Institute of Technology, Dissertation, 2005

[6] Ahmadian, M. ; Marjoram, R.H.: Effects of passive and semiactive suspensions on body and wheelhop control. *Journal of Commercial Vehicles* 98 (1989), S. 596–604

[7] Ahmadian, M.T. ; Jafari-Talookolaei, R.A. ; Esmailzadeh, E.: Dynamics of a laminated composite beam on Pasternak-viscoelastic foundation subjected to a moving oscillator. *Journal of Vibration and Control* 14 (2008), Nr. 6, S. 807

[8] Al-Qadi, I.L.: *Pavement Damage Due to Different Tires and Vehicle Configurations*, Virginia Tech, Dissertation, 2004

[9] Al-Qadi, I.L. ; Yoo, P.J. ; Elseifi, M.A. ; Nelson, S. u. a.: Creep behavior of hot-mix asphalt due to heavy vehicular tire loading. *Journal of Engineering Mechanics* 135 (2009), S. 1265

[10] Allou, F. ; Chazallon, C. ; Hornych, P.: A numerical model for flexible pavements rut depth evolution with time. *International Journal for Numerical and Analytical Methods in Geomechanics* 31 (2007), Nr. 1, S. 1–22

[11] Ammon, D.: *Modellbildung und Systementwicklung in der Fahrzeugdynamik.* Stuttgart : Teubner, 1997 (Leitfäden der angewandten Mathematik und Mechanik ; 73)

[12] ANDERSEN, L. ; NIELSEN, S.R.K. ; IWANKIEWICZ, R.: Vehicle moving along an infinite beam with random surface irregularities on a Kelvin foundation. *Journal of Applied Mechanics* 69 (2002), S. 69

[13] ARCHILLA, A.R. ; MADANAT, S.: Development of a pavement rutting model from experimental data. *Journal of Transportation Engineering* 126 (2000), S. 291

[14] ARCHILLA, A.R. ; MADANAT, S.: Estimation of rutting models by combining data from different sources. *Journal of Transportation Engineering* 127 (2001), S. 379

[15] BARKSDALE, R.D.: Laboratory evaluation of rutting in base course materials. In: *Proceedings of the 3rd International Conference on Asphalt Pavements* Bd. 1, 1972, S. 161–174

[16] BARTOLOMAEUS, W.: *Über die Entwicklung von Fahrbahnunebenheiten aus Homogenitätsschwankungen bei Asphaltbetonstraßen*, Universität Hannover, Dissertation, 2003

[17] BECKEDAHL, H.: *Zur Querunebenheitsentwicklung von Asphaltstraßen*, Inst. für Verkehrswirtschaft, Straßenwesen u. Städtebau, Fachgebiet Konstruktiver Straßenbau der Universität Hannover, Dissertation, 1987

[18] BESINGER, F.H. ; CEBON, D. ; COLE, D.J.: An experimental investigation into the use of semi-active dampers on heavy lorries. *Vehicle System Dynamics* 20 (1992), S. 57–71

[19] BESINGER, F.H. ; CEBON, D. ; COLE, D.J.: Force control of a semi-active damper. *Vehicle System Dynamics* 24 (1995), Nr. 9, S. 695–723

[20] BESKOU, N.D. ; THEODORAKOPOULOS, D.D.: Dynamic effects of moving loads on road pavements: A review. *Soil Dynamics and Earthquake Engineering* 31 (2011), Nr. 4, S. 547–567

[21] BEST, A. ; SCHLESINGER, A.: Predicting HGV road loads from rig tests with inputs on one axle at a time. *Int'l. Journal of Heavy Vehicle Systems* 3 (1997), Nr. 1

[22] BOTH, J.A. ; HONG, D.C. ; KURTZE, D.A.: Corrugation of roads. *Physica A: Statistical Mechanics and its Applications* 301 (2001), Nr. 1-4, S. 545–559

[23] BOUSSINESQ, J.: *Application des potentiels à l'étude de l'équilibre et du mouvement des solides élastiques*. Gauthier-Villars, 1885

[24] BRAUN, H.: *Untersuchungen von Fahrbahnunebenheiten und Anwendungen der Ergebnisse*, Technische Universität Braunschweig, Dissertation, 1969

[25] BRAUN, H. ; KOLB, G.: *LKW: Ein Lehrbuch und Nachschlagewerk*. 10. Auflage. Bonn : Kirschbaum, 2008 (Schriftenreihe Güterverkehr)

[26] BROWN, S.F. ; BELL, C.A.: The validity of design procedures for the permanent deformation of asphalt pavements. In: *Proceedings, 4th International Conference on the Structural Design of Asphalt Pavements* Bd. 1, 1977, S. 467–482

[27] BURMISTER, D.M.: The general theory of stresses and displacements in layered systems. I. *Journal of Applied Physics* 16 (1945), Nr. 2, S. 89–94

[28] BURMISTER, D.M. ; PALMER, L.A. ; BARBER, E.S. ; CASAGRANDE, A.D. ; MIDDLEBROOKS, T.A.: The theory of stress and displacements in layered systems and applications to the design of airport runways. In: *Highway Research Board Proceedings*, 1943

[29] BUTKUNAS, A.A. ; AUTOMOTIVE ENGINEERS, Society of: *Power spectral density and ride evaluation.* Society of Automotive Engineers, 1966

[30] CAO, D. ; RAKHEJA, S. ; SU, C.Y.: Heavy vehicle pitch dynamics and suspension tuning. Part I: unconnected suspension. *Vehicle System Dynamics* 46 (2008), Nr. 10, S. 931–953

[31] CEBON, D.: Assessment of the dynamic wheel forces generated by heavy road vehicles. In: *Symposium on Heavy Vehicle Suspension Characteristics*, 1987

[32] CEBON, D.: Theoretical road damage due to dynamic tyre forces of heavy vehicles Part 2: simulated damage caused by a tandem-axle vehicle. *Proceedings of the Institution of Mechanical Engineers, Part C: Mechanical Engineering Science* 202 (1988), Nr. 23, S. 109–117

[33] CEBON, D.: Vehicle-generated road damage: a review. *Vehicle System Dynamics* 18 (1989), Nr. 1–3, S. 107–150

[34] CEBON, D.: *Interaction between heavy vehicles and roads.* SAE: Society of Automotive Engineers, 1993

[35] CEBON, D.: *Handbook of Vehicle-Road Interaction.* Lisse [u.a.] : Swets & Zeitlinger, 1999 (Advances in Engineering 2)

[36] CHALASANI, R.M.: Ride performance potential of active suspension systems-Part II: Comprehensive analysis based on a full-car model. In: *Proceedings of the 1986 ASME Winter Annual Meeting*, 1986

[37] CHEN, Y.H. ; HUANG, Y.H.: Dynamic stiffness of infinite Timoshenko beam on viscoelastic foundation in moving co-ordinate. *International Journal for Numerical Methods in Engineering* 48 (2000), Nr. 1, S. 1–18

[38] CHOROS, J. ; ADAMS, G.G.: A steadily moving load on an elastic beam resting on a tensionless Winkler foundation. *Journal of Applied Mechanics* 46 (1979), S. 175

[39] CHOU, Y.T.: Stresses and displacements in viscoelastic pavement systems under a moving load. (1969)

[40] Claessen, A.I.M. ; Edwards, J.M. ; Sommer, P. ; Uge, P.: Asphalt Pavement Design–The Shell Method. In: *Volume I of Proceedings of 4th International Conference on Structural Design of Asphalt Pavements, Ann Arbor, Michigan, August 22-26, 1977*, 1977

[41] Cole, D.J.: Fundamental issues in suspension design for heavy road vehicles. *Vehicle System Dynamics* 35 (2001), Nr. 4-5, S. 319–360

[42] Cole, D.J. ; Cebon, D.: Assessing the road-damaging potential of heavy vehicles. *Proceedings of the Institution of Mechanical Engineers, Part D: Journal of Automobile Engineering* 205 (1991), Nr. 44, S. 223–232

[43] Cole, D.J. ; Cebon, D.: Spatial repeatability of dynamic tyre forces generated by heavy vehicles. *Proceedings of the Institution of Mechanical Engineers, Part D: Journal of Automobile Engineering* 206 (1992), Nr. 14, S. 17–27

[44] Cole, D.J. ; Cebon, D.: Truck suspension design to minimize road damage. *Proceedings of the Institution of Mechanical Engineers, Part D: Journal of Automobile Engineering* 210 (1996), Nr. 24, S. 95–107

[45] Cole, D.J. ; Cebon, D.: Front-rear interaction of a pitch-plane truck model. *Vehicle System Dynamics* 30 (1998), Nr. 2, S. 117–141

[46] Cole, D.J. ; Collop, A.C. ; Potter, T.E.C. ; Cebon, D.: Spatial repeatability of measured dynamic tyre forces. *Proceedings of the Institution of Mechanical Engineers, Part D: Journal of Automobile Engineering* 210 (1996), Nr. 3, S. 185–197

[47] Cole, J. ; Huth, J.: Stresses produced in a half plane by moving loads. *Journal of Applied Mechanics* 25 (1958), Nr. 4, S. 433–436

[48] Collins, I.F. ; Boulbibane, M.: Geomechanical analysis of unbound pavements based on shakedown theory. *Journal of Geotechnical and Geoenvironmental Engineering* 126 (2000), Nr. 1, S. 50–59

[49] Collop, A.C. ; Cebon, D.: A model of whole-life flexible pavement performance. *Proceedings of the Institution of Mechanical Engineers, Part C: Journal of Mechanical Engineering Science* 209 (1995), Nr. 63, S. 389–407

[50] Collop, A.C. ; Cebon, D.: Parametric study of factors affecting flexible-pavement performance. *Journal of Transportation Engineering* 121 (1995), S. 485

[51] Collop, A.C. ; Cebon, D. ; Cole, D.J.: Effects of spatial repeatability on long-term flexible pavement performance. *Proceedings of the Institution of Mechanical Engineers, Part C: Journal of Mechanical Engineering Science* 210 (1996), Nr. 23, S. 97–110

[52] Collop, A.C. ; McDowell, G.R. ; Lee, Y.: Use of the distinct element method to model the deformation behavior of an idealized asphalt mixture. *International Journal of Pavement Engineering* 5 (2004), Nr. 1, S. 1–7

[53] Collop, A.C. ; McDowell, G.R. ; Lee, Y.: On the use of discrete element modelling to simulate the viscoelastic deformation behaviour of an idealized asphalt mixture. *Geomechanics and Geoengineering: An International Journal* 2 (2007), Nr. 2, S. 77–86

[54] Cundall, P.A.: BALL-A program to model granular media using the distinct element method. *Technical Note, Advanced Technology Group, Dames & Moore, London.* (1978)

[55] D'Apuzzo, M. ; Nicolosi, V. ; Mattarocci, M.: Predicting roughness progression of asphalt pavements by empirical-mechanistic model. In: *Proceedings of the II International SIIV Congress, SIIV 2004*, 2004

[56] Davis, L.: Dynamic load sharing on air-sprung heavy vehicles: can suspensions be made friendlier by fitting larger air lines. In: *Australasian Transport Research Forum (ATRF), 29th, Gold Coast, Queensland, Australia*, 2006

[57] De Barros, F.C.P. ; Luco, J.E.: Response of a layered viscoelastic half-space to a moving point load. *Wave Motion* 19 (1994), Nr. 2, S. 189–210

[58] De Jong, D.L. ; Peatz, M.G.F. ; Korswagen, A.R.: Computer Program BISAR: Layered systems under normal and tangential loads. *Konin Klijke Shell-Laboratorium, Amsterdam, External Report AMSR* 6 (1973)

[59] Den Hartog, J.P.: Forced vibrations with combined Coulomb and viscous friction. *Trans. ASME* 53 (1931), Nr. APM-53-9, S. 107–115

[60] Dieterman, H.A. ; Metrikine, A.V.: The equivalent stiffness of a half-space interacting with a beam. Critical velocities of a moving load along the beam. *European Journal of Mechanics, A/Solids* 15 (1996), Nr. 1, S. 67–90

[61] Dieterman, H.A. ; Metrikine, A.V.: Steady-state displacements of a beam on an elastic half-space due to a uniformly moving constant load. *European Journal of Mechanics. A, Solids* 16 (1997), Nr. 2, S. 295–306

[62] Dorman, G.M. ; Metcalf, C.T.: Design curves for flexible pavements based on layered system theory. *Highway Research Record* 71 (1965), S. 69–84

[63] Duan, C. ; Singh, R.: Forced vibrations of a torsional oscillator with Coulomb friction under a periodically varying normal load. *Journal of Sound and Vibration* 325 (2009), Nr. 3, S. 499–506

[64] Eisenmann, J.: Dynamic wheel load fluctuations – road stress. *Straße und Autobahn* 4 (1975), Nr. 2

[65] Eisenmann, J. ; Hilmer, A.: *Einfluß der Radlasten und Reifeninnendrücke auf die Spurrinnenbildung bei Asphaltstraßen: Experimentelle und theoretische Untersuchungen.* Bundesminister für Verkehr, Abt. Straßenbau, 1986 (Forschung Straßenbau und Straßenverkehrstechnik; 463)

[66] ELLIOTT, J.F. ; MOAVENZADEH, F.: Analysis of stresses and displacements in three-layer viscoelastic systems. *Highway Research Record* (1971)

[67] ELMADANY, M.M.: Nonlinear ride analysis of heavy trucks. *Computers & structures* 25 (1987), Nr. 1, S. 69–82

[68] ERVIN, R.D. ; NISONGER, R.L. ; MACADAM, C.C. ; FANCHER, P. S.: Influence of truck size and weight variables on the stability and control properties of heavy trucks / University of Michigan Transportation Research Institute. 1983. – Forschungsbericht

[69] ESCH, T. ; APPEL, W. ; DAHLHAUS, U. ; BRÄHLER, H. ; BREUER, S. ; HOEPKE, E.: *Nutzfahrzeugtechnik: Grundlagen, Systeme, Komponenten.* Springer, 2010

[70] EXPEDITIONPORTAL: *Expedition Portal.* Onlinekatalog. www.expeditionportal.com. Version: 17.02.2012

[71] FANCHER, P.S. ; ERVIN, R.D. ; MACADAM, C.C. ; WINKLER, C. B.: Measurement and representation of the mechanical properties of truck leaf springs. In: *SAE West Coast International Meeting, Los Angeles, 11-14 August 1980*, 1980

[72] FASSBENDER, F.R. ; FERVERS, C.W. ; HARNISCH, C.: Approaches to predict the vehicle dynamics on soft soil. *Vehicle System Dynamics* 27 (1997), Nr. S1, S. 173–188

[73] FAZ: *Der Praxistest mit Lang-Lkw läuft mühsam.* Onlinekatalog. http://www.faz.net/aktuell/wirtschaft/gigaliner-der-praxistest-mit-lang-lkw-laeuft-muehsam-11668849.html. Version: 22.03.2012

[74] FELSZEGHY, S.F.: The Timoshenko beam on an elastic foundation and subject to a moving step load, part 1: Steady-state response. *Journal of Vibration and Acoustics* 118 (1996), S. 277

[75] FEYISSA, B.A.: *Analysis and modeling of rutting for long life asphalt concrete pavement*, TU Darmstadt, Dissertation, Dezember 2009

[76] FRANCKEN, L.: Permanent deformation law of bituminous road mixes in repeated triaxial compression. In: *Volume I of Proceedings of 4th International Conference on Structural Design of Asphalt Pavements, Ann Arbor, Michigan, August 22-26, 1977.*, 1977

[77] FRÝBA, L.: *Vibration of solids and structures under moving loads : Transl. by D. Hajšmanová.* Groningen : Noordhoff [u.a.], 1972 (Monographs and textbooks in mechanics of solids and fluids)

[78] FREDERICK, C.O.: A rail corrugation theory. In: *Proc. Int. Symp. on Contact Mechanics and Wear of Wheel/Rail Systems II*, 1986, S. 181–211

[79] FWA, T.F. ; TAN, S.A. ; ZHU, L.Y.: Rutting prediction of asphalt pavement layer using C–ϕ model. *Journal of Transportation Engineering* 130 (2004), S. 675

[80] GBADEYAN, J.A. ; ONI, S.T.: Dynamic response to moving concentrated masses of elastic plates on a non-Winkler elastic foundation. *Journal of Sound and Vibration* 154 (1992), Nr. 2, S. 343–358

[81] GENTA, G. ; CAMPANILE, P.: An approximated approach to the study of motor vehicle suspensions with nonlinear shock absorbers. *Meccanica* 24 (1989), S. 47–57

[82] GERLACH, A. ; HOTHAN, J. ; BEYER, H.: *Tragverhalten von Schichten aus ungebundenen Mineralstoffgemischen unter Asphaltbefestigungen.* Bundesmin. für Verkehr, Abt. Straßenbau, 1990 (Forschung Straßenbau und Straßenverkehrstechnik ; 594)

[83] GIDEL, G. ; HORNYCH, P. ; CHAUVIN, J. ; BREYSSE, D. ; DENIS, A.: A new approach for investigating the permanent deformation behavior of unbound granular material using the Repeated Load Triaxial Apparatus. *Bulletin des Laboratoires des Ponts et Chaussées* (2001), S. 5–21

[84] GILLESPIE, T.D.: *Fundamentals of vehicle dynamics.* Warrendale : Society of Automotive Engineers, 1992

[85] GILLESPIE, T.D. ; KARAMIHAS, S.M.: Heavy truck properties significant to pavement damage. *Vehicle-Road Interaction* 1001 (1994), S. 52

[86] GILLESPIE, T.D. ; KARAMIHAS, S.M. ; SAYERS, M.W. ; NASIM, M.A. ; HANSEN, W. ; EHSAN, N. ; CEBON, D.: *Effects of heavy-vehicle characteristics on pavement response and performance.* Transportation Research Board National Research, 1993 (353)

[87] GOBBI, M. ; MASTINU, G.: Analytical description and optimization of the dynamic behaviour of passively suspended road vehicles. *Journal of Sound and Vibration* 245 (2001), Nr. 3, S. 457–481

[88] GRASSIE, S.L.: Rail corrugation: advances in measurement, understanding and treatment. *Wear* 258 (2005), Nr. 7-8, S. 1224–1234

[89] GRASSIE, S.L. ; KALOUSEK, J.: Rail corrugation: characteristics, causes and treatments. *Proceedings of the Institution of Mechanical Engineers, Part F: Journal of Rail and Rapid Transit* 207 (1993), Nr. 16, S. 57–68

[90] GROSS, D. (Hrsg.) ; HAUGER, W. (Hrsg.) ; SCHRÖDER, J. (Hrsg.) ; WERNER, E. (Hrsg.): *Formeln und Aufgaben zur Technischen Mechanik 4 : Hydromechanik, Elemente der Höheren Mechanik, Numerische Methoden.* Berlin, Heidelberg : Springer-Verlag Berlin Heidelberg, 2008 (Springer-Lehrbuch)

[91] GROTE, K.-H. (Hrsg.) ; FELDHUSEN, J. (Hrsg.): *Dubbel: Taschenbuch für den Maschinenbau.* 22., neubearbeitete und erweiterte Auflage. Berlin, Heidelberg : Springer-Verlag Berlin Heidelberg, 2007

[92] GRUNDMANN, H. ; LIEB, M. ; TROMMER, E.: The response of a layered half-space to traffic loads moving along its surface. *Archive of Applied Mechanics* 69 (1999), Nr. 1, S. 55–67

[93] HABIBALLAH, T. ; CHAZALLON, C.: An elastoplastic model based on the shakedown concept for flexible pavements unbound granular materials. *International Journal for Numerical and Analytical Methods in Geomechanics* 29 (2005), Nr. 6, S. 577–596

[94] HAGEMANN, R.: *Ein Verfahren zur Beurteilung flexibler Fahrbahnbefestigungen unter Berücksichtigung von Festigkeitshypothesen für Asphalte.* Hannover, Universität Hannover, Dissertation, 1980

[95] HAHN, W.D.: Effects of commercial vehicle design on road stress-vehicle research results. *Institut für Kraftfahrwesen, Universität Hannover (translated by TRRL as WP/V&ED/87/38)* (1985)

[96] HAHN, W.D.: Effects of commercial vehicle design on road stress-quantifying the dynamic wheel loads for stage 3: single axles, stage 4: twin axles, stage 5: triple axles, as a function of the springing and shock absorption system of the vehicle. *Institut für Kraftfahrwesen, Universität Hannover (translated by TRRL as WPN&ED/87/40)* 453 (1987)

[97] HARDY, M.S.A. ; CEBON, D.: Response of continuous pavements to moving dynamic loads. *Journal of Engineering Mechanics* 119 (1993), S. 1762

[98] HARICHANDRAN, R.S. ; YEH, M.S. ; BALADI, G.Y.: MICH-PAVE: A nonlinear finite element program for analysis of flexible pavements. *Transportation Research Record* (1990), Nr. 1286

[99] HARR, M.E.: Influence of vehicle speed on pavement deflections. In: *Highway Research Board Proceedings*, 1962

[100] HEATH, A.N. ; GOOD, M.C.: Heavy vehicle design parameters and dynamic pavement loading. *Australian Road Research* 15 (1985), Nr. 4, S. 249–263

[101] HEMPELMANN, K. ; KNOTHE, K.: An extended linear model for the prediction of short pitch corrugation. *Wear* 191 (1996), Nr. 1-2, S. 161–169

[102] HIGHWAY RESEARCH BOARD: Special Report 61-G: The AASHO Road Test, Report 7 / Highway Research Board Washington, D.C. 1962. – Forschungsbericht

[103] HOFFMANN, N.: On wear pattern generation in elastic systems. *Proceedings in Applied Mathematics and Mechanics (PAMM)* (2007), S. 4050003–4050004

[104] HOFFMANN, N.P. ; CIAVARELLA, M. ; STOLZ, U. ; WEIFL, C.: The effect of long-wavelength stiffness variation on wear pattern generation. *Journal of Sound and Vibration* 322 (2009), Nr. 4-5, S. 785–797

[105] Hoffmann, N.P. ; Misol, M.: On the role of varying normal load and of randomly distributed relative velocities in the wavelength selection process of wear-pattern generation. *Int'l. Journal of Solids and Structures* 44 (2007), Nr. 25–26, S. 8718–8734

[106] Hopman, P.C.: VEROAD: A viscoelastic multilayer computer program. *Transportation Research Record: Journal of the Transportation Research Board* 1539 (1996), Nr. 1, S. 72–80

[107] Hou, X.: *Analyse der bleibenden Verformungen des Asphaltes unter statischer und dynamischer Belastung zur Vorhersage von Spurrinnen*, Technische Hochschule Darmstadt, Dissertation, 1996

[108] Hürtgen, H.: *Zum viskoelastischen und viskoplastischen Verhalten von Asphalt.* Bonn- Bad Godesberg : Bundesminister für Verkehr, Abt. Strassenbau, 1982 (Forschung Straßenbau und Straßenverkehrstechnik ; 361)

[109] Hürtgen, H.: *Dauerbelastungsversuche an Modellstraßen mit Hilfe von Impulsgebern.* Bonn-Bad Godesberg : Bundesminister für Verkehr, Abt. Straßenbau, 1990 (Forschung Straßenbau und Straßenverkehrstechnik ; 581)

[110] Hua, J.: *Finite element modeling and analysis of accelerated pavement testing devices and rutting phenomenon*, Purdue University, Dissertation, 2000

[111] Huang, M.H. ; Thambiratnam, D.P.: Deflection response of plate on Winkler foundation to moving accelerated loads. *Engineering Structures* 23 (2001), Nr. 9, S. 1134–1141

[112] Huang, M.H. ; Thambiratnam, D.P.: Dynamic response of plates on elastic foundation to moving loads. *Journal of Engineering Mechanics* 128 (2002), Nr. 9, S. 1016–1022

[113] Huang, Y.H.: *Pavement analysis and design.* London [u.a.] : Prentice Hall, 1993

[114] Hung, H.H. ; Yang, Y.B.: Elastic waves in visco-elastic half-space generated by various vehicle loads. *Soil Dynamics and Earthquake Engineering* 21 (2001), Nr. 1, S. 1–17

[115] Hutschenreuther, J. ; Wörner, T.: *Asphalt im Straßenbau: Aus der Praxis des Verkehrsbaus.* 1. Aufl. Berlin : Verl. für Bauwesen, 1998

[116] Huurman, M.: *Permanent deformation in concrete block pavements*, Technische Universiteit Delft, Faculteit der Civiele Techniek, Dissertation, 1997

[117] Ingason, T. ; Scarpas, A. ; Antunes, M.L. ; Almeida, J.R. ; Lipoglavšek, B. ; Jamnik, J. ; Moreno, A.M. ; Perret, J.: *AMADEUS - Advanced models for analytical design of European pavement structures: Final Report for Publication: Status P, RO-97-SC.2137.* 2000

[118] ISHIHARA, K.: The general theory of stresses and displacements in two-layer viscoelastic systems. *Soil and Foundation* 2 (1962), Nr. 2, S. 51–68

[119] ISHIHARA, K. ; KIMURA, T.: The theory of viscoelastic two-layer systems and conception of its application to the pavement design. In: *Second International Conference on the Structural Design of Asphalt Concrete Pavements, Ann Arbor, Michigan*, 1967, S. 189

[120] KEER, L.M.: Moving and simultaneously fluctuating loads on an elastic half-plane. *The Journal of the Acoustical Society of America* 47 (1970), S. 1359

[121] KENIS, W.J.: Predictive design procedures–A design method for flexible pavements using the VESYS structural subsystem. In: *Volume I of Proceedings of 4th International Conference on Structural Design of Asphalt Pavements, Ann Arbor, Michigan, August 22-26, 1977.*, 1977

[122] KENNEY, J.T. u. a.: Steady-state vibrations of beam on elastic foundation for moving load. *Journal of Applied Mechanics* 21 (1954), Nr. 4, S. 359–364

[123] KETTIL, P. ; LENHOF, B. ; RUNESSON, K. ; WIBERG, N. E.: Simulation of inelastic deformation in road structures due to cyclic mechanical and thermal loads. *Computers & Structures* 85 (2007), Nr. 1-2, S. 59–70

[124] KHEDR, S.: Deformation characteristics of granular base course in flexible pavements. *Transportation Research Record* (1985), Nr. 1043

[125] KHEDR, S.A.: Deformation mechanism in asphaltic concrete. *Journal of Transportation Engineering* 112 (1986), Nr. 1, S. 29–45

[126] KIM, D. ; SALGADO, R. ; ALTSCHAEFFL, A.G. u. a.: Effects of supersingle tire loadings on pavements. *Journal of Transportation Engineering* 131 (2005), S. 732

[127] KIM, S.M. u. a.: Moving loads on a plate on elastic foundation. *Journal of Engineering Mechanics* 124 (1998), S. 1010

[128] KIM, S.M. ; MCCULLOUGH, B.F.: Dynamic response of plate on viscous Winkler foundation to moving loads of varying amplitude. *Engineering Structures* 25 (2003), Nr. 9, S. 1179–1188

[129] KIRKNER, D.J. ; CAULFIELD, P.N. ; MCCANN, D.M.: Three-dimensional, Finite-Element simulation of permanent deformations in flexible pavement systems. *The Role of Transit in Creating Livable Metropolitan Communities* 22 (1997), S. 34

[130] KITCHING, K.J. ; COLE, D.J. ; CEBON, D.: Theoretical investigation into the use of controllable suspensions to minimize road damage. *Proceedings of the Institution of Mechanical Engineers, Part D: Journal of Automobile Engineering* 214 (2000), Nr. 1, S. 13–31

[131] KLOTTER, K.: Steady state vibrations in systems having arbitrary restoring and arbitrary damping forces. In: *Proceedings Symposium Nonlinear Circuit Analysis, Polytechnic Institute of Brooklyn, Brooklyn, NY*, 1953, S. 234–257

[132] KÖLSCH, C.: Vertical vehicle dynamics on soft ground–investigation with FEM. In: *Proceedings of the FISITA World Automotive Congress*, 2000

[133] KONONOV, A.V. ; WOLFERT, R.A.M.: Load motion along a beam on a viscoelastic half-space. *European Journal of Mechanics-A/Solids* 19 (2000), Nr. 2, S. 361–371

[134] KORKIALA-TANTTU, L. ; TUTKIMUSKESKUS, Valtion teknillinen: *Calculation method for permanent deformation of unbound pavement materials*, Department of Civil and Environmental Engineering, Helsinki University of Technology, Dissertation, 2008

[135] KRYLOV, V.V.: Generation of ground elastic waves by road vehicles. *Journal of Computational Acoustics* 9 (2001), Nr. 3, S. 919–934

[136] KURTZE, D.A. ; HONG, D.C. ; BOTH, J.A.: The genesis of washboard roads. *International Journal of Modern Physics B* 15 (2001), Nr. 24-25, S. 3344–3346

[137] LAI, J.S. ; ANDERSON, D.: Irrecoverable and recoverable nonlinear viscoelastic properties of asphalt concrete. *Transportation Research Record* 468 (1973)

[138] LAY, M.G.: *Handbook of road technology.* 4. ed. London [u.a.] : Spon Press, Taylor & Francis, 2009

[139] LE HOUEDEC, D.: Response of a roadway lying on an elastic foundation to random traffic loads. *Journal of Applied Mechanics* 47 (1980), S. 145

[140] LEE, E.H.: Stress analysis in viscoelastic materials. *Journal of Applied Physics* 27 (1956), Nr. 7, S. 665–672

[141] LEKARP, F. ; DAWSON, A.: Modelling permanent deformation behaviour of unbound granular materials. *Construction and Building Materials* 12 (1998), Nr. 1, S. 9–18

[142] LENTZ, R.W. ; BALADI, G.Y.: Constitutive equation for permanent strain of sand subjected to cyclic loading. *Transportation Research Record* (1981), Nr. 810

[143] LIU, C. ; MCCULLOUGH, B.F. ; OEY, H. S.: Response of rigid pavements due to vehicle-road interaction. *Journal of Transportation Engineering* 126 (2000), S. 237

[144] LOIZOS, A.: *Zur theoretischen Ermittlung der Spurrinnenbildung flexibler Fahrbahnbefestigungen*, Universität Hannover, Dissertation, 1987

[145] LOO, P.J. Van d.: Practical approach to the prediction of rutting in asphalt pavements: the Shell method. *Transportation Research Record* (1976), Nr. 616

[146] LU, X.P. ; LI, H.L. ; PAPALAMBROS, P.: Design procedure for the optimization of vehicle suspensions. *Int'l. Journal of Vehicle Design* 5 (1984), Nr. 1, S. 129–142

[147] Ludescher, H.: *Berücksichtigung von dynamischen Verkehrslasten beim Tragsicherheitsnachweis von Strassenbrücken*, École Polytechnique Fédérale de Lausanne, Dissertation, 2003

[148] Lv, P. ; Tian, R. ; Liu, X.: Dynamic response solution in transient state of viscoelastic road under moving load and its application. *Journal of Engineering Mechanics* 136 (2010), S. 168

[149] Lytton, R.L. ; Uzan, J. ; Fernando, E.G. ; Roque, R. ; Hiltunen, D. ; Stoffels, S.M.: Development and validation of performance prediction models and specifications for asphalt binders and paving mixes / Strategic Highway Research Program, National Research Council, Washington, DC. 1993. – Forschungsbericht

[150] Magnus, K. ; Popp, K. ; Sextro, W.: *Schwingungen: Eine Einführung in die physikalischen Grundlagen und die theoretische Behandlung von Schwingungsproblemen.* 8., überarb. Aufl. Wiesbaden : Vieweg + Teubner, 2008 (Studium)

[151] Mahboub, K. ; Little, D.N.: Improved asphalt concrete design procedure. *Research Report* 474 (1988)

[152] Manger, S.: *Untersuchung des Schwingungsverhaltens von Kraftfahrzeugen bei kleinen Erregeramplituden unter besonderer Berücksichtigung der Coulombschen Reibung*, Universität Karlsruhe, Dissertation, 1995

[153] Markow, M.J. ; Hedrick, J.K. ; Brademeyer, B.D. ; Abbo, E.: Analyzing the interactions between dynamic vehicle loads and highway pavements. *Transportation Research Record* 1196 (1988), Nr. 1196, S. 161–169

[154] Meehan, P.A. ; Daniel, W.J.T.: Effects of wheel passing frequency on wear type corrugations. *Wear* 265 (2008), Nr. 9-10, S. 1202–1211

[155] Meehan, P.A. ; Daniel, W.J.T. ; Campey, T.: Prediction of the growth of wear-type rail corrugation. *Wear* 258 (2005), Nr. 7-8, S. 1001–1013

[156] Mercedes-Benz: *Mercedes-Benz.* Onlinekatalog. `http://www.mercedes-benz.de`. Version: 26.03.2012

[157] Metrikine, A.V. ; Verichev, S.N. ; Blaauwendraad, J.: Stability of a two-mass oscillator moving on a beam supported by a visco-elastic half-space. *International Journal of Solids and Structures* 42 (2005), Nr. 3, S. 1187–1207

[158] Mühe, P.: *Der Einfluß von Nichtlinearitäten in Feder- und Dämpferkennlinie auf die Schwingungseigenschaften von Kraftfahrzeugen*, Technische Hochschule Braunschweig, Dissertation, 1968

[159] Mitchell, C.G.B.: The effect of the design of goods vehicle suspensions on loads on roads and bridges / Transport and Road Research Laboratory. 1987. – Forschungsbericht

[160] MITCHELL, C.G.B. ; GYENES, L.: Dynamic pavements loads measures for a variety of truck suspensions / Transport Research Laboratory. 1989. – Forschungsbericht

[161] MITSCHKE, M. ; WALLENTOWITZ, H.: *Dynamik der Kraftfahrzeuge*. 4., neubearb. Aufl. Berlin : Springer, 2004 (VDI)

[162] MONISMITH, C.L. ; INKABI, K. ; FREEME, C.R. ; MCLEAN, D.B.: A subsystem to predict rutting in asphalt concrete pavement structures. In: *Volume I of Proceedings of 4th International Conference on Structural Design of Asphalt Pavements, Ann Arbor, Michigan, August 22-26, 1977.*, 1977

[163] MONISMITH, C.L. ; OGAWA, N. ; FREEME, C.R.: Permanent deformation characteristics of subgrade soils due to repeated loading. In: *Pavement and Soil characteristics: 7 reports prepared for the 54th annual meeting of the Transportation Research Board* Bd. 537 Transportation Research Board National Research, 1975, S. 1

[164] MULLER, S.: A linear wheel-track model to predict instability and short pitch corrugation. *Journal of Sound and Vibration* 227 (1999), Nr. 5, S. 899–913

[165] MUSCOLINO, G. ; PALMERI, A.: Response of beams resting on viscoelastically damped foundation to moving oscillators. *International Journal of Solids and Structures* 44 (2007), Nr. 5, S. 1317–1336

[166] NATSIAVAS, S.: On the dynamics of oscillators with bi-linear damping and stiffness. *International Journal of Non-Linear Mechanics* 25 (1990), Nr. 5, S. 535–554

[167] NCHRP: 2002 Design Guide: Design of New and Rehabilitated Pavement Structures, Draft Final Report, NCHRP Study 1-37A / National Cooperative Highway Research Program, Transportation Research Board. 2004. – Forschungsbericht

[168] NESNAS, K. ; NUNN, M.: Modelling the time dependent behaviour of asphalt and pavement permanent deformation under a rolling wheel. *TRL Ann. Res. Rev. 2004* (2005), S. 16–24

[169] NGUYEN, V.H. ; DUHAMEL, D.: Finite element procedures for nonlinear structures in moving coordinates. Part 1: Infinite bar under moving axial loads. *Computers & Structures* 84 (2006), Nr. 21, S. 1368–1380

[170] NIEHUES, H.: *Schwingungsverhalten von Kraftfahrzeugen unter Berücksichtigung von Zusatzmassen, Reibung und Aufbauelastizität*, Technische Universität Braunschweig, Dissertation, 1977

[171] NUMRICH, R.: *Untersuchung zum nichtlinear-elastischen Spannungs-Verformungsverhalten von Tragschichten ohne Bindemittel*, Technische Universität Dresden, Dissertation, 2003

[172] O'CONNELL, S. ; ABBO, E. ; HEDRICK, K.: Analyses of moving dynamic loads on highway pavements: Part I – Vehicle responses. In: *International Symposium on Heavy Vehicle Weights and Dimensions*, 1988

[173] Odemark, N.: Investigations as to the elastic properties of soils and design of pavements according to the theory of elasticity. *Statens Vaginstitute: Meddelande, Stockholm, Sweden* 77 (1949)

[174] Odhams, A.M.C. ; Cebon, D.: An analysis of ride coupling in automobile suspensions. *Proceedings of the Institution of Mechanical Engineers, Part D: Journal of Automobile Engineering* 220 (2006), Nr. 8, S. 1041–1061

[175] OECD: Dynamic interaction between vehicles and infrastructure experiment (DIVINE) / Transport Research Laboratory. 1998. – Forschungsbericht

[176] Online, Welt: *Was der Stau kostet.* Onlinekatalog. http://www.welt.de/print/die_welt/politik/article12535369/Was-der-Stau-kostet.html. Version: 02.04.2012

[177] Papagiannakis, A.T. ; Masad, E.: *Pavement Design and Materials.* Wiley, 2008

[178] Paute, J.L. ; Hornych, P. ; Benaben, J.P.: Repeated load triaxial testing of granular materials in the French network of laboratories des ponts et chaussees. In: *Flexible Pavements. Proceedings of the European Symposium Euroflex 1993*, 1996

[179] Pavement Interactive: *Flexible Pavement Distress.* Onlinekatalog. http://www.pavementinteractive.org/category/pavement-management/pavement-distresses/flexible-pavement-distress/. Version: 17.02.2012

[180] Payton, R.G.: Transient motion of an elastic half-space due to a moving surface line load. *International Journal of Engineering Science* 5 (1967), Nr. 1, S. 49–79

[181] Pérez, I. ; Gallego, J.: Rutting prediction of a granular material for base layers of low-traffic roads. *Construction and Building Materials* 24 (2010), Nr. 3, S. 340–345

[182] Perumpral, J.V. ; Liljedahl, J.B. ; Perloff, W.H.: *The finite element method for predicting stress distribution and soil deformation under a tractive device*, Purdue University Lafayette, Dissertation, 1969

[183] Perumpral, J.V. ; Liljedahl, J.B. ; Perloff, W.H.: A numerical method for predicting the stress distribution and soil deformation under a tractor wheel. *Journal of Terramechanics* 8 (1971), Nr. 1, S. 9–22

[184] Pesterev, A.V. ; Bergman, L.A. ; Tan, C.A.: Pothole-induced contact forces in a simple vehicle model. *Journal of Sound and Vibration* 256 (2002), Nr. 3, S. 565–572

[185] Pesterev, A.V. ; Bergman, L.A. ; Tan, C.A.: A novel approach to the calculation of pothole-induced contact forces in MDOF vehicle models. *Journal of Sound and Vibration* 275 (2004), Nr. 1-2, S. 127–149

[186] Potter, T.E.C. ; Cebon, D. ; Cole, D.J.: Assessing 'road-friendliness': a review. *Proceedings of the Institution of Mechanical Engineers, Part D: Journal of Automobile Engineering* 211 (1997), Nr. 6, S. 455–475

[187] Potter, T.E.C. ; Cebon, D. ; Cole, D.J. ; Collop, A.C.: An investigation of road damage due to measured dynamic tyre forces. *Proceedings of the Institution of Mechanical Engineers, Part D: Journal of Automobile Engineering* 209 (1995), Nr. 1, S. 9–24

[188] Potter, T.E.C. ; Cebon, D. ; Collop, A.C. ; Cole, D.J.: Road-damaging potential of measured dynamic tyre forces in mixed traffic. *Proceedings of the Institution of Mechanical Engineers, Part D: Journal of Automobile Engineering* 210 (1996), Nr. 3, S. 215–225

[189] Potter, T.E.C. ; Cebon, D. ; David, J.: Using parameter estimation to assess road damage. *Vehicle System Dynamics* 25 (1996), Nr. S1, S. 559–572

[190] Rakheja, S. ; Woodrooffe, J.: Role of suspension damping in enhancement of road friendliness of heavy vehicles. *International Journal of Heavy Vehicle Systems* 3 (1997), Nr. 1, S. 363–381

[191] Rodriguez, M. ; Ould-Henia, M. ; Dumont, A.G.: New method for pavement rutting prediction. In: *10th International Conference on Asphalt Pavements – August 12 to 17, 2006, Quebec City, Canada*, 2006

[192] Romain, J.E.: Rut depth prediction in asphalt pavements. In: *Presented at the Third International Conference on the Structural Design of Asphalt Pavements, Grosvenor House, Park Lane, London, England, Sept. 11-15, 1972*. Bd. 1, 1972

[193] Sato, Y. ; Matsumoto, A. ; Knothe, K.: Review on rail corrugation studies. *Wear* 253 (2002), Nr. 1-2, S. 130 – 139

[194] Sayers, M. ; Gillespie, T.D.: The effect of suspension system nonlinearities on heavy truck vibration. In: *Proceedings of the 7th IAVSD Symposium on the Dynamics of Vehicles on Roads and Tracks, held in Cambridge, September 7-11, 1981.*, 1982

[195] Sayers, M. ; Gillespie, T.D.: Dynamic pavement/wheel loading for trucks with tandem suspensions. *Vehicle System Dynamics* 12 (1983), Nr. 1-3, S. 171–172

[196] Scarpas, A.: CAPA-3D finite elements system user's manual, parts I, II and III, Department of Structural Mechanics / Faculty of Civil Engineering, Delft University of Technology. 1992. – Forschungsbericht

[197] Schindler, K.: *Untersuchung des Verformungsverhaltens von Asphalt zur Bestimmung von Materialkennwerten für die Dimensionierung*, Universität Braunschweig, Dissertation, 2008

[198] Seemann, W.: *Skript zur Vorlesung Wellenausbreitung und Akustik*. Karlsruher Institut für Technologie, Institut für Technische Mechanik, 2011

[199] Sharp, R.S.: Wheelbase filtering and automobile suspension tuning for minimizing motions in pitch. *Proceedings of the Institution of Mechanical Engineers, Part D: Journal of Automobile Engineering* 216 (2002), Nr. 12, S. 933–946

[200] SHARP, R.S. ; CROLLA, D.A.: Road vehicle suspension system design-a review. *Vehicle System Dynamics* 16 (1987), Nr. 3, S. 167–192

[201] SHARP, R.W. ; BOOKER, J.R.: Shakedown of pavements under moving surface loads. *Journal of Transportation Engineering* 110 (1984), S. 1

[202] SHAW, S.W.: On the dynamic response of a system with dry friction. *Journal of Sound and Vibration* 108 (1986), Nr. 2, S. 305–325

[203] SHOOK, J.F. ; FINN, F.N. ; WITCZAK, M.W. ; MONISMITH, C.L.: Thickness design of asphalt pavements – The Asphalt Institute method. In: *Proceedings* Bd. 1, 1982, S. 17–44

[204] SIMMS, A. ; CROLLA, D.: The influence of damper properties on vehicle dynamic behavior. In: *Steering and Suspension Technology Symposium*, Society of Automotive Engineers, 400 Commonwealth Dr, Warrendale, PA, 15096, USA, 2002

[205] SIMON, C.: *Einflüsse unterschiedlicher Bereifung der Achsen schwerer LKW auf die Asphaltdeformation*. München, Technische Universität München, Dissertation, 2007

[206] SIRIWARDANE, H.J. ; DESAI, C.S.: Computational procedures for non-linear three-dimensional analysis with some advanced constitutive laws. *International Journal for Numerical and Analytical Methods in Geomechanics* 7 (1983), Nr. 2, S. 143–171

[207] SNEDDON, I.N.: The stress produced by a pulse of pressure moving along the surface of a semi-infinite solid. *Rendiconti del Circolo Matematico di Palermo* 1 (1952), Nr. 1, S. 57–62

[208] SOUSA, J.B. ; CRAUS, J. ; MONISMITH, C.L.: Summary report on permanent deformation in asphalt concrete / Strategic Highway Research Program, National Research Council, Washington, D.C. 1991. – Forschungsbericht

[209] STENSSON, A. ; ASPLUND, C. ; KARLSSON, L.: The nonlinear behaviour of a Macpherson strut wheel suspension. *Vehicle System Dynamics* 23 (1994), Nr. 1, S. 85–106

[210] STRAUBE, E.: *Zur Längsunebenheitsentwicklung von Asphaltstraßen*, Universität Hannover, Dissertation, 1990

[211] STRAUBE, E. ; KRASS, K.: *Straßenbau und Straßenerhaltung : ein Handbuch für Studium und Praxis*. 9., völlig neu bearb. Aufl. Berlin : Schmidt, 2009

[212] STUDER, J.A. ; LAUE, J. ; KOLLER, M.G.: *Bodendynamik : Grundlagen, Kennziffern, Probleme und Lösungsansätze*. 3., völlig neu bearb. Aufl. Berlin : Springer, 2007

[213] STVZO: *Straßenverkehrs-Zulassungs-Ordnung*. Onlinekatalog. `http://www.stvzo.de/stvzo/INHALT.HTM`. Version: 21.08.2012

[214] SUIKER, A.S.J. ; DE BORST, R. ; ESVELD, C.: Critical behaviour of a Timoshenko beam-half plane system under a moving load. *Archive of Applied Mechanics* 68 (1998), Nr. 3, S. 158–168

[215] SUN, L.: A closed-form solution of a Bernoulli-Euler beam on a viscoelastic foundation under harmonic line loads. *Journal of Sound and Vibration* 242 (2001), Nr. 4, S. 619–627

[216] SUN, L.: Optimum design of "road-friendly"vehicle suspension systems subjected to rough pavement surfaces. *Applied Mathematical Modelling* 26 (2002), Nr. 5, S. 635–652

[217] SUN, L. ; CAI, X. ; YANG, J.: Genetic algorithm-based optimum vehicle suspension design using minimum dynamic pavement load as a design criterion. *Journal of Sound and Vibration* 301 (2007), Nr. 1-2, S. 18–27

[218] SWEATMAN, P.F.: *A study of dynamic wheel forces in axle group suspensions of heavy vehicles*. 1983 (Monograph)

[219] SWEERE, G.T.H.: *Unbound granular bases for roads*, Technische Universiteit Delft, Dissertation, 1990

[220] TAHERI, M.R. ; TING, E.C.: Dynamic response of plates to moving loads: finite element method. *Computers & Structures* 34 (1990), Nr. 3, S. 509–521

[221] THEYSE, H.L.: The development of mechanistic-empirical permanent deformation design models for unbound pavement materials from laboratory and accelerated pavement test data. In: *Proceedings of the Fifth International Symposium on Unbound Aggregates in Roads*, 2000

[222] THEYSE, H.L. ; LEGGE, F.T.H. ; PRETORIUS, P. ; WOLFF, H.: A yield strength model for partially saturated unbound granular material. *Road Materials and Pavement Design* 8 (2007), Nr. 3, S. 423–448

[223] THOMPSON, A.G. ; AUTOMOTIVE ENGINEERS, Society of: *Suspension design for optimum road-holding*. Society of Automotive Engineers, 1983

[224] THOMPSON, M.R. ; NAUMAN, D.: Rutting rate analyses of the AASHO road test flexible pavements. *Transportation Research Record* (1993), Nr. 1384

[225] TSENG, K.H. ; LYTTON, R.L.: Prediction of permanent deformation in flexible pavement materials. *Implication of Aggregates in the Design, Construction, and Performance of Flexible Pavements, ASTM STP* 1016 (1989), S. 154–172

[226] UDDIN, W. ; ZHANG, D. ; FERNANDEZ, F.: Finite element simulation of pavement discontinuities and dynamic load response. *Transportation Research Record* (1994), Nr. 1448

[227] ULLIDTZ, P.: *Pavement analysis*. Elsevier, The Netherlands, 1987

[228] ULLIDTZ, P.: Mathematical model of pavement performance under moving wheel load. *Transportation Research Record* (1993), Nr. 1384

[229] Ullidtz, P.: Modelling of granular materials using the discrete element method. In: *Eighth International Conference on Asphalt Pavements*, 1997

[230] Ullidtz, P.: *Modelling flexible pavement response and performance*. Polyteknisk Forlag Lyngby, 1998

[231] Ullidtz, P.: Analytical tools for design of flexible pavements. In: *Proceedings of the 9th International Conference on Asphalt Pavements, International Society for Asphalt Pavements*, 2002

[232] Ullidtz, P. ; Larsen, B. K.: Mathematical model for predicting pavement performance. *Transportation Research Record* (1983), Nr. 949

[233] Uzan, J.: Permanent deformation in flexible pavements. *Journal of Transportation Engineering* 130 (2004), S. 6

[234] Valasek, M. ; Kejval, J.: Limited-active road-friendly truck suspension. *Vehicle System Dynamics* 37 (2003), S. 75–82

[235] Valasek, M. ; Kortüm, W. ; Sika, Z. ; Magdolen, L. u. a.: Development of semi-active road-friendly truck suspensions. *Control Engineering Practice* 6 (1998), Nr. 6, S. 735–744

[236] Van, K.D. ; Maitournam, M.H.: Steady-state flow in classical elastoplasticity: applications to repeated rolling and sliding contact. *Journal of the Mechanics and Physics of Solids* 41 (1993), Nr. 11, S. 1691–1710

[237] Velske, S. ; Mentlein, H. ; Eymann, P.: *Straßenbau, Straßenbautechnik*. 6., neu bearb. Aufl. Köln : Wolters Kluwer, 2009

[238] Verkehrsministerium: *Bundesministerium für Verkehr, Bau und Stadtentwicklung: 2.2 Milliarden Euro für Erhalt der Autobahnen und Bundesstraßen*. Onlinekatalog. http://www.bmvbs.de/SharedDocs/DE/Pressemitteilungen/2011/002-ramsauer-erhaltungsmittel-bundesfernstrassen.html. Version: 02.04.2012

[239] Verkehrsministerium: *Bundesministerium für Verkehr, Bau und Stadtentwicklung: Abschätzung der langfristigen Entwicklung des Güterverkehrs in Deutschland bis 2050*. Onlinekatalog. http://www.bmvbs.de/cae/servlet/contentblob/30886/publicationFile/455/gueterverkehrs-prognose-2050.pdf. Version: 02.04.2012

[240] Verstraeten, J. ; Romain, J.E. ; Veverka, V.: The Belgian road research center's overall approach to asphalt pavement structural design. In: *Volume I of Proceedings of 4th International Conference on Structural Design of Asphalt Pavements, Ann Arbor, Michigan, August 22-26, 1977.*, 1977

[241] Veverka, V.: Raming van de spoordiepte bij wegen met cen bitumineuze verharding. *De Wegentechniek* 24 (1979), Nr. 3, S. 25–45

[242] Vogt, H. ; Hetzler, H. ; Seemann, W.: Analytical investigations on vertical dynamics and tire forces of road vehicles with nonlinear suspensions. In: *Proceedings of EUROMECH Nonlinear Oscillations Conference (ENOC), Rome*, 2011

[243] Vogt, H. ; Hetzler, H. ; Seemann, W.: On the influence of design parameters and nonlinearities in vehicle suspensions on road deformation. *Proceedings in Applied Mathematics and Mechanics (PAMM)* (2011), S. 343–344

[244] Vogt, H. ; Seemann, W.: Zum Einfluss von Fahrzeugparametern auf die Schädigung von Straßen. *Proceedings in Applied Mathematics and Mechanics (PAMM)* (2008), S. 10387–10388

[245] Vogt, H. ; Seemann, W.: On the modelling of vehicle-road interaction. *Proceedings in Applied Mathematics and Mechanics (PAMM)* (2009), S. 277–278

[246] Vogt, H. ; Seemann, W.: On dynamic aspects and pattern generation in vehicle-road interaction. *Proceedings in Applied Mathematics and Mechanics (PAMM)* (2010), S. 267–268

[247] Wallaschek, J.: Dynamics of non-linear automobile shock-absorbers. *International Journal of Non-Linear Mechanics* 25 (1990), Nr. 2-3, S. 299–308

[248] Wedig, W.: Vertical dynamics of riding cars under stochastic and harmonic base Excitations. In: Rega, G. (Hrsg.) ; Vestroni, F. (Hrsg.) ; Gladwell, G. M. L. (Hrsg.): *IUTAM Symposium on Chaotic Dynamics and Control of Systems and Processes in Mechanics* Bd. 122. Springer Netherlands, 2005, S. 371–381

[249] Wen, Z. ; Jin, X. ; Jiang, Y.: Elastic-plastic finite element analysis of nonsteady state partial slip wheel-rail rolling contact. *Journal of Tribology* 127 (2005), S. 713

[250] Werkmeister, S.: *Permanent deformation behaviour of unbound granular materials in pavement constructions*, Technische Universität Dresden, Dissertation, 2003

[251] Westmann, R.A.: Viscoelastic layered system subjected to moving loads. *Journal of Engineering Mechanics* (1967)

[252] Wilkinson, P.A ; Crolla, D.A.: Development of sub-optimally controlled suspensions for articulated trucks to reduce vibration and road wear. In: *XXIV Fisity Congress, 7-11 June 1992, London*, 1992

[253] Willumeit, H.-P.: *Modelle und Modellierungsverfahren in der Fahrzeugdynamik*. Stuttgart : Teubner, 1998

[254] Witczak, M.W. ; El-Basyouny, M.M.: Appendix GG-1: Calibration of permanent deformation models for flexible pavements. *Guide for Mechanistic–Empirical Design of New and Rehabilitated Pavement Structures* (2004)

[255] WOLFERT, A.R.M. ; DIETERMAN, H.A. ; METRIKINE, A.V.: Stability of vibrations of two oscillators moving uniformly along a beam on a viscoelastic foundation. *Journal of Sound and Vibration* 211 (1998), Nr. 5, S. 829–842

[256] WOLFF, H. ; VISSER, A.T.: Incorporating elasto-plasticity in granular layer pavement design. In: *International Journal of Rock Mechanics and Mining Sciences and Geomechanics Abstracts* Bd. 32 Elsevier, 1995, S. 177A–177A

[257] WOODROOFFE, J.H.F. ; LEBLANC, P.A. ; LEPIANE, K.R.: Effects of suspension variations on the dynamic wheel loads of a heavy articulated highway vehicle. (1986)

[258] YANG, S. ; LI, S. ; LU, Y.: Investigation on dynamical interaction between a heavy vehicle and road pavement. *Vehicle System Dynamics* 48 (2010), Nr. 8, S. 923–944

[259] YI, K. ; HEDRICK, J.K.: Active and semi-active heavy truck suspensions to reduce pavement damage. *SAE Technical paper* 892486 (1989)

[260] ZAGHLOUL, S. ; WHITE, T.: Use of a three-dimensional, dynamic finite element program for analysis of flexible pavement. *Transportation Research Record* (1993), Nr. 1388

[261] ZAMAN, M. ; TAHERI, M.R. ; ALVAPPILLAI, A.: Dynamic response of a thick plate on viscoelastic foundation to moving loads. *International Journal for Numerical and Analytical Methods in Geomechanics* 15 (1991), Nr. 9, S. 627–647

[262] ZHANG, W. ; ULLIDTZ, P. (Hrsg.) ; MACDONALD, R. (Hrsg.): *Modeling pavement response and predicting pavement performance.* Roskilde : Danish Road Inst., 1998 (Subgrade performance study ; 2Rapport / Vejteknisk Institut Roskilde ; 87)

[263] ZHANG, W. ; MACDONALD, R.A. ; INSTITUT, Vejdirektoratet. V.: *Models for determining permanent strains in the subgrade and the pavement functional condition.* 2002 (VI rapport)

[264] ZHOU, F. ; SCULLION, T. ; SUN, L.: Verification and modeling of three-stage permanent deformation behavior of asphalt mixes. *Journal of Transportation Engineering* 130 (2004), S. 486

KARLSRUHER INSTITUT FÜR TECHNOLOGIE (KIT)
SCHRIFTENREIHE DES INSTITUTS FÜR TECHNISCHE MECHANIK (ITM)

ISSN 1614-3914

Die Bände sind unter www.ksp.kit.edu als PDF frei verfügbar oder als Druckausgabe zu bestellen.

Band 1 **Marcus Simon**
Zur Stabilität dynamischer Systeme mit stochastischer Anregung. 2004
ISBN 3-937300-13-9

Band 2 **Clemens Reitze**
Closed Loop, Entwicklungsplattform für mechatronische Fahrdynamikregelsysteme. 2004
ISBN 3-937300-19-8

Band 3 **Martin Georg Cichon**
Zum Einfluß stochastischer Anregungen auf mechanische Systeme. 2006
ISBN 3-86644-003-0

Band 4 **Rainer Keppler**
Zur Modellierung und Simulation von Mehrkörpersystemen unter Berücksichtigung von Greifkontakt bei Robotern. 2007
ISBN 978-3-86644-092-0

Band 5 **Bernd Waltersberger**
Strukturdynamik mit ein- und zweiseitigen Bindungen aufgrund reibungsbehafteter Kontakte. 2007
ISBN 978-3-86644-153-8

Band 6 **Rüdiger Benz**
Fahrzeugsimulation zur Zuverlässigkeitsabsicherung von karosseriefesten Kfz-Komponenten. 2008
ISBN 978-3-86644-197-2

Band 7 **Pierre Barthels**
Zur Modellierung, dynamischen Simulation und Schwingungsunterdrückung bei nichtglatten, zeitvarianten Balkensystemen. 2008
ISBN 978-3-86644-217-7

KARLSRUHER INSTITUT FÜR TECHNOLOGIE (KIT)
SCHRIFTENREIHE DES INSTITUTS FÜR TECHNISCHE MECHANIK (ITM)

ISSN 1614-3914

Band 8 **Hartmut Hetzler**
Zur Stabilität von Systemen bewegter Kontinua mit Reibkontakten am Beispiel des Bremsenquietschens. 2008
ISBN 978-3-86644-229-0

Band 9 **Frank Dienerowitz**
Der Helixaktor – Zum Konzept eines vorverwundenen Biegeaktors. 2008
ISBN 978-3-86644-232-0

Band 10 **Christian Rudolf**
Piezoelektrische Self-sensing-Aktoren zur Korrektur statischer Verlagerungen. 2008
ISBN 978-3-86644-267-2

Band 11 **Günther Stelzner**
Zur Modellierung und Simulation biomechanischer Mehrkörpersysteme. 2009
ISBN 978-3-86644-340-2

Band 12 **Christian Wetzel**
Zur probabilistischen Betrachtung von Schienen- und Kraftfahrzeugsystemen unter zufälliger Windanregung. 2010
ISBN 978-3-86644-444-7

Band 13 **Wolfgang Stamm**
Modellierung und Simulation von Mehrkörpersystemen mit flächigen Reibkontakten. 2011
ISBN 978-3-86644-605-2

Band 14 **Felix Fritz**
Modellierung von Wälzlagern als generische Maschinenelemente einer Mehrkörpersimulation. 2011
ISBN 978-3-86644-667-0

KARLSRUHER INSTITUT FÜR TECHNOLOGIE (KIT)
SCHRIFTENREIHE DES INSTITUTS FÜR TECHNISCHE MECHANIK (ITM)

ISSN 1614-3914

Band 15 **Aydin Boyaci**
Zum Stabilitäts- und Bifurkationsverhalten hochtouriger Rotoren in Gleitlagern. 2012
ISBN 978-3-86644-780-6

Band 16 **Rugerri Toni Liong**
Application of the cohesive zone model to the analysis of rotors with a transverse crack. 2012
ISBN 978-3-86644-791-2

Band 17 **Ulrich Bittner**
Strukturakustische Optimierung von Axialkolbeneinheiten. Modellbildung, Validierung und Topologieoptimierung. 2013
ISBN 978-3-86644-938-1

Band 18 **Alexander Karmazin**
Time-efficient Simulation of Surface-excited Guided Lamb Wave Propagation in Composites. 2013
ISBN 978-3-86644-935-0

Band 19 **Heike Vogt**
Zum Einfluss von Fahrzeug- und Straßenparametern auf die Ausbildung von Straßenunebenheiten. 2013
ISBN 978-3-7315-0023-0

In der vorliegenden Arbeit wird der Einfluss unterschiedlicher Fahrzeug- und Straßenparameter auf die Ausbildung von longitudinalen Unebenheiten in Straßenoberflächen untersucht. Hierzu wird ein geeignet abstrahiertes Fahrzeugmodell zur Abbildung der Vertikaldynamik von Lastkraftwagen formuliert sowie ein phänomenologisches Gesetz zur Berechnung der bleibenden Verformung infolge der Radaufstandskräfte bei den Fahrzeugüberfahrten verwendet. Mit Hilfe von analytischen und semianalytischen Methoden wird die Entwicklung der Amplitude einzelner Spektralanteile der Straßenoberfläche prognostiziert.

Aufwändige Zeitintegrationen werden dabei umgangen, sodass Untersuchungen großer Zeitintervalle ermöglicht werden. Der Einfluss grundsätzlicher Parameter des Fahrzeugs und der Straße – wie etwa Symmetrie und Massenverteilung des Fahrzeugs, das Verhältnis des Radstands zur Anregungswellenlänge, aber auch die Nachgiebigkeit der Straße – werden hierbei genauso beleuchtet wie die Auswirkung von Nichtlinearitäten in der Radaufhängung durch bilineare Dämpfung oder Reibung. Die vorgestellten Ergebnisse geben Hinweise darauf, wie ein möglichst straßenfreundliches Fahrzeug im Zusammenspiel mit dem Straßenverhalten zu gestalten ist.

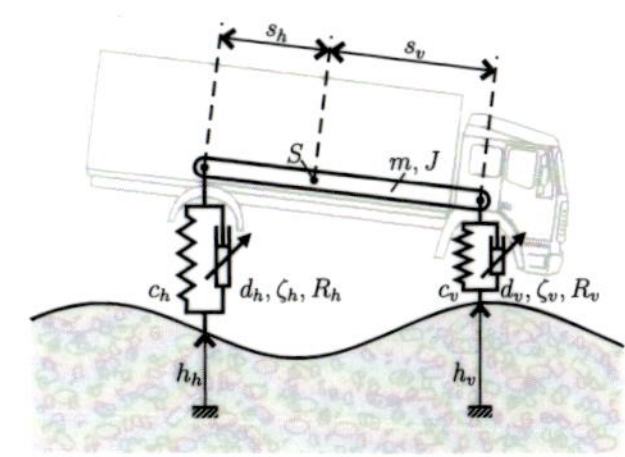

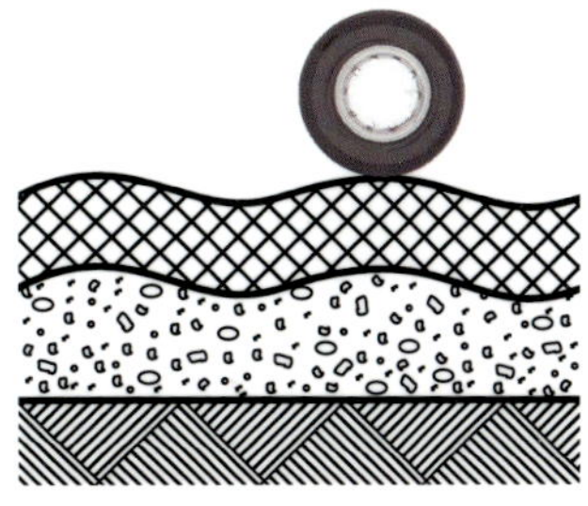

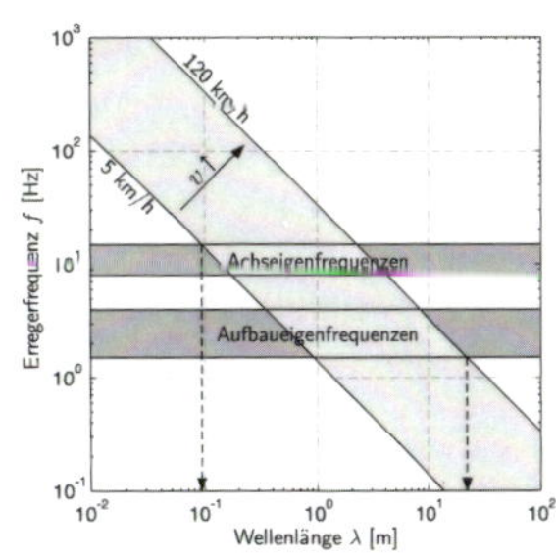

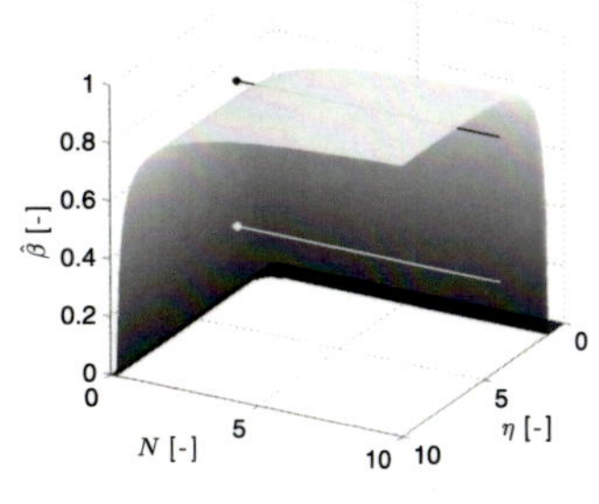

ISSN 1614-3914
ISBN 978-3-7315-0023-0